国家自然科学基金项目（编号：51138004）
华南理工大学基本科研业务费面上项目（编号：2014ZM0021）
国家自然科学基金项目（编号：51408235）

基于可持续性的体育建筑设计策略研究

汪奋强　著

中国建筑工业出版社

图书在版编目（CIP）数据

基于可持续性的体育建筑设计策略研究／汪奋强著.
北京：中国建筑工业出版社，2016.4
ISBN 978-7-112-19293-9

Ⅰ．①基… Ⅱ．①汪… Ⅲ．①体育建筑－建筑设
计－研究 Ⅳ．①TU245

中国版本图书馆CIP数据核字（2016）第061418号

本书一方面突破传统体育建筑功能研究为主的局限，从策划与项目可行性研究阶段入手，反思体育建筑与城市的关系，提高体育设施规划布局的灵活机动性，研究产业化形势下体育建筑的功能配置及其新的要求，为建设决策提供科学支持，建立可持续建筑理论研究的基础。另一方面，针对体育场馆价高、能耗多的问题，结合奥运、亚运等工程实践，进行应用、评价、反馈的系统研究，探寻体育建筑的可持续设计方法。全书共分为七章内容，分别是绪论，体育建筑发展的历史与现状，体育建筑可持续设计策略的价值观与核心问题，设计前期可持续策略研究，设计阶段可持续策略研究，基于可持续性的体育建筑设计指引研究以及结论。

本书可供从事体育建筑设计、规划类专业人士参考使用。

责任编辑：徐晓飞 张 明
责任校对：李美娜 姜小莲

基于可持续性的体育建筑设计策略研究
汪奋强 著
*
中国建筑工业出版社出版、发行（北京西郊百万庄）
各地新华书店、建筑书店经销
北京锋尚制版有限公司制版
北京中科印刷有限公司印刷
*
开本：787×1092毫米 1/16 印张：14¾ 字数：275千字
2016年12月第一版 2016年12月第一次印刷
定价：48.00元
ISBN 978-7-112-19293-9
（28557）

目　录

第一章 绪论

□研究背景

- 我国体育设施建设处于高速发展时期
- 节约型社会对体育设施建设提出了更高的要求
- 体育社会化产业化处于发展初期
- 各类体育赛事推动体育建筑建设高潮

□概念界定与研究范围

- 概念界定
- 研究范围

□研究综述

- 可持续发展理论概述
- 可持续建筑理论概述
- 体育建筑设计研究概述

□研究目的与关键技术点

- 研究目的
- 关键技术点

□研究的框架

1.1 研究背景

1.1.1 我国体育设施建设处于高速发展时期

经过半个世纪的努力，我国体育事业取得了举世瞩目的成绩。群众体育广泛开展，国民体质普遍增强，广大人民群众的健康水平明显提高。竞技体育发展快速，总体实力处在国际体坛的前列地位。城市体育设施的建设得到了前所未有的发展和完善，部分场馆达到国际标准。

现代体育运动的兴起伴随着近代工业化城市的产生与发展。作为城市的有机组成部分，作为体育运动的硬件——体育设施的建设是现代城市建设中的重要环节之一。国家体育总局在 2001~2010 年国家体育事业发展纲要中指出“加快建设和依法保护公共体育设施。各级人民政府必须按照国家对城市公共体育设施用地定额指标的规定，将城市公共体育设施建设纳入城市建设规划和土地利用总体规划，合理布局，统一安排，加强公益性体育基础设施的规划和建设。重点加强中小型体育场馆和便于广大人民群众健身活动的体育场所的建设。”可以看出，体育建筑在我国城市中将扮演越来越重要的角色。

根据全国第五次体育场地普查结果[1]，2004 年我国体育场地达 850080 个，比 1996 年普查数据 615693 个增长了 38%，体育场、体育馆、游泳跳水馆等大型体育设施从 1995 年的 2121 个增长至 2005 年的 5680 个，室内体育设施（包括单项训练房）从 23333 个增长至 55678 个。根据《体育事业发展“十二五”规划》文件显示，至 2011 年我国各类体育场馆已经超过 100 万。

从普查数据可以看出最近十年体育设施的新建设量以高速度在增长，而体育建筑（大型设施和室内训练设施）的增长更是超过 100%。但从人均面积来说，我国万人拥有体育场地 6.58 个，相比发达国家（美、日、德、英、澳）万人平均 20~60 个体育场地还有巨大差距。室内体育场地占总场地比例只有总体育场地的 6.5%，即每万人拥有室内场馆 0.427 个，这个比例也是相当低的。从场地分布状况看，虽然体育系统场地只占总体育场地 2.2%，但其场地均标准较高或是室内场地。67.7%分布在教育系统，其中又以中小学居多（总体育场地 58.9%）；居住小区只占 4.86%，包括分布在老年活动场所、公园及广场的体育设施，群众性体育设施只占 7.81%，并且其设施的绝大多数是非标准场地和室外场地。

可以预期，今后 10 年广大人民群众日益增长的体育需求和社会体育资源相对不足之间的矛盾，仍然是我国体育事业发展中的主要矛盾。随着我国现代化步伐的推进、高等教育规模的扩大、体育产业的发展以及全民健身运动的推进，体育建筑尤其学校体育建筑及社区体育建筑在相当长一段时间内仍有巨大的建设需求。

1.1.2 节约型社会对体育设施建设提出了更高的要求

我国作为人口众多的发展中大国，人均资源贫乏。建设“节约型社会”，转变社会发展模式给各行业发展提出了更高的要求。建设节约型社会，坚持全面、协调、可持续的科学发展观，处理好经济社会发展与资源环境之间的关系，成为当前各行业必须面对的迫切任务。2005 年温家宝总理在政府工作报告中指出，鼓励发展节能节地型住宅和公共建筑；并强调“坚持资源开发与节约并重、把节约放在首位的方针，以节约使用资源和提高资源利用效率为核心，以节能、节水、节材、节地、资源综合利用”[2]，特别把土地节约与住房节能的认识提到一个新的高度。

2005 年颁布并实施的《公共建筑节能规范》填补了我国在公共建筑节能规范上的空白。我国各城市相继举行以北京奥运会为代表的各类大型体育赛事，“节俭办奥运”、“节俭办亚运”等理念被作为举办运动会、指导建设的基本原则。

城市化进入加速阶段，体育设施作为公共建筑中的重要类型，成为城市建设中的重要一环。采取相应措施提高体育设施的利用率降低体育建筑的能耗，对实现节约型社会的目标具有重大的意义。为在体育设施建设中贯彻可持续科学发展观的建设理念，成为时代的要求。

1.1.3 体育社会化产业化处于发展初期

今后 20 年，步入小康社会的中国，体育设施的建设进入快速发展时期。与之前几十年不同的是，体育设施的投资建设将改变由国家主导的模式，多渠道、多方式的体育场馆建设模式将从根本上改变我国体育产业发展的格局。

2000 年 12 月，国务院发布《2001—2010 年体育改革与发展纲要》指出“各级政府要将体育产业发展纳入经济发展规划，为加快发展体育产业创造有利的内外环境”[3]。2002 年 7 月国务院发布《关于进一步加强和改进新时期体育工作的意见》强调：以举办 2008 年奥运会为契机，以满足广大人民群众日益增长的体育文化需求为出发点，把增强人民体质、提高全民族整体素质作为根本目标。坚持体育事业与经济、社会协调发展。2006 年国家社会经济发展第十一个五年规划纲要指出：“加强城乡基层和各类学校体育设施建设，开展全民健身活动，提高全民特别是青少年的身体素质”。提出“鼓励社会力量兴办体育事业和投资体育产业。规范发展体育健身、竞赛表演、体育彩票、体育用品，以及多种形式的体育组织和经营实体。提高竞技运动水平，办好北京奥运会和广州亚运会”[4]。

随着体育产业发展逐步加快，体育市场正在形成。体育体制和运行机制在改革中渐显活力，体育发展势头渐趋强劲。体育界的有关研究认为：在未来几年内，我国体育事业将面临着一系列新的机遇和挑战。一方面，国民的身体素质是国民素质的重要组成方面，是世界公认的社会进步的重要标志。经济建设和社会发展对国民素质提出新的、更高的要求，体育的地位和作用仍待加强，任务更加繁重。另一方面，我国社会正以较快速度从农业的、乡村的、封闭半封闭的传统社会，向工业的、城镇的、开放的现代化社会转变。城市化进程的加快和社会结构的转型为体育发展提供了契机。随着产业结构的调整，我国第三产业占国内生产总值的比重到2010年后达到35% 以上。据近些年来10多个省市体育产业的统计调查数据显示，我国经济发达地区体育产业发展的总体水平已经接近一些西方中等发达国家20世纪90年代初的发展水平，增加值已占当地GDP比重的0.7%至1%。体育产业作为第三产业的重要组成部分，必将在扩大内需、拉动经济增长方面发挥更重要的作用。国家已开始制定体育产业发展规划和相应的政策法规，加速培育体育市场。2010年《体育事业发展“十二五”规划》制定了体育产业的发展目标：全面落实《国务院办公厅关于加快发展体育产业的指导意见》确定的各项目标和任务，进一步完善体育产业扶持政策，建立体育产业发展政策体系，继续保持体育产业快速发展，以平均每年15%以上的速度增长。预计到“十二五”末期，体育产业增加值将超过4000亿，占国内生产总值的比重超过0.7%，从业人员超过400万，体育产业将成为国民经济的重要增长点之一。

人口总量的增加、人口迁移和人口流动的加快，以及人口老龄化，也成为体育发展战略必须充分考虑的问题。预计全国居民 10 年左右将达到新兴工业化国家的消费水平。体育消费比重将逐步上升，消费需求向多样化、多层次发展。体育服务必须面向群众，提高质量，体育设施的新功能、新要求将不断涌现。

1.1.4　各类体育赛事推动体育建筑建设高潮

进入新世纪，随着全国各地城市举办奥运、亚运、全运、省运等各类大型的体育赛事，许多城市通过举办大型运动会，建设新的现代化体育设施，提升城市形象，实现城市建设跨越式发展（图 1-1~ 图 1-6）。

图 1–1 2008 年第 29 届奥运会（北京国家体育场）
资料来源：http://wx.pkone.cn

图 1–2 2010 年第 16 届亚运会场馆（广州亚运城）
资料来源：http://wx.pkone.cn

图 1–3 2009 年第 11 届全运会场馆（济南奥体中心）
资料来源：http://www.jzzxw.cn

图 1–4 2010 年广东省第 13 届省运会场馆（惠州奥体中心）
资料来源：http://huizhou.house.sina.com.cn

图 1–5 2011 年第 26 届世界大运会场馆（深圳湾体育中心）
资料来源：http://www.gxfdc.cn

图 1–6 2011 年第 9 届少数民族运动会场馆（贵阳奥体中心）
资料来源：http://gz.people.com.cn

随着奥运、亚运、大运等赛事的举办，一线城市大中型体育场馆的建设格局基本完成，二三线城市通过举办全运和省运来逐步完善自身设施，大量的县区级、社区级中小型体育设施也将在这一过程中得以补充。场馆建设热点逐步从经济发达地区向相对不发达地区转移，从大中城市向中小城市蔓延，从竞技型功能向群众体育功能靠拢。

举办大赛兴建体育场馆带来新的建设理念，也暴露出场馆建设长期存在的问题。在各地加大投入兴建规格高、配套完善的体育设施的同时，尽管赛后利用问题成为建设前期的关注热点，但场馆赛后闲置、利用率低，运营成本高的问题并未得到有效缓解。进入后奥运、后亚运等后赛事时期，体育场馆的可持续发展问题留给决策者、设计者和研究者思考的空间。

1.2 概念界定与研究范围

1.2.1 概念界定

1. 体育建筑（sports building）：

根据《体育建筑设计规范》（JGJ 31—2003），体育建筑的定义是“作为体育竞技、体育教学、体育娱乐、体育锻炼等活动之用的建筑物。”体育建筑属于体育设施（sports facilities）的一类，与其他体育设施（场地、室外设施等）相比，具有进深大、空间大、能耗高、投资多、工艺复杂、合理使用年限长的特点[5]。

2. 可持续性（sustainability）：

可持续性是指一种可以长久维持的过程或状态。人类社会的持续性由生态可持续性、经济可持续性和社会可持续性三个相互联系、不可分割的部分组成。可持续性的概念分为广义和狭义两种。

狭义的可持续性更偏重于生态学，是指生态系统受到某种干扰时能保持其生产率的能力，或被界定为具能力的生态系统，能自我维持一切生态的过程、功能、生物多样性和未来的活力。

从广义上来讲，可持续性是指能够保持一定的过程或状态，根据维基百科对可持续性的解释为“可持续性可以指很多事情。它可以同时是一个想法，一个性质的生活系统，生产方法，或一种生活方式[6]”，也就是说其内涵涵盖经济、文化、生态等层面。

对于不同的研究对象、不同的发展阶段，对可持续性的解读存在不同的理解。在建筑学领域的很多研究中，可持续建筑被等同于生态建筑，可持续性被偏重于狭义的概念。本书的研究对象为体育建筑，由于体育建筑的可持续发展问题涉及与城市协调发展、功能可持续发展、能源利用、环境保护以及建设运营等多方面问题，其可持续性不仅仅局限于生态学的范畴，更涉及社会经济等层面的问题，因此本书提及的可持续性更偏重于广义可持续性的理解（图 1–7）。

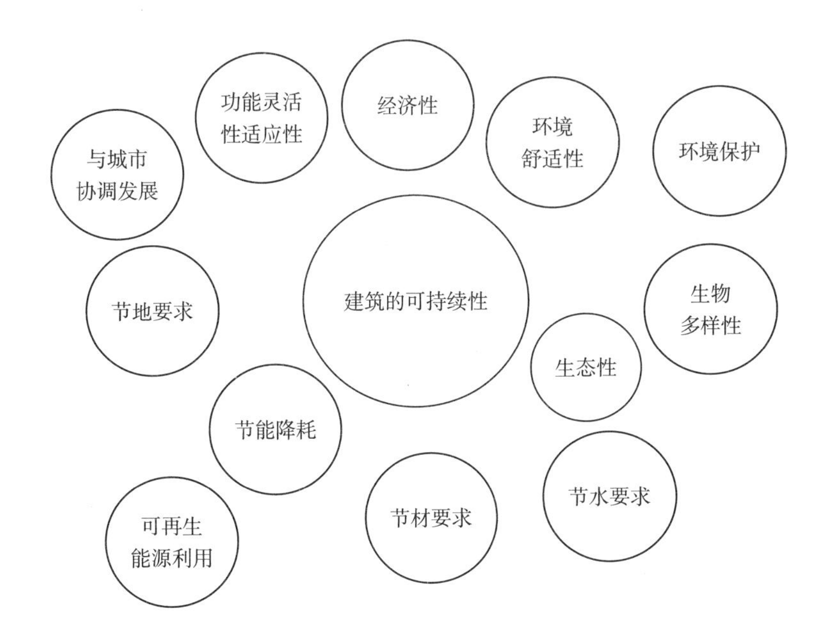

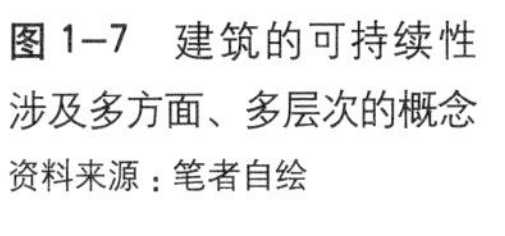
图 1–7 建筑的可持续性涉及多方面、多层次的概念
资料来源：笔者自绘

1.2.2 研究范围

体育建筑属于功能复杂的公共建筑类型，具有投资多、规模大、工艺复杂、能耗高等特点。本书的研究对象为：基于可持续性的体育建筑设计策略研究，具体来说，就是为实现可持续建筑目标，针对体育建筑这种特殊类型的公共建筑进行的设计策略研究，涉及的内容包括与设计理论、设计方法、技术措施、法规规范、评估体系相关的设计策略研究。

一般来说，策划可研、规划决策和设计策略工作是建设行为的初始环节，对体育建筑为代表的大型公共建筑而言尤其重要。从某种意义而言，可持续建筑目标的达成，其根本出路在于初始环节的科学性。目前，我国建筑节能研究集中关注于材料、设备等建设行为的末端环节，然而，繁复的评价结果无法为决策者、规划师、建筑师提供可操作的决策和设计依据，从根本上将制约国家社会经济发展中长期目标的实现。因此，可持续体育建筑目标的达成，必须从规划决策和设计策略这样的初始环节入手（图 1–8）。

另一方面，在常规的建筑设计中，建筑师往往是在取得业主的设计任务书后，才根据任务书要求开始进行建筑设计。然而，在体育建筑设计领域，业主由于缺乏建设经验，往往无法在策划可研的基础上提供完整、科学、合理的设计任务书作为建筑设计的依据，因此决策者和设计者是否具备贯穿从策划可研、规划决策到设计策略各阶段的把握能力和理论基础至关重要。

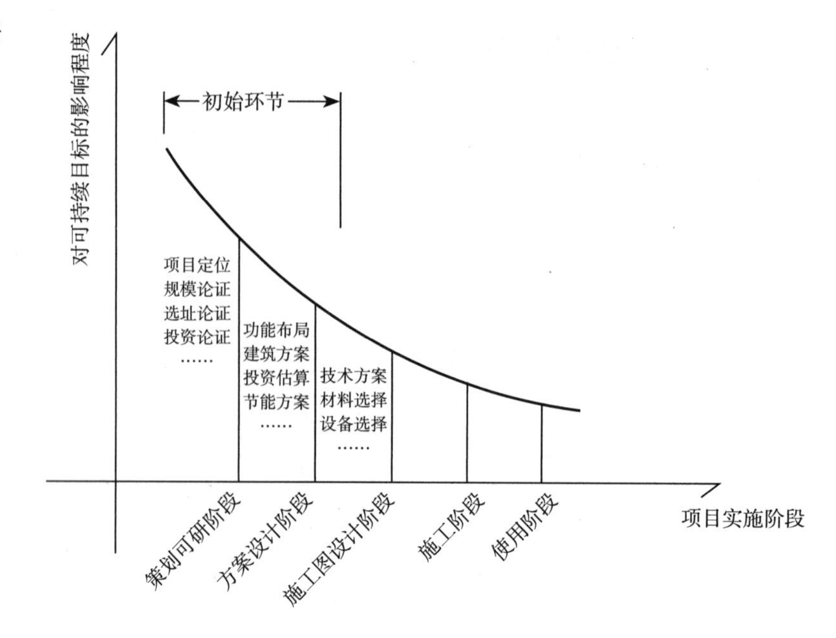

图 1–8 全过程设计策略的研究框架
资料来源：笔者自绘

本书研究范围不局限于常规可持续建筑领域的技术应用末端环节的研究，还结合现实国情下的体育建筑的特点和问题，对策划可研、规划决策和建筑设计等影响可持续性的关键环节的设计策略进行研究。

1.3 研究综述

1.3.1 可持续发展理论概述

可持续发展理论涉及自然科学和社会科学等多学科内容，从而导致关于可持续发展的研究呈现百家争鸣之势。关于可持续发展的研究文献浩如烟海，涉及领域包括生态经济学、资源经济学、环境经济学、生态哲学、环境社会学等学科，它们从经济学、生态学、社会学等学科传统和范式出发，从多个不同侧面解释与研究人类的可持续发展问题。

早期国外学者对于可持续发展的研究主要集中于可持续发展的含义和基本理论的讨论。国外可持续发展研究的中心已转向可持续发展战略的实施。

国内学者对可持续发展理论的研究较国外起步较晚，研究水平仍处于初级的阶段。但随着社会经济的发展，该领域的研究正日益受到重视。国内学者根据我国国情，在人口可持续发展、资源可持续利用、生态可持续发展、科技可持续发展、社区可持续发展等方面展开了研究。1984 年我国著名生态学家马世骏提出了“生态—经济—社会”三位复合理论，并进而提出效率、公平性与可持续性三者组成复合生态系统的“生态序”。1996年叶文虎提出可持续发展的核心内容是协同与公平。另一方面，可持续发展的对策研究已经开始，但可持续发展理论的研究尚不透彻，指标体系建设研究相对滞后。韩英的《可持续发展的理论与测度方法》针对可持续发展可行性和实践操作性的问题，对可持续发展的基本理论和度量方法进行了研究，为可持续发展概念理论的清晰化和操作性提供了基础[7]。

1.3.2 可持续建筑理论概述

可持续建筑理论是可持续发展理论的子项。

一、可持续建筑理论专著

可持续建筑理论是在20世纪60年代起源的生态建筑理论发展起来的，到了80年代随着“可持续发展”概念的提出，国外学者在原来生态建筑、绿色建筑理论基础上将可持续建筑理论发展到一个新的研究高度。

60年代前的生态建筑思想着重于研究建筑与地域、气候关系。1963年V·奥戈娅（V. Olgyay）《设计结合气候：建筑地方主义的生物气候研究》概括了60年代以前建筑设计与气候、地域关系研究的各种成果，提出“生物气候地方主义”的理论[8]。麦克哈格（Lan L. Mcharg）《设计结合自然》将区域规划与景观设计合二为一，开创理性的生态规划，提出适宜性途径（Sustainability Approach）理论，标志生态建筑学的正式诞生[9]。J·托德（J·Todd）《从生态城市到活的机器：生态设计诸原则》提出三个生态设计原则：1. 体现地域性特点，同周围自然环境协同发展，具有可持续性；2. 利用可再生能源，减少不可再生能源的耗费；3. 建设过程中减少对自然的破坏，尊重自然界的各种生命体[10]。

70年代开始的建筑节能研究，关注的焦点在于：能源的节约、高效、循环利用；开发可再生能源；发展建筑节能技术。1987年，J·拉乌洛克（J. Lovelock）《盖娅：地球生命的新视点》提出：地球和各种生命系统是具备有机生命特征和自持续特点的实体；人是其中的有机组成部分而不是自然的统治者；使用绿色建材绿化；应用自然采光和通风；防止对大气、水体和土壤的污染；沿袭建筑文脉[11]等观点。此后开展的“盖娅运动”大大促进了生态建筑思潮，虽然生态建筑设计尚未成为设计主流，但各方面的研究为进一步发展提供了理论框架。

1991年，英国学者布兰达·威尔（Brenda Vale）和罗伯特·威尔（Robert Vale）所著的《绿色建筑学：为可持续的未来而设计》提出绿色建筑设计的六个原则：1. 节约能源，减少建筑能耗；2. 设计结合气候，通过建筑形式和构件来改变室内外环境；3. 能源材料的循环利用；4. 尊重用户，体现使用者的愿望；5. 尊重基地环境，体现地方文化；6. 运用整体的设计观念来进行绿色建筑的设计和研究。布兰达·威尔和罗伯特·威尔创立了自维持建筑（Autonomous Building）的概念[12]。1995年，美国学者西姆·范·德·莱恩（Sim Van der Ryn）和斯图尔特·考恩（Stuart Cowan）在《生态设计》提出五点设计原则和方法，包括：设计成果来自环境、生态开支应为评价标准、公众参与设计等方面[13]。1998年，英国学者布赖恩·爱德华兹（Brian Edwards）的《可持续性建筑》(Sustainable Architecture）从欧盟关于环境保护条约和法规对建筑的设计要求中，提炼归纳了如何减少建筑对自然环境影响的若干原则，并形成了可持续性建筑（Sustainable Building）的概念以及可持续发展的设计原则[14]。90年代末期，《北京宪章》在总结20世纪建筑学发展历史以及建筑学面临的挑战的基础上，提出建筑学未来的发展应当超越形式的争论，走向多元的广义的建筑学，将可持续建筑的各个方面，包括节约能源与资源，保护环境，批判地发展地方文化等问题整合起来。

2001年布赖恩·爱德华兹在《绿色建筑》中讨论了世界范围内关于绿色建筑的综合观点，包括绿色建筑的历史和其所遭遇的设计挑战以及不断变化的全球化观点。他强调绿色建筑的文化、社会和环境的差异，提出：1. 可持续发展的理论与实践均存在地域性差异；2. 可持续发展不仅解决全球问题（例如城市空气的热交换方式），而且解决地方环境问题；3. 科技含量不同的技术往往在同一工程中共同解决问题；4. 可持续发展理论改变了作为建筑设计主要手段之一的建筑空间[15]。此后他在2005年出版的《可持续设计导则》(以下简称“导则”）中论述了在环境、建筑学专业及政治背景下可持续的重要性，并给出为了满足21世纪对于负责任建筑的要求，设计者必须采用的科学知识、可持续策略和建筑设计方法的概要。2005年“导则”的第二版则加入更多英国的建筑实例、建筑教育的历史以及包括《约翰内斯堡宣言》在内的关于可持续的国际会议宣言和讨论[16]。

二、国内外可持续建筑评估体系及设计指引研究情况

近年，随着世界范围内绿色建筑的推广，不同国家、不同部门都从各自角度出发，颁布或出版各类绿色建筑和节能环保相关的标准规范、设计指引指南或评估体系。

绿色建筑评估体系是一种在建筑设计、建造、使用等阶段，帮助各个阶段面对的不同对象决策如何改善建筑绿色性能的一种综合工具。仅对某一个单项进行评价的工具及工业产品标准不能称作为绿色建筑评估体系。

绿色建筑评估体系的制定是绿色建筑发展的需要。世界各国相继发展各自的绿色建筑评估体系，包括英国的 BREEAM（建筑研究所环境评估法）、美国的 LEED（能源与环境设计领袖）、日本的 CASBEE（建筑物综合环境性能评估体系）、中国的《绿色建筑评价标准》等。2004 年发布的《绿色奥运建筑评估体系》是第一部针对体育建筑的绿色建筑评估体系。各国绿色建筑评价体系各有侧重[17]：

BREEAM：英国建筑科学研究院编制的绿色建筑评价体系，是国际上第一个完整的建筑环境性能评价体系。BREEAM 将建筑对环境的影响归结为三种类型：全球环境影响和资源的使用、区域环境影响和室内环境。

LEED：美国绿色建筑委员会（USGBC）的评价体系，该体系将建筑的环境影响分为六个类型：包括可持续建筑选址、用水效率、能源与大气、材料与资源、室内环境质量、创新与设计过程等，每一项针对不同类型的建筑，都有非常详尽的得分点。

GBTOOL：绿色建筑挑战组织的评价体系，是一种框架体系，各个国家可以根据自己的要求，对影响建筑环境性能的不同部分给予不同的得分。

CASBEE：日本可持续建筑协会（JSBC）的评价体系，提出了建筑环境负荷的概念，将建筑对环境的影响因素为四种类型：能源效率、资源效率、区域环境和室内环境。

GOBAS：中国绿色奥运评价体系，2004 年针对北京 2008 年奥运会场地规划和场馆与运动员村建设项目制定的评估体系。该体系借鉴了如前所述的各类建筑整体性能评估工具，尤其是参考了日本 CASBEE 的评价体系。

中国绿色建筑评价标准：2006 年发布的国家标准，规定了对住宅建筑和公共建筑进行绿色建筑评价的指标体系。该指标体系包括 6 大指标：节能与室外环境；节能与能源利用；节水与水资源利用；节材与材料资源利用；室内环境质量；运营管理（住宅建筑）、全生命周期的综合性能（公共建筑）。具体指标分为控制项、一般项和优选项三类。其中控制项是被评为绿色建筑的必备条款。

总体而言，国内外现行的绿色建筑评估体系最初都是从办公、住宅建筑评估发展起来的，国内外各项评估体系认证的项目也多为住宅与办公建筑。虽然很多既有的评估体系或设计指引从绿色建筑原理的角度对建筑设计给予了较全面的设计指导建议和评价原则，但对于体育建筑的特点针对性不足，难以充分发挥针对体育建筑这一特殊的类型建筑的指导作用。随着绿色建筑评估体系的发展，体育建筑也开始进入了各国评估体系范围，包括美国的 LEED、日本的 CASBEE、我国的绿色奥运建筑评估体系。中国的绿色奥运建筑评估体系作为第一部针对体育建筑的绿色建筑指导准则，对指导北京奥运会的场馆建设，实现绿色奥运理念起到积极作用，并对指导我国其他地方的体育场馆建设具有重要的参考价值。但由于这一评估体系完成时北京奥运场馆的主要项目的方案已基本确定，因此这一评估体系没能在主要场馆招标和方案确定中发挥作用[18]。

三、可持续设计指引研究概况

与此同时，各国研究机构、设计公司也根据各自科研和实践情况，相继出版了众多与可持续设计相关的设计指南、手册，包括桑德拉·门德勒等著的《HOK 可持续设计指南》、中法合作项目《可持续发展设计指南——高环境质量的建筑》、英国皇家屋宇装备工程学会（CIBSE）发布《建筑可持续性设计指南》、中英学者姚润明、昆·斯蒂摩司等著的《可持续城市与建筑设计》、德国慕尼黑工业大学《高能效的建筑设计与施工》等。

《HOK 可持续设计指南》以设计手册的形式提出了从团队形成到教育、目标设定、收集信息、设计优化、文献和规范、施工、操作及维护等全过程的指导建议；设计指导部分对规划和现场工作、能源、建筑材料选择、室内空气质量、节约用水、再循环和废物管理等方面提供了设计指南[19]。《可持续发展设计指南——高环境质量的建筑》是法国建筑科学技术中心与中国建设部科技发展促进中心的合作项目，将法国住宅建筑和城市建设可持续发展方面取得的技术成果，尤其是在提高建筑物的能源使用效率、改善空气质量、保护自然资源环境等方面取得的技术成果介绍到中国。英国 CIBSE 的《建筑可持续性设计指南》（CIBSE Guide L–Sustainability）针对建筑的可持续性发展进行了系统指导，包括建筑物设施的管理、建筑设备操作维护、舒适性要求、设备自控、低能耗策略、再生资源利用等。《可持续城市与建筑设计》介绍了可持续城市与建筑设计，论述了城市设计问题和能效建筑设计问题，并介绍了有代表性的可持续城市与建筑设计和营建方面的实例。

四、国内相关设计规范和标准

我国为实现绿色环保的社会可持续发展目标，1986 年首次推出居住建筑节能设计标准，近十年继续完善和推出针对居住建筑和公共建筑的节能设计标准和绿色设计规范，在建筑行业不遗余力地推广绿色建筑设计。各地区也陆续根据本地情况颁布了地区的节能设计要求和标准。

早期出台的相关节能设计规范和标准以住宅类建筑为主，如《夏热冬冷地区居住建筑节能设计标准》、《夏热冬暖地区居住建筑节能设计标准》。2005 年 7 月，《公共建筑节能设计标准》的颁布填补了之前公共建筑节能标准体系的空缺，为公共建筑节能提供了有效的法律依据，为公共建筑节能在全国的迅速普及制定了框架，它超越了不同气候区域的界限，为我国公共建筑的节能设计提供了一个基本的标准。在此基础之上，《公共建筑节能设计标准》提供“权衡判断法”和“对比评定法”，使建筑设计能获得相对的自由，可针对本区域和本设计的实际情况做出相应的调整。2010年颁布的《民用建筑绿色设计规范》是我国针对新建、改建和扩建民用建筑制定的绿色设计规范，其中提出绿色设计策划的内容，体现了设计规范对在建筑初始和设计前期贯彻绿色建筑理念的重视。

总的来说，无论是可持续设计理论方法还是规范标准指引，既有的研究及成果较侧重于能源、材料、设备的策略，对于决策策划等建设初始环节的可持续策略问题仍缺乏较深入的研究探索。各国现有的几个评价体系都是基于清单方法进行评价，即用相应技术得相应分数，不管效果如何，不管使用频率高低，结果缺乏各种技术对特定建筑的适用性，有可能导致采用的设备多、花钱多就评高分等弊端。策划规划、建筑设计是建筑全寿命周期中最重要的阶段之一，它主导了后续建筑活动对环境的影响和资源的消耗，设计策划是对建筑设计进行定义的阶段，是发现并提出问题的阶段；而方案设计又是设计的首要环节，对后续初步设计、施工图设计具有主导作用，方案设计阶段需要结合策划提出的目标确定设计方案，因此在规划策划以及方案设计阶段开始就应运用可持续原理和设计方法指导项目建设，否则在设计后期才考虑可持续设计问题，容易陷入简单的产品和技术的堆砌，并不得不以高成本、低效益作为代价。

1.3.3 体育建筑设计研究概述

我国体育建筑设计的研究始于20世纪50年代，至今已有60年。从可持续发展的视野关注体育建筑研究始于20世纪90年代。

1994年挪威冬奥会第一次提出了“绿色奥运”口号，1998年在日本东京举办的国际学术会议把可持续发展和体育建筑结合起来进行讨论，由此，可持续发展理论从不同角度被引入到体育建筑设计领域中[20]。在国内90年代末，我国以梅季魁教授为代表的学者针对我国体育场馆利用率低下、适应性差的实际情况，从可持续发展的思想出发提出体育建筑的功能可持续发展观[21]。

国内外关于体育建筑与可持续发展问题的研究主要集中在四个方面：包括关于与城市协调发展问题的研究；基于功能类型的体育建筑设计研究；体育建筑绿色技术应用研究；体育场馆建设经济性问题研究。

一、关于体育设施与城市协调发展的理论研究

较为著名的关于讨论体育建筑与城市关系的论著如美国 Chris Gratton

& Lan P. Henry 的《Sport in the City》主要关注于体育设施和体育运动组织如何重振城市经济，Wilbur C. Rich 的《The Economic and Politics of Sports Facilities》则侧重讨论竞技体育与经济发展和公共政治之间的关系。

在国内研究中，赵大壮先生关于北京亚运会场馆设施建设的研究是国内较早关注体育建筑与城市关系的论著，从城市规划角度出发整理了奥体建设经验，预测北京奥运建设内容、规模，并估算投资，最后进行了北京奥林匹克系统经济效益研究。其关于奥运设施空间组织模式与北京奥运建设投资估算方法的运用具有比较强的借鉴意义，并提出了赛事性体育建筑后续利用的问题。

20 世纪 90 年代末，孙一民先生提出“基于城市的体育建筑设计”理念（建筑学报 1999）[22]，并先后在“从城市的角度看体育建筑构思”[23]，及“城市空间与体育建筑的契合”[24]等文章，进一步阐述了从城市设计角度结合体育建筑的设计理念。

自 2001 年北京申奥成功以后，重大赛事与城市和体育设施建设的课题逐步受到学者进一步关注，国内掀起了关于城市与体育建筑建设研究的热潮。高毅存的《奥运会城市的场馆规划与设计》从城市与体育设施规划布局的角度，介绍 2008 北京奥运体育设施规划设计以及与另外几个奥运城市的比较。任磊《百年奥运建筑》对一百年来的奥运建筑的发展特点和发展脉络进行了总结和研究。王西波则在《互动—适从》论述了大型体育场所与城市的互动和适从的理论，并提出了相关的设计原则和评价体系。

针对国内体育设施建设现状问题，国内诸多著名学者呼吁科学理性看待城市与体育设施建设问题。例如：马国馨先生在《节约型社会与大型体育赛事》一文中提出了务实科学理性看待大型体育设施建设的观点；梅季魁在《体育场馆建设刍议》中从设施选址布局角度指出了体育设施与城市协调发展的问题，提出了进一步的理论研究的方向。

二、基于功能类型的体育建筑设计研究

英国运动委员会（The Sports Council）主编的运动场馆设计手册系列，国内梅季魁的《现代体育馆建筑设计》，马英的《娱乐体育设施的设计思维与对策》，梅季魁等合著述的《体育建筑论集》主要集中于建筑设计原理（即平面布置，空间组合，体量造型、细部构造）角度研究体育建筑。具体而言，国内有关体育建筑设计的理论研究可分为几个阶段的发展，并形成了几个有代表性的理论成果：

1. 多功能设计观

体育馆的多功能设计观，在国外已有几十年的研究历史，我国相关领域对其进行的研究与设计探索也已有 30 年。梅季魁先生在其著《现代体育

馆建筑设计》中指出“体育馆实现多功能，主要是指比赛厅具有适应使用变化的能力。使用的变化，一般可分成短周期和长周期两种，前者是一种周时性和季节性有规律的变化，有节奏的重复，后者则是历经较长岁月建筑用途发生的重大转变。体育馆设计的着眼点不应仅是应付当前的需要，还应力求适应几十年的发展变化。现代体育馆既应具备适应短周期变化的能力，也应具有一定的适应长周期变化的能力，这种应变能力即称为多功能。”他还指出：“从生活现实看，多功能应包含三个主要方面：第一，以体育比赛为主，力争多容纳一些项目；第二，应兼容文艺、展览、集会等活动；第三，兼顾群众参与活动”，“比赛厅的多功能设计，应着重解决功能的合理组合及综合布局的优化”[25]。虽然梅先生的多功能设计观是针对体育馆和设计而言，但其原理对于其他类型的体育场馆同样具有普遍意义。

2. 功能可持续发展理论

进入20世纪90年代，针对我国体育场馆利用率低、适应性差的实际情况，国内以梅季魁教授为代表的部分体育建筑专家在90年代末提出了功能的可持续发展理论。功能可持续发展观是可持续发展思想的延续，其中心思想是“资源效益观”，即认为实现建筑的可持续发展一方面是从资源投入的角度“降低消耗”，另一方面应从资源利用的角度“提高效率”，投入与产出的综合“性价比”是评价建筑是否实现可持续发展的标准[26]。功能可持续发展观是结合建筑领域的实际情况对可持续发展思想的拓展与深化，是可持续发展整体思想体系的重要组成部分，在思想方法和理论深度上超越了多功能的设计观。它以动态开放的空间体系对应动态发展的活动需求为立足点。在具体对策上，则要划分体育建筑中的可变、不可变部分，使确定性强的因素具有优化的综合布局，不对可变部分造成束缚；使确定性弱的因素相互作用，形成一套弹性体系，以此来为体育场馆提供更大的灵活性。这样，既可以满足当前的使用需求，又可以为未来的动态需求做好相应的准备。功能可持续发展思想是对可持续发展思想的拓展与深化，为评价建筑的设计质量提供了新的标准。这种设计思路打破了旧有的静态设计观念的束缚，在理论深度和设计成果方面全方位地超越了多功能设计观，为我国高校体育馆的设计提供了有力的理论指导。作为其理论构架的构成元素之——功能综合化正是在这个时期被提出来。

3. 提高灵活性、适应性的设计观

进入21世纪，国内学者在前面研究基础上，进一步关注体育场馆灵活性、适应性的研究，是多功能设计观和功能可持续发展观在理论的深度和广度上的进一步深化和拓展。孙一民等学者提出了体育建筑设计的“灵活性、适应性”原则。国内研究者围绕各类型体育建筑的适应性问题展开了一系列的研究：包括哈尔滨工业大学岳兵的《大型体育场的适应性设计研究》、华南理工大学申永刚的《大中型体育场馆的灵活性和适应性研究》等。哈尔滨工业大学罗鹏的博士论文《大型体育场馆动态适应性设计研究》提出了大型体育场馆动态适应性设计的理念，并从城市环境、空间、技术应用整合等方面探索了一系列具体的设计对策[27]。

三、体育建筑绿色技术应用研究

从建筑技术角度，对体育建筑节能降耗的研究也在近年迅速展开。目前，研究成果主要集中在各高校博士、硕士的毕业论文成果。天津大学韩静硕士论文《可持续建筑的适用技术观》从适用技术角度，把“可持续发展”口号置于建筑设计可操作的层面进行讨论。2005北京工业大学易涛硕士论文《绿色体育建筑若干问题探讨》对体育建筑的自然通风、自然采光和建筑节能等方面作了重点研究。2006华中科技大学樊松丽硕士《绿色体育建筑的可持续性及环境性能评价研究》研究探讨了体育建筑在资源、环境、节能、后续利用等方面的问题，提出了建筑环境效率的概念，并运用层次分析法，对体育建筑设计阶段的环境性能进行了评价。2007年哈尔滨工业大学史立刚博士论文《大空间公共建筑生态化设计研究》对大空间公共建筑生态化设计的外部条件和内在原则的探讨搭建了其理论框架。接着从选址的生态位策划、形式追随生态和内容结合生态三方面建构了大空间公共建筑的生态化设计策略。2008华南理工大学彭帆硕士论文《绿色建筑评估体系在体育建筑上的适用性研究》从三个层面对绿色建筑评估体系在体育建筑上的适用性进行对比研究，指出室内环境与建筑能耗是各个评估体系的最重要指标。李晋博士论文《湿热地区体育馆与风压通风协同机制及设计策略研究》从体育馆的场地、形体、空间以及界面的角度，挖掘各因素与风压通风的整体协同规律，研究了相应的设计策略。

四、体育场馆建设运营经济性的研究

彼得·法玛、艾伦·穆尔如尼、罗博·阿蒙所著《体育设施规划和管理》从项目策划、管理角度对体育设施进行研究，尽管也涉及规划和设计建议，但文章主要篇幅讨论的是体育设施运营，包括服务合同、风险管理、广告营销、保洁与维修、预约与排期、经营运作、票房管理、出租与促销等一系列管理课题，这些内容对于体育建筑策划具有很直接的参考意义。另外类似的著述还有罗博·阿蒙、理查德·绍硕、大卫·布莱尔著述的《体育设施管理——赛事组织和减少风险》则从大型赛事组织角度对体育设施的建设和管理提出一系列的工作方法。

国内学者杨远波的《体育场馆经营导论》从管理学的角度对体育场馆的运营进行研究。书中介绍我国体育场馆分布状况，分析了经营管理现状，针对体育场馆的自身性质，提出应选择的经营模式。万来红的《体育场馆资源利用与经营管理》运用管理学、经济学、体育学、建筑学等多学科理论，对我国体育场馆资源的有效利用与经营管理问题进行了研究，提出了相关的建议与对策。

1.4 研究目的与关键技术点

1.4.1 研究目的

由于现阶段我国体育产业运行机制落后，体育建筑普遍存在营运不良问题。体育场馆建设几乎全部为公共投资，许多城市将大型体育场馆作为标志性工程建设，项目决策主观，多具盲目性，缺乏科学立项论证，建筑标准定位不当，导致建设主体内容不准确，规模确定随意，项目策划不科学，重复建设，恶性竞争严重。在各种运动会申办的推动下，国内城市体育设施建设的积极性不断高涨，但由于行政意志不断催化建设的标志性，体育建筑追求怪异的形态、浮华的表皮，导致造作的结构重复、夸张的表皮构造，设计标准不断升高，建设成本也不断攀升。

另一方面，伴随可持续发展思想的迅速传播，可持续建筑理论为体育建筑设计研究提供了更新的高度和更广的视角。然而 90 年代以来，有关体育馆建筑的进一步研究相对滞后，体育建筑可持续理论的系统研究在国内相对缺乏。21 世纪以来，可持续建筑研究在国家建设节约型社会的发展目标要求下，重新得到重视。但由于发展本身的原因，我国目前对于可持续建筑设计研究以建筑节能应用技术研究为主，针对居住建筑方面的居多，初步建立了相关的评价标准。而在公共建筑可持续设计方面的研究较少，关于体育建筑的相关研究则更加稀缺。国家颁布的公共建筑节能标准，对管理与评价提供了依据，但却与设计工作缺乏衔接。同时大量国外可持续建筑设计理论已经在国内广泛传播，但是我国建筑师对于可持续设计仅是处于吸收理论的状态，将可持续设计策略全过程付诸实践仍有相当难度。

有鉴于此，本书认为结合国情从可持续性角度对体育建筑设计方法策略进行系统研究和实践探索成为当务之急。1. 如何解决体育建筑决策科学性不足，设施功能单一，使用效率低，运行代价高的普遍问题，迫切需要在新的起点和高度上重新研究体育建筑的规划、设计策略。2. 目前可持续建筑的研究成果多集中于材料、设备等建设行为的末端环节，缺乏对建设决策和规划设计的系统研究。节能，特别是空调节能成了可持续建筑的代名词，国家颁布的公共建筑节能标准，对管理与评价提供了依据，但却与设计工作缺乏衔接。从某种意义而言，可持续建筑目标的达成，其根本出路在于初始环节的科学性。目前我国建筑节能研究初步建立了相关的评价标准。然而，纷繁芜杂的评价结果无法为决策者、规划师、建筑师提供可操作的决策和设计的依据，将从根本上制约国家中长期目标的实现。基于可持续性的体育建筑设计方法策略研究必须从策划可研、规划决策和设计策略这样的初始环节入手。

1.4.2 关键技术点

基于可持续性的体育建筑设计策略研究，一方面需要研究者突破传统体育建筑功能研究为主的局限，从体育建筑策划和可行性研究阶段入手，以可持续建筑理论研究为基础，协调体育设施与城市的关系，提升城市功能、节约利用空间；研究社会化、产业化形势下体育建筑的功能配置及其新的要求，为建设决策提供科学支持。关键之处在于，从体育设施多功能、社会化的角度，在对体育工艺要求、对场馆规格进行深入调查、分析研究后提出城市体育设施规划设计的原则、依据与方法。根据城市设计理论结合大型体育设施的独特性质，建立大型体育设施的评价原则，为建设形式灵活、功能多变的体育设施而提供指引。

另一方面需要在广泛进行体育场馆使用情况调研的基础上，运用可持续设计方法，对体育场馆造价高、能耗多的问题，对可持续建筑设计的方法、技术和策略在体育建筑上的运用进行反馈和测试，为体育建筑设计应用提供依据，实现可持续建筑理论与体育建筑创作的有机结合，探寻可持续体育建筑的设计解决策略。

本书的关键技术点在于以下两方面：

1. 突破传统体育建筑功能研究为主的局限，突破传统绿色建筑理论以技术应用为主导的局限，以可持续建筑理论研究为基础，全过程的探讨体育建筑可持续设计策略，为建设决策提供科学支持。

2. 以大量工程实践和调研为基础，运用可持续设计理论与方法，总结设计策略，提出适合体育建筑的可持续设计导则和评价体系，并结合奥运、亚运体育场馆绿色工程实践的运用，进行评价反馈，探寻可持续体育建筑的设计解决策略。

1.5 研究的框架

本书的研究框架如图 1-9：

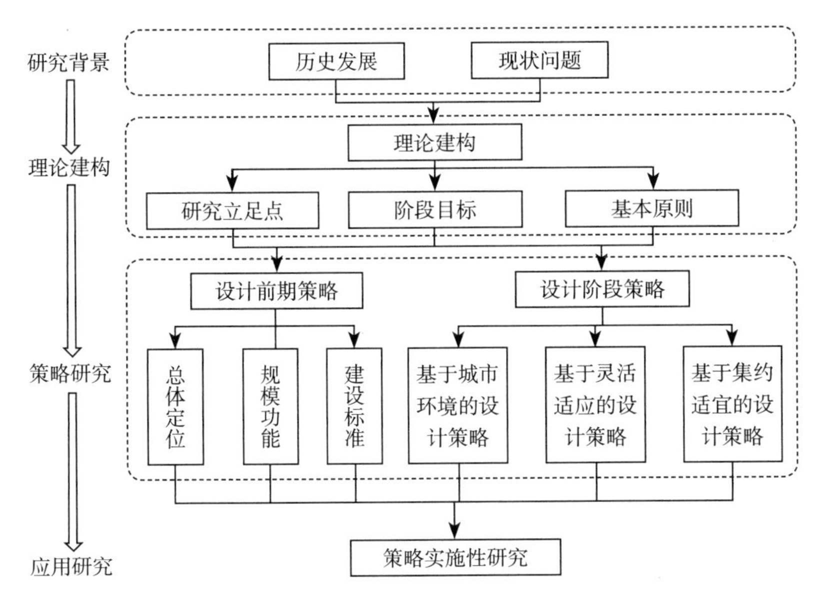

图 1-9 本书研究框架
资料来源：笔者自绘

本章小结

虽然我国体育社会化、产业化仍处于发展初期，但我国体育设施建设已进入高速发展时期，各类体育赛事带动体育建筑建设高潮。与此同时，节约型社会建设对体育设施建设提出了更高的要求。一方面体育设施数量与发达国家相比仍有很大差距，另一方面近年大量体育场馆建成后出现长期闲置、利用率低的问题。在建筑设计层面，一方面追求标志性成为近年体育场馆决策与设计的发展倾向，另一方面与城市环境冲突、功能配置单一、灵活性缺乏仍旧是体育场馆设计面临的主要问题，因此从建设的初始环节入手，结合国情实际，针对体育建筑特点的可持续策略研究成为当务之急。基于可持续性的体育建筑设计策略的课题正是在这样的背景下被提出的。本章阐释了研究背景及研究相关概念，界定研究对象；回顾了可持续发展建筑理论发展过程以及研究现状，说明了研究方法、目标和意义；从理论研究与实践研究并行的角度，提出本书研究的框架结构。

参考文献

[1] 第五次全国体育场地普查办公室. 第五次全国体育场地普查数据公报[EB/OL]. 2005年1月，http://wenku.baidu.com.

[2] 温家宝总理2005政府工作报告（全文）[EB/OL]. 新华网，2006年3月，http://news.QQ.com.

[3] 国家体育总局. 2001—2010年体育改革与发展纲要[R]. 2000年12月.

[4] 国民经济和社会发展第十一个五年规划纲要全文[EB/OL]. 新华网，2006年3月，http://www.sina.com.cn.

[5] 中华人民共和国建设部，国家体育总局. JGJ 31—2003，体育建筑设计规范[S]. 北京：中国建筑工业出版社，2003.

[6] 维基百科，http://zh.wikipedia.org.

[7] 韩英. 可持续发展的理论与测度方法[M]. 北京：中国建筑工业出版社，2007：1.

[8] V·Olgyay. 设计结合气候：建筑地方主义的生物气候研究[M]，1963.

[9] [美] I·L·麦克哈格. 设计结合自然[M]. 芮经纬译. 北京：中国建筑工业出版社，1992.

[10] N.J Todd & J. Todd. From Eco-Cities to Living Machines：Principles of Ecological Design[M]，Berkeley：North Atlantic Books.1994.

[11] J·Lovelock. Gaia：A New Look at Life on Earth[M].London：Oxford University Press，2000.

[12] [英] Brenda·Vale & Robert·Vale. Green Architecture：Design for a Sustainable Future[M]. Thames & Hudson，1996.

[13] [美] Sim Van Der Ryn,Stuart Cowan. 生态设计[M]. 徐文慧等译. 台北：地景企业股份有限公司，2002.

[14] [英] Brian Edwards. 可持续性建筑[M]. 周玉鹏，宋晔皓译. 北京：中国建筑工业出版社，2003.

[15] [英] Brian Edwards. 绿色建筑[M]. 朱玲，郑志宇译. 沈阳：辽宁科学技术出版社，2005.

[16] [英] Brian Edwards. Rough Guide to Sustainability：2nd Edition[M]. London：RIBA Enterprises，2005.

[17] 张国强等. 可持续建筑技术[M]. 北京：中国建筑工业出版社，2009：21.

[18] 江亿等. 北京奥运建设与绿色奥运评估体系[J]. 建筑科学，2006，vol22：1~15.

[19] [美] 桑德拉·门德勒，威廉·奥德尔.HOK可持续设计指南[M]. 董军，

周丰富，林宁译 . 北京：中国水利水电出版社，知识产权出版社，2006.
[20] 罗鹏. 大型体育场馆动态适应性设计研究 [D]. 哈尔滨：哈尔滨工业大学博士论文，2006.
[21] 梅彤. 体育馆功能可持续发展问题研究 [D]. 哈尔滨：哈尔滨工业大学硕士论文，1999.
[22] 汪奋强，孙一民. 基于城市的体育建筑设计 [J]. 建筑学报，1999 (6): 63~64.
[23] 孙一民，郭湘闽. 从城市的角度看体育建筑构思——谈新疆体育中心方案设计 [J]. 建筑学报，2002 (9)：27~29.
[24] 孙一民，江泓. 城市空间与体育建筑的契合——北京奥运会羽毛球馆建筑创作 [J] . 城市建筑，2004 (9)：31~33.
[25] 梅季魁. 现代体育馆建筑设计 [M]. 黑龙江：黑龙江科学技术出版社，1999：162，18，57.
[26] 梅彤. 体育馆功能可持续发展问题研究 [D]. 哈尔滨：哈尔滨工业大学硕士论文，1999：11.
[27] 罗鹏. 大型体育场馆动态适应性设计研究 [D]. 哈尔滨：哈尔滨工业大学博士论文，2006.

第二章 体育建筑发展的历史与现状

□ 现代体育建筑历史发展概况

- 国外体育建筑历史发展
- 我国体育建筑历史发展

□ 当前我国体育建筑发展特点

- 当前我国体育建筑建设的新趋势
- 当前我国体育场馆的使用状况

□ 我国体育建筑发展现状问题与原因

- 现状问题
- 原因分析

2.1 现代体育建筑历史发展概况

2.1.1 国外体育建筑历史发展

现代体育建筑是伴随现代奥运会等大型国际体育运动会兴起而快速发展起来的。根据文献将国外现代体育建筑发展的历史分为：1896~1920年，兴起雏形期；1920~1950年，探索成型期；1960~1980年，大规模建设期；1990年以后，可持续发展探索期。

一、1896年至1920年——兴起雏形期

1896年雅典举行第一届现代奥林匹克运动会，其主赛场帕纳辛奈科体育场（Penathenaic）是在一个古代体育场的基础上改建的，建筑保持了与雅典相一致的古典风格，看台47排，可容纳6万观众[1]，与周围山体融为一体（图2-1）。

这一时期的体育建筑虽然尚未得到社会的普遍重视与接受，按现在建设标准来看，设施相对简陋，体育场地也不标准，但体现了以体育为本的朴素发展观。

二、1920年至1950年——探索成型期

随着国际性体育运动的发展，大型体育运动会逐渐走向正规，体育场地的标准也逐渐规范。1920年安特卫普奥运会上第一次使用400m跑道运

图2-1 1896年第一届雅典奥运会主赛场

资料来源：奥运建筑[M]. 长沙：湖南科学技术出版社，2008：43

动场，随后的1928年奥运会400m跑道运动场即被列为主办城市必须予以保证的条件。随着国际大型体育比赛规模的发展和其对体育场馆种类和数量要求的增加，出现了“体育中心”这一新的体育建筑布局组合类型。1924年，巴黎建造了现代奥运史上第一个哥伦布体育中心，包括奥林匹克体育场、游泳池、带看台的网球场及一些训练场地。另一方面，随着空间结构等技术发展和完善，使体育比赛项目室内化成为可能，体育馆、游泳馆等体育建筑类型相继出现。1936年，柏林建造第一个现代大型体育馆；1948年，游泳比赛进入室内[2]。

这一时期体育建筑尤其是大型体育建筑，其设计建设的注意力主要集中在建筑本身，体育建筑主要是跟随技术和体育工艺进步而发展的，其与城市、环境的问题尚未得以重点的关注。

三、1960年至1980年——大规模建设期

二战后的世界各国开始了大规模的战后建设，伴随这一时期的经济和城市迅速发展以及科技革命，体育建筑的功能使用要求、技术方式以及设计理念与之前相比都发生了巨大的变化。

首先，体育建筑规模增大。随着这一时期奥运会的发展，体育赛事对体育建筑的规模要求不断增大。各国相继建造了不少特大型的体育场馆设施。1960年，罗马奥运会建造了10万人的奥林匹克体育场和1.2万人的体育馆；1964年东京奥运会建造了1.5万人的代代木体育馆；1968年墨西哥奥运会体育场的规模达到了11万人，同时建造了10万人的足球场及多个万人体育馆。德国慕尼黑奥运会和蒙特利尔奥运会分别投入巨资修建了大规模的奥林匹克中心。同时，奥运会比赛项目的增多和国际单项体育赛事的发展，促使大型体育场馆的建筑类型不断增加，冰上、水上、室内、露天的各类体育场馆不断涌现。

第二，建筑技术迅猛发展。这一阶段的新技术和新材料的科技成果被广泛应用到大空间的体育建筑中，在现代建筑史上留下了许多技术与艺术完美结合的篇章，包括1960年罗马奥运会的奈尔维的罗马小体育馆（图2-2）；1964年东京奥运会丹下健三设计的东京代代木游泳馆和篮球馆（图2-3）；1972年慕尼黑奥运会奥伯维森奥林匹克公园（图2-4）；1976年蒙特利尔奥运会梅宗涅夫体育中心（图2-5）。

值得一提的是，屋盖技术的发展促使出现了所谓“第二代体育场”——巨型的室内体育场和“第三代体育场”——可开启屋盖体育场。如1965年美国休斯敦建造的能容纳6.6万人的直径为215m的阿斯特罗巨馆是巨型室内体育场的代表；而美国匹兹堡会堂是在室外剧场的基础上通过改建成室内体育比赛馆，开创了可开启屋盖体育建筑的先河[3]。在此之后，

图 2–2 1960 年罗马奥运会罗马小体育馆场
资料来源：笔者自拍

图 2–3 1972 年慕尼黑奥运会奥林匹克公园
资料来源：http://www.591WED.com

图 2–4 1964 年东京奥运会代代木综合体育馆
资料来源：奥运建筑［M］. 长沙：湖南科学技术出版社，2008：59.

图 2–5 1976 年蒙特利尔奥运会梅宗涅夫体育中心
资料来源：奥运建筑［M］. 长沙：湖南科学技术出版社，2008：79.

虽然可开启屋盖结构技术在世界范围内被应用于更多的场馆，但许多场馆都面临着开合屋盖技术造价高昂，其投入难以回收的问题，从近年体育场馆发展趋势看，昂贵复杂的开合屋盖技术并没有成为体育场馆设计的主流。

第三，场馆赛后综合利用问题受到普遍关注。随着奥运会等国际运动会规模不断增加，场馆普遍出现的赛后闲置问题成为举办城市财政负担，引发了人们对场馆经营和资源有效利用的反思。最有代表性的是，1976 年蒙特利尔为修建奥运体育设施所产生的财政赤字直到 20 多年后才得以还清，给城市的持续发展带来巨大的负面影响。与此形成对比的是 1984 年洛杉矶奥运会，通过较小投入的方式，成功地实现了奥运与城市的双赢结果，因而成为典范。另一方面，体育产业的兴起、职业比赛的发展以及场馆经营多元化的要求也促使了体育场馆多功能研究的展开，并促使一大批功能多样的复合型体育场馆得以兴建。

这一时期体育建筑造型新颖、结构先进，而且集中应用了大量先进的现代化设备，使得该时期的体育建筑成为新理念、新结构、新技术应用的前沿性建筑类型，并被人们作为国家经济实力和技术实力的象征。

四、1990 年以后——可持续发展探索期

20 世纪 90 年代以来，体育建筑的发展进入一个新的时期。

首先，可持续发展理念成为体育建筑设计的潮流。1992 年联合国环境与发展大会在巴西里约热内卢召开，提出了《里约环境与发展宣言》和《21 世纪议程》，号召将绿色建筑理念推向各个领域。1994 年，挪威利勒哈默尔冬奥会第一次提出“绿色奥运”的口号；1998 年 3 月，日本东京举办的“寒冷积雪地区的体育设施”国际会议第一次把可持续发展和体育建筑结合起来进行讨论[4]。此后，可持续发展理论从不同的角度被引入到体育建筑的设计领域之中。2000 年悉尼奥运会大规模提倡生态环保技术和可持续发展原则，成为“绿色奥运”的典范（图 2-6）；2008 年北京奥运也把“绿色奥运，科技奥运，人文奥运”三大理念作为举办奥运的目标和宗旨，成为指导奥运场馆建设的核心理念。

第二，城市设计理论与体育建筑设计相结合为体育场馆建设的相关研究提供了新的视角。伴随着城市更新运动，体育场馆建设不仅与大型体育赛事相关，而且与城市的更新改造相呼应，规划设计研究开始重视体育设施对城市的影响。1992 年巴塞罗那开创了奥运会新的举办模式，强调奥运设施为城市自身发展服务，强调奥运投资直接对应城市的长远需求，通过举办奥运会实现城市的更新与可持续发展。巴塞罗那奥运会的建设不仅带动了主赛区蒙杰伊克山的发展与更新，其相关建设更带动了其他城市三

图 2-6 2000 年悉尼奥运会奥林匹克公园

资料来源：Sydney：Then and Now［M］. San Diego：Thunder Bay Press. 2005：91

个区的开发与更新，并创造了具有城市独特魅力的滨水区域和完善的城市交通网络（图 2–7）。

基于对狭隘功能主义的反思，国际上近 20 年来对于体育设施的相关研究已扩大到城市设计研究的范畴。越来越多的体育建筑改变以往坐落于郊区的庞然大物形象，而采用尺度亲切、配置合理的模式进行建设，并逐步成为城市中有意义的公共活动场所。美国克里夫兰体育中心，其策划、选址与旧城复兴计划息息相关，建筑体量遵从城市的空间肌理，从而极大地融入到城市的组织架构之中[5]（图 2–8，图 2–9）。

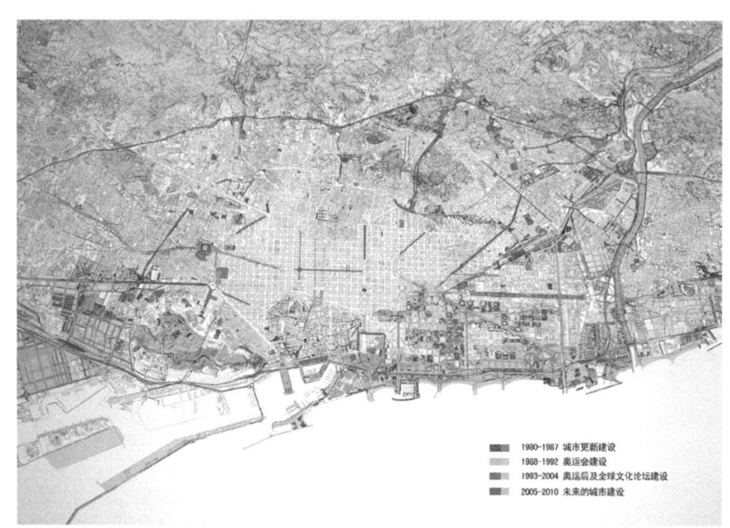

图 2–7 巴塞罗那奥运会的建设对城市更新具有重要影响（上左）
资料来源：巴塞罗那 2007 年城市规划展

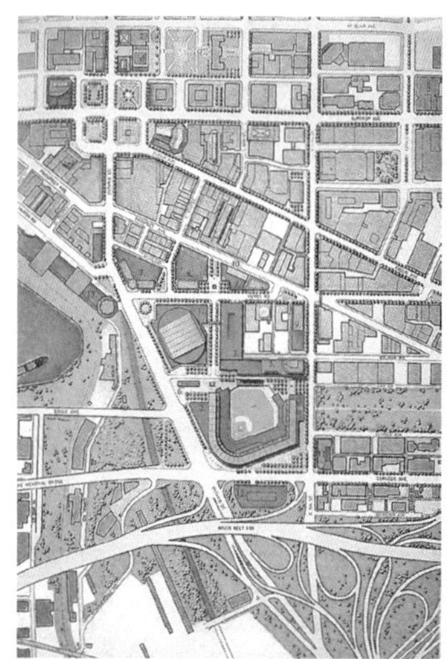

图 2–8 美国克里夫兰体育中心 –1（上右）
资料来源：Sasaki 作品集

图 2–9 美国克里夫兰体育中心 –2（下）
资料来源：Sasaki 作品集

这一时期体育建筑的设计已突破以往局限于从内到外的单向思维，关注城市整体环境、城市生活需求，从城市可持续发展的角度关注体育建筑的建设策略，成为体育建筑建设的重要原则。

2.1.2 我国体育建筑历史发展

从世界体育建筑发展的历史来看，体育场馆建筑的发展状况是每个时期所代表社会发展水平和决策者价值观的反映。我国体育建筑发展的历史也同样符合这一规律。纵观新中国成立以后 60 年的历史，每个时期的体育建筑的建设思路和建设水平都反映了当时所处的国情环境。通过对新中国成立后我国体育建筑发展的回顾，有利于清晰地把握时代的脉搏，辨明符合我国国情的体育建筑发展方向，实现可持续发展的目标。

由于新中国成立后体育建筑的发展历史是以我国社会发展的历史紧密相连的，为了论述方便，综合相关文献的划分方式，把我国体育建筑发展分为四个时期：1. 1978 年以前，即新中国成立到改革开放之前的起步期；2. 1978 年至 1990 年，从改革开放至北京亚运会的发展期；3. 1990 年至 2001 年，即北京亚运会举办到申办北京奥运会成功的成熟期；4. 2001 年至今，前奥运时期到后奥运时期的飞跃期。

一、1978 年以前——经济实用为主的起步期

新中国成立初期，毛泽东同志提出“发展体育运动，增强人民体质”的号召，我国体育事业获得巨大的发展。但当时的体育场馆不足 5000 个，数量少、规模小、标准低、质量差，与国家体育事业发展的需要极不相称。具备一定规模的体育设施主要集中在北京、天津、武汉、广州等地，在这一时期这些大城市相继建设了一批大中型场馆，其数量是新中国成立前的 8 倍左右，基本满足了当时体育运动需要。比较有代表性的包括 6000 座规模的北京体育馆、4200 座规模的长春体育馆、5400 座的南宁体育馆、广州体育馆以及北京工人体育场和体育馆，这些体育场馆在相当长的一段时期内为体育事业发挥了重要作用，代表了新中国成立初期体育建筑的建造工艺，并对之后的体育馆建设模式产生深远的影响。

1958 年全国掀起大跃进，体育建筑的建设被提升到体现国家形象的政治高度。据记载，当时每个省都在筹划兴建大型体育中心，含 6~10 万人体育场、万人体育馆、游泳馆。由于大跃进脱离国家实际条件，并遭遇三年自然灾害，各地场馆建设纷纷下马[6]。少数场馆几经波折，历经多年才建成。例如 18000 座的上海体育馆，1959 年筹划建设，几度调整任务书后，直到 1975 年历时 16 年时间才建成[7]。

这一时期体育建筑发展的特征是：数量增多，规模增大，场地的灵活性有所增加。从解放初期数量极其有限的大学体育馆和公共体育馆，到1974年第一次全国场地普查时已有112座体育馆；建设规模也从中小型馆的2000~6000座逐渐发展为8000~10000座甚至万人以上规模；比赛场地标准也从以篮球场地为主发展到以手球场地为主，兼顾其他综合使用，直到以体操和冰球场地为主，并利用活动座椅来灵活调节比赛场地；在观众视觉质量、疏散方式、多功能使用、结构造型方面都有一定的突破或创新，如北京工人体育馆和浙江人民体育馆的悬索结构，北京首都体育馆比赛场地的多功能使用等[8]。

在体育建筑研究领域，这一时期我国的体育建筑在建设实践的基础上，借鉴国外的理论，基本确立了体育建筑研究的体系和内容。

二、1978年至1990年——大型赛事带来的发展期

1978年我国在改革开放政策指引下，各行各业都迎来了深刻的变革和巨大发展。首先，我国经济整体实力的提高为体育建筑进入高速发展奠定了经济基础；其次，外交联系日益加强，参加国际比赛和交流的机会越来越多，包括1984年我国重返奥运会，1990年北京举办第十一届亚运会，都是这一时期的标志性事件；第三，国内赛事的规模日益增大，水平日益提高，举办赛事的城市也日益增多，极大地促进了体育建筑的建设发展。1987年广州举办的六运会，是北京、上海以外的城市首次举办全运会。

这一时期体育建筑发展的特征是：功能类型多样化，建设水平提高，积极推动城市发展。首先，随着国际赛事的增多，我国的体育建筑建设呈现功能类型多样化的特点，开始涉及一些特殊要求的比赛项目，如自行车赛、赛艇和皮划艇等；其次，随着广州六运会、北京亚运会等大型赛事的举办，建成了一批代表当时亚洲高水平的体育中心和体育场馆。为六运会兴建的广州天河体育中心是我国第一个统一规划、同步建设的体育中心，其建设极大地带动了广州天河中心区的发展，成为以体育场馆建设推动城市发展成功案例（图2-10）；为1990年亚运会兴建的北京奥林匹克体育中心在群体造型、空间处理、交通组织、人车分流、无障碍设施等方面的设计都有了进一步的拓展。广州天河体育中心和北京奥林匹克体育中心都是完全由国内建筑师完成，并先后获得了IAKS（国际体育休闲建筑协会）的银奖，表明当时我国的体育建筑设计已得到国际认可。第三，我国对外援建工程中，体育建筑也有出色表现，受到国际奥委会主席萨马兰奇的赞誉。比较有代表性的建筑包括巴基斯坦的综合体育中心、贝宁科托努体育中心和肯尼亚体育中心等许多国家的体育场馆都是在这一时期建成的。

这一时期体育建筑的研究已经突破了建筑单体设计的范围，发展到结

图 2-10 广州天河体育中心极大地带动了天河区的发展
资料来源：新城市，新生活[M]. 天津：天津大学出版社，2011：239

合多种复杂功能体系的建筑功能组合方向，并拓展至区域和城市的范畴。

三、1990 年至 2001 年——多功能关注的成熟期

1990 年之后随着改革深化的继续，我国体育事业发展获得持续动力。一方面，北京亚运会的成功举办为我国举办重大体育赛事积累了大量经验，随着经济实力的进一步增强，越来越多的城市有能力建造国际标准的场馆，举办国际性的体育赛事。另一方面，我国先后出台了《中华人民共和国体育法》、《奥运争光计划》和《全民健身计划纲要》，以提高竞技水平为主要目标的“体育强国”奋斗目标逐步转变为群众体育与竞技体育协调发展。

这一时期体育建筑发展的特征是：建设趋向国际标准，出现国际合作设计的模式，关注多功能使用。上海举办了东亚运动会和第八届全运会，改建和兴建了 38 个大型体育场馆，代表了当时国内体育建筑的建设水平，其中以达到国际一流水准的上海八万人体育场为典范（图 2-11）。年代久远的上海虹口体育场经过改造，成为我国第一个真正的专用足球场（图 2-12）。2001 年广州举办九运会也出现了一批国内外设计单位合作完成的体育建筑作品，有代表性的项目包括中法合作设计的广州新体育馆（图 2-13）和中美合作设计的广东奥林匹克体育场（图 2-14）。这一时期体育建筑的多功能利用是备受关注的问题，出现了体育与会展、商演紧密结合的建设模式，并被广泛使用。

这一时期随着世界可持续发展和绿色建筑理论的传播，体育建筑领域的研究从关注场馆多功能使用开始逐步转化为从可持续发展的高度关注体育建筑设计的问题。

图 2-11 上海八万人体育场

资料来源：http://www.xingangsteel.com

图 2-12 上海虹口体育场

资料来源：http:// www.liketrip.cn

图 2–13 广州新体育馆

资料来源：http:// www.tieba.baidu.com

图 2–14 广东奥林匹克体育场

资料来源：新城市，新生活［M］. 天津：天津大学出版社，2011：223

四、2001 年至今——可持续发展的飞跃期

2001 年北京申奥成功，标志着我国的体育事业进入一个新的阶段。这一时期体育建筑发展的特征是：建设趋向高标准，可持续的科学发展观被大力提倡，国际招标以及国际合作设计的增多。

伴随着密集举办的大型国内国际赛事，我国各地城市陆续建成、正在或计划兴建大批体育场馆趋向国际化标准。2001 年至今，我国举办的国际重大体育赛事包括 2008 年北京奥运会、2010 年广州亚运会和 2011 年深圳世界大学生运动会，国内重大体育赛事包括 2005 年江苏举办的十运会、2007 年武汉城运会、2008 年广州举办的第八届全国大运会和 2009 年山东举办的十一运会等。这些赛事的举办催生了一大批规模大型、标准豪华，展现城市经济实力的大中型体育场馆（图 2–15）。

随着“节约型社会”的建设目标确立，可持续的科学发展观被大力提倡，绿色建筑理念受到重视，相关规范标准相继出台并开始贯彻执行。2001 年北京申奥成功，“绿色奥运、科技奥运、人文奥运”三大理念成为奥运建筑建设理念，这一理念也被推广到广州亚运会和深圳大运会等其他运动会。2003 年，《绿色奥运建筑评估体系》正式颁布，成为奥运体育建筑的建设指南。2005 年《公共建筑节能设计标准》正式颁布，在实施层面为公共体育建筑走向节能减耗提出了新要求。

体育建筑设计市场逐渐开放，越来越多的体育场馆设计通过国际招标以及国际合作的方式完成。例如 2005 年为十运会兴建的南京奥林匹克体育中心由美国 HOK 公司和江苏省建筑设计研究院合作设计，2008 年为北京奥运会兴建的“鸟巢”和“水立方”都是由国内和国际设计单位合作完成。国外设计单位的设计方案在体育中心的规划和建筑的单体设计上，对体育建筑功能、造型和技术方面运用了许多新的设计理念，为我国体育建筑发展提供了多样化的设计思路和手法，但是否能很好地与我国的国情以

图 2–15 深圳大运会体育中心

资料来源：深圳市世界大学生运动会体育中心［J］. 南方建筑，2009（6）：41

及体育建筑面临的实际问题结合，受到许多学者的关注和质疑。

这一时期体育场馆赛后利用问题成为体育建筑发展研究的热点。2003年我国的《体育建筑设计规范》正式颁布，将体育场馆赛后利用的问题列入规范。此后，越来越多的体育场馆设计任务书出现了对赛后利用功能策划的设计要求，体现出建设单位对该问题的重视程度逐渐提高。国内学者也从不同的研究角度，对赛后利用问题进行了深入展开。但从近年已经实施建设的场馆来看，由于多方面原因，赛后利用状况仍不理想。以耗资数十亿的国家体育场“鸟巢”为例，尽管建设之初对赛后利用问题进行了多方面的论证和研究，但其赛后的经营状况仍十分严峻，奥运会结束后主要依靠游客门票维持运营，以至于奥运会两三年后其经营管理权不得不归还政府。

2.2 当前我国体育建筑发展特点

2.2.1 当前我国体育建筑建设的新趋势

一、建设运营主体趋向多元

长期以来，国内体育场馆设施具有公益性和非营利性特点，传统的投资运营模式大多由政府投资，政府组织附属单位负责运营管理。近年随着经济水平的提高，体育场馆建设仍延续了以政府投入为主的投资模式，同时也借鉴国际上基础设施投资社会化的先进经验，开始了体育设施建设投资模式社会化的创新尝试。以北京奥运会为例，奥运体育场馆的建设投资方式一般包括三类：一类是由国家投资，赛后变成专业队的训练基地，如射击馆、自行车馆；第二类是对法人团招标，法人团包括投资、融资、经营、建设、管理、运营和设计，如“鸟巢”；第三类是民间捐助，建成后场馆交给国家来运营，如“水立方”[9]。根据国内外大型体育场馆建设项目的不同，政府与企业协作的模式可以细分为：BOT模式（建造——运营——移交）、BTO模式（建造——移交——运营）、BT模式（建造——移交）、TOT模式（移交——运营——移交）、BOL模式（建造——运营——出租）和DBFO模式（设计——建造——融资——运营）模式[10]。深圳大运会开幕式会场深圳湾体育中心由深圳政府采用BOT方式，将项目整体交由华润集团投资、建设和运营，经营期满后移交政府。这些新型的投资运营合作模式，节省了政府公共财力和人力的投入，保证了投资、建设、运营各环节责权利的统一，更有利于体育场馆赛后的良性运营，实现以馆养馆、自负盈亏。江门滨江新城体育中心则采用DBOT建设模式，即设计—建设—经营—转让，这种方式是BOT模式的发展，是从项目设计开始就特许给某一社会机构进行，直到项目经营期收回投资，取得投资收益，与常规的BOT模式比较对承担建设运营的社会机构企业赋予了更多的决策权，对体育建筑建设运营而言是一种创新和尝试，有助于资源的集约利用，满足场馆的公益性要求和运营要求，达到政府、企业、社会的三赢的局面（表2–1）。

体育设施建设运营模式比较分析 表2–1

建设运营模式	案例	优点	缺点
传统模式	惠州体育场 深圳龙岗亚运中心 佛山世纪莲体育中心	政府负责投资运营，公益性较强	行政手段运营消极，易造成场馆的闲置和亏损
BOT模式	岭南明珠体育馆	企业进行运营，主动开发经营	前期定位易与实际使用需求相出入
	深圳湾体育中心	运营方从设计初始介入，在一定程度上能影响设计	单纯从运营角度出发考虑，社会公益性不足
DBOT模式	江门滨江新城体育中心	运营方、建设方同时负责设计工作，设计注重实际使用和经营	建设运营机构压力较大，需合理定位，理性建设

资料来源：作者自绘

投资运营模式趋向多元化改善了传统投资模式的先天不足，为场馆长远的可持续运营奠定了良好的基础。与此同时，新的投资运营模式意味着决策者和服务对象的改变，投资主体利益诉求和价值观的改变会对项目建设产生新的影响，这些变化必将给研究者和设计者带来新的课题和挑战。

二、外部经营环境逐步改善

我国体育场馆的产业经营环境正得到逐步改善。我国目前的体育运动职业化进程正逐步走出低迷阶段。足球职业联赛在多年混乱不堪后，经过整顿正逐步走向良性发展，人气逐渐回升的中超赛事场均观赛人数也随着球市秩序的恢复逐步增加；以中国男子篮球职业联赛（CBA）为代表的篮球运动和中国男子篮球联赛（NBL）经过多年的发展已具有一定的群众基础。总体而言，我国体育职业化的进程虽仍在起步阶段，但正逐步走向成熟。

另一方面，虽然目前文艺演出市场尚不发达，但应看到社会发展和人民生活水平的提高，将使文艺演出市场逐步走向繁荣，并整体加大演出活动供给的质和量，为提高体育场馆使用率、实现体育场馆可持续运营奠定了良好基础。

值得注意的是，在未来相当长的一段时间内，体育场馆建设仍以公益性质的项目定位为主。政府和体育部门要求公共体育场馆必须把社会效益放在首位，指令其承担较多的免费公益活动及运动训练和比赛，在有余力的情况下开展经营活动。因而如何协调体育场馆的社会公益目标和经济效益目标的矛盾，是大型体育场馆经营管理改革的关键[11]。从场馆建设角度，努力提高场馆的使用效率，合理控制建设成本，减少不必要的投入和运营的费用，力求达到场馆运营收支平衡，仍是未来十年到二十年场馆建设的努力方向。

三、场馆建设重点发生调整

公共投资的场馆建设重点将由竞技类场馆转为服务群众服务学校的体育设施，由经济发达地区转向经济相对不发达地区。对于不同地区，场馆建设的侧重点也会有所不同。随着奥运、亚运、大运等赛事举办完成，一线城市大中型竞技类体育设施的建设基本完善，场馆建设重点将由竞技类场馆转为服务群众服务学校的体育设施，对既有场馆的赛后综合利用成为建设重点。随着整体国民经济的增长，二线城市包括省会城市逐渐具备举办全运会、城运会等全国性的大型运动会经济实力，该类城市市级体育中心和体育设施将成为建设重点，而大量的县区一级的中小型体育设施也将在这一过程中得以补充。

2.2.2 当前我国体育场馆的使用状况

竞技体育比赛、群众体育锻炼、文艺演出及会展活动构成了我国体育场馆现阶段的主要使用需求。其中竞技体育比赛既包括国内外大型综合运动会或单项体育比赛，也包括职业联赛等商业比赛。由于大型运动会、职业联赛、大众体育、文艺演出展览几大主要使用需求对体育场馆建设和可持续运营有着直接的影响，对我国体育场馆使用需求现状进行分析和总结，能更为透彻地理解可持续设计策略研究的必要性（表 2–2）。

体育设施的活动需求类型比较 **表 2–2**

使用需求类型	使用需求分类	举例	活动规模	活动频率	专业工艺要求	公益性与商业性要求
体育比赛	国内外综合运动会和单项体育比赛	奥运会、全运会、省运会……	大	低	高	两者兼有
	体育职业联赛	中超、CBA……	中	中	高	商业性为主
	其他体育比赛	商业比赛	—	—	中	商业性为主
大众体育活动	群众体育锻炼	球类、健身、业余竞技	小	高	低	公益性为主
	其他社会服务	专业培训、企业活动	中小	中	低	两者兼有

续表

使用需求类型	使用需求分类	举例	活动规模	活动频率	专业工艺要求	公益性与商业性要求
文艺演出展览	文艺演出	综合文艺演出、演唱会、公益演出、节日庆典	大	高	中	两者兼有
	商业展览	大型会展、商业巡展	大	中	中	商业性为主
	其他商业配套服务	配套商业、酒店、餐饮	—	高	低	经营性为主

资料来源：作者自绘

1. 国内外大型综合运动会与体育场馆

自20世纪90年代以来，我国成功举办奥运会、亚运会、大运会等一系列国际重大体育赛事（附表1），北京、上海、广州、深圳等城市通过赛事的设施建设，极大地促进了包括主体育场、主体育馆、游泳馆、新闻中心和运动员村在内的竞技体育设施的发展；另一方面，以全运会、省运会为代表的国内重大体育赛事是推动各地体育设施建设的重要推动力之一，各地兴起为大型体育运动会而立项兴建的体育场馆的风潮。在北京、上海和广州（广东）举办多年以后，全运会终于走出这三个具有经济先发优势的城市，逐步走向全国，第十届全运会在以南京为核心的江苏众多城市范围内举办（图2-16），第十一届全运会移师山东，而辽宁将举办第十二届全运会。可以预期，在相当长的时间内，除了极少数确实有困难的省份，全国大部分省会城市将会陆续举办全运会（附表2）。全运会对举办城市现代化进程的推动是全方位的，由于我国全运会的项目设置数量、参赛人数规模和部分项目的比赛水准都不亚于奥运会，每一次全运会都大大推动了主要举办城市的体育设施建设。全运体制所产生的影响远不止于此，经济条件许可、追求竞技体育大省、强省的省市会通过举办省运会选拔新秀、推动所辖各市后备运动员和体育苗子的培养，省运会的举办同样会带来体育设施的集中投入。2001年深圳为了举办素有“小全运会”之称的广东省运会，投入12亿元新修了6个场馆；2006年江西省运会投资3.5亿元建设新余市体育中心，包括体育场、游泳场、训练馆、体育馆和网球馆；2010年举办广东省省运会的惠州也斥资十亿新建10个场馆，改、修、扩建7个场馆。除了省运会，还有城运会、民族运动会等综合性的“体制内”运动会，均会促进各地公共体育设施建设[12]。

高等级的体育比赛对体育场馆和设施的标准和规模具有一定的要求。这些要求一方面来自长期以来不同类型的体育比赛发展形成的约定俗成的习惯，另一方面来自于单项体育组织协会根据体育运动发展和赛事举办需要制定的专业性规范和要求。为大型运动会兴建的体育场馆普遍具有规模

图 2–16 十运会兴建的南京奥林匹克体育中心
资料来源：Google Earth

庞大、工艺要求专业性强的特点。例如国际足联对举办世界杯比赛的体育场观众容量最低要求为半决赛场馆 4 万座以上，决赛场馆 6 万座以上；奥运会游泳比赛馆的观众规模要求一般都在 5000 座以上。除奥运会、亚运会等特大型体育赛事外，全运会、省运会等大型体育赛事所兴建的体育设施也往往以建设标准的上限为依据，体育工艺也以较高标准进行配置。然而，如果笼统地定位为所谓"国际标准"，将在举办赛事时和日后运营留下使用隐患和遗憾，造成资源浪费，不利于场馆建设可持续目标的实现。所以，在项目立项阶段的总体定位以务实的态度慎重考虑该场馆未来举办赛事的可能性非常关键。此外，大型运动会本身还具有举办频率低、举办期短的特点（附表 3），因此为其兴建的体育场馆直接面临赛后使用频率的问题。一般而言，综合性或单项体育运动会时间为几天到十几天，这就意味着在现实国情下，仅考虑比赛需求的体育场馆必然面临使用率低下的问题。

大型运动会对场馆建设规模要求大，工艺要求专业性强，然而单个场馆的使用又具有活动举办频率低、举办期短等特点，这两个方面容易造成场馆建设赛事赛后产生较大的使用需求矛盾和落差。一方面越来越多城市建设体育中心，并具备举办大型体育运动会能力，另一方面全国范围内大型运动会举办次数则相对稳定在一年 1~2 次，因此大量城市的大中型体育设施面临长期闲置的尴尬，这种情况在体育产业化尚不发达的背景下尤显突出。大型运动会与场馆的这种矛盾关系已经成为各地，甚至各国面临的普遍性难题。因此，这类体育场馆的建设需要更周全的考虑，慎重处理好"十五天"（赛时）和"十五年"（一般体育馆场馆面临大修的期限）的问题[13]。

2. 职业联赛与体育场馆

国际上大型公共体育场馆的建设主体是以国家和公营事业投资为主，民营投资的多是职业化商业运营较为成功的领域，如美国的棒球、橄榄球、篮球场馆和欧洲的足球场等。从根本上而言，社会资金的投入是以市场体系的完善为前提的，即职业化的体育运动的发展与完善。从欧美体育场馆研究经验来看，一个万人馆要实现正常的经营运转，应至少有两个球队作为主场使用，基本上相当于确保每年开放100场以上。最为常见的是篮球队与冰球队合用一个馆，赛季互不干扰。在这样的前提下，一定数量的文艺演出、展览等多种活动的安排将可保证运营的顺利开展，也可以确保收入主要来源——包厢的良好出租状态[14]。

反观我国目前的体育运动职业化进程，却不容乐观。以足球联赛为例，国内联赛是1957年建立的，但是其后的20年间发展道路曲折，直到1978年才恢复稳定的全国联赛，再到1994年才建立职业足球联赛。当前国内职业联赛足球赛场的建设也存在诸多问题，包括开发模式单一，以体育中心为主要模式，少数是体育场单体开发，远没有达到国外超级综合体的水平。以综合性田径体育场为主，足球专用体育场发展落后，体育场设施落后，与举办职业联赛的要求存在差距，配套交通设施不足等等[15]。

职业体育是体育产业化、市场化的产物，职业联赛为提高体育场馆的使用率，解决大型运动会场馆赛时赛后使用矛盾提供了有效的方式。例如亚特兰大奥运会主场赛后考虑改造为英雄队主场；伦敦2012年主体育场赛后考虑作为英超联赛赛场。当前我国的乒乓球、排球、篮球职业联赛并未成熟，未来产业化的前景尚不得而知，而且由于观众人数的差异等原因，这些职业联赛很少共用体育场馆，这样的资源分散对长远经营来说十分不利。例如东莞现有的职业篮球俱乐部共有4家，包括：两家CBA球队、WCBA球队和CBL球队①，然而这4家俱乐部各自有自己的主场馆，并没有共用场馆。场馆仅仅依靠一支俱乐部球队来支撑是做不到物尽其用的，它仅能占用10%左右的有效使用时间[16]。由此可见，场馆使用率的提高需要资源的整合，综合性的场馆设施，促使场馆在观众席位的灵活变动、比赛场地要的可变性等方面都体现灵活性。

尽管随着竞技体育中的社会化、市场化、职业化的发展，必然会推动更多专业型体育场馆建设的出现，但总体而言，我国体育职业化的进程尚在起步阶段，专业型体育场馆无法取代综合性体育场馆的作用，兼顾灵活性的多功能职业体育场馆设计仍是主要趋势。借鉴欧美发达国家专业足球

---

① CBA，英文Chinese Basketball Association的缩写，即中国男子篮球职业联赛；WCBA，英文Women Chinese Basketball Association的缩写，中国女子篮球甲级联赛；CBL，中国男子篮球联赛，是CBA的次级联赛，2007年改为NBL。

场或 NBA 球馆的灵活建设运营经验，结合现实国情，才有可能避免大量的资源浪费，走向可持续发展的目标。

3. 大众体育与体育场馆

从发达国家体育市场发展的一般规律看，当一国居民家庭恩格尔系数降到 40%以下时，体育市场就进入快速启动的状态，当降到 30%以下就进入持续、稳定、迅速发展的阶段[17]。我国城镇居民家庭的恩格尔系数 2006 年已下降为 35.8%，部分经济发达城市居民生活水平开始从“小康”迈入“富裕”，这个阶段人们的收入将不再放在耐用消费品方面，而会更多的倾注于教育、休闲、健身、旅游等方面，消费结构的调整预示着我国体育消费市场进入快速启动发展阶段。体育消费能力的持续增长将为体育健身服务业和体育竞赛表演市场的不断壮大带来坚实的有效需求基础。消费能力持续增长，城镇居民教育水平的提高、闲暇时间的增多和来自西方的价值观念冲击带来生活方式的转变，体育活动项目的内容选择由竞技型向娱乐型转变，由观赏向参与发展。同时个性化发展的强调会带来需求多元化的趋势，这种趋势从健身娱乐服务本身所提供的服务种类不断增多、市场不断细分可以得到确证。

大众体育快速蓬勃地发展，但其对体育场馆设施的要求却相对较低，包括：规模要求小、体育工艺要求低等，同时又具有使用频率高的特点，因此，大众体育的需求是城市体育设施保持高使用率的保证，体现了公共体育设施公益性服务的要求。

因此，许多以吸引国际赛事或俱乐部球队作为建设目标而新建体育设施，其定位也可同时瞄准大众体育服务的需求，以实现场馆的更大社会效益。从体育场馆建设的发展的趋势上看，以大众体育为目的的参与性健身娱乐休闲中心的建设和以目标赛事以及俱乐部球队为服务对象的“度身定制”的体育场馆将会越来越多。在建中的东莞市体育馆就是这样一个以三个 CBA 职业队主场的体育馆，同时为了满足群众体育活动需求，附建了 20 万 m^2 的“篮球城”[18]。

关于体育体制改革中的一些发展趋势方面，大众体育越来越受到重视会推动新建场馆面向群众、关注赛后使用的问题，“为全民所有，为市民所用，为社区所便”会成为更多新建体育设施的真实写照。普通高校创立高水平竞技体育队伍的改革试验将会推动更多的体育场馆落户高校。

4. 学校体育与体育场馆

学校体育是现代体育的三大组成部分之一。新中国成立以后，我国的高教建设得到迅速发展，在短短的十几年间，建成了一大批各类性质和规模的高校，80 年代初开始，随着高等教育改革的逐步进行与高等教育办学规模的增加，以沿海地区的高等学校为代表的一些高校开始了学校体育场馆的建设。90 年代以来，高等教育的发展进入了一个新的阶段，随之而来的是高校建设的热潮，而高校体育建筑作为校园的标志建筑成为各所高等院校重点建设目标，学校体育建筑无论从数量上、还是从质量上都得到了急速的发展[19]。

尽管学校体育教学及大量师生活动为学校体育设施的利用提供了基本的保证，但学校体育建筑仍普遍存在数量整体较少、部分建筑简陋老化、建筑功能单一，难以满足新需求、建设投资大，利用率低、新老校区的布局失衡等问题[20]。

2008 年北京奥运会借鉴国外举办大赛经验，利用北大、北工大、中农大等 6 个高校体育场馆作为奥运比赛馆，其中 4 个为新建，赛后作为学校体育馆；此后的广州亚运、深圳大运均将利用高校体育馆作为比赛馆的做法作为应对大赛场馆赛后综合利用问题的重要手段（图 2-17~ 图 2-20）。

5. 文艺演出 \ 展览与体育场馆

作为体育场馆的使用功能除了以上与体育运动相关的需求外，还包括了文艺演出与展览活动等使用功能。

图 2-17 北京奥运摔跤馆（中国农业大学体育馆）
资料来源：张广源拍摄

图 2-18 北京奥运柔道馆（北京科技大学体育馆）
资料来源：http://image.baidu.com/

图 2-19 北京奥运羽毛球馆（北京工业大学体育馆）
资料来源：http://image.baidu.com/

图 2-20 北京奥运乒乓球馆（北京大学体育馆）
资料来源：http://image.baidu.com/

一方面，体育竞技比赛与文艺演出均具有观演的功能要求，因此除了体育活动外，很多体育场馆还同时具有文艺观演和大型集会的功能。从实际使用中看，有些文艺演出的功能甚至大大超出体育比赛和活动的使用频率，例如，香港红勘体育馆的使用率高达 96.7%，每年举办的活动中娱乐演出节目占尽 8 成，体育活动的比例仅占 2.67%[21]。在内地文艺演出市场比较发达的城市，其体育场馆尽管使用率达不到香港红勘体育馆的水平，但其文艺演出活动占全年活动的比重同样很大。一些中小型体育场馆采用不对称的看台布局方式出于顾及文艺演出时多数座席的视觉质量的考虑，如常州体育中心体育场、深圳湾体育中心（“春茧”）、梅县曾宪梓体育场均采用了不对称看台模式。兼顾文艺演出功能对体育场馆的建设提出了更多的课题，如场地、看台设置，设备系统配置，舞台布置要求等等。

另一方面，展览活动与体育建筑相结合表现为两种形式：一种是利用室内体育活动与展览活动均需要开阔的室内场地的共同点，将体育场馆的大跨度空间，作为各类活动举办的场所，如国内大多数多功能的体育馆均具有展览的功能；另一种是将会展建筑与体育建筑统一布局考虑，形成体育会展中心，如常州体育会展中心（图 2–21）、哈尔滨体育会展中心、南通体育会展中心（图 2–22）。当然前面一种情况的展览活动无论从规模到级别都远不及后者。

总的来看，我国文艺演出市场还不发达，体育场馆的展览活动也面临着专业会展和展览中心的竞争，如何在场馆建设中综合考虑体育活动和非

图 2–21 常州体育会展中心
资料来源：初论体育场馆设计创意[J]. 南方建筑，2009（6）：9

图 2–22 南通体育会展中心
资料来源：http://www.pic.people.com.cn

体育活动的使用需求，如何兼顾建设和运营的现实情况以及未来的发展趋势，仍是未来场馆建设需要探索的方向。

2.3 我国体育建筑发展现状问题与原因

2.3.1 现状问题

一、总体发展失衡，场馆重复建设

新中国成立以来到改革开放初期，受限于国家经济发展水平，集中财力、物力建设少量竞技类体育设施是场馆建设的重点方向，与此同时，群众体育设施的建设虽然也得到一定发展，但建设投入相对较少，标准也相对简陋。近 20 年，我国综合国力大幅度提高，体育场馆建设投入得到很大的提升，但场馆建设重点未能得到调整。

一方面重比赛场馆、轻群体设施现象仍然存在，两者发展失衡比较明显。梅季魁教授指出“我国几座大城市同纽约、巴黎、东京等发达国家的大城市相比，竞技体育设施的数量和质量可能不在其下，但社区和中小学的体育设施则相差甚远。这种不协调发展应该引起各方面的重视，摆上议事日程”[22]。场馆类型发展的不均衡状态使竞技体育丧失群众基础，直接危害体育场馆自身可持续发展的运营环境。

另一方面我国体育设施总量不足的同时，一些城市或地区竞技类体育设施重复建设现象较严重。以广州的体育场的建设为例，2001年全运会主场广东奥林匹克体育场，规模与鸟巢相当，建成近10年，除第一年参观门票有一定收入外，常年开放场次月均达不到1场。然而在这种情况下，城市仍然不断建设大型体育场，不断增加规模、提高标准。广州在已拥有天河体育场（60000座）、奥林匹克体育场（80000座）、越秀山体育场（20000座）、黄埔区体育场（20000座）等多个体育场，且均面临沉重运营负担的情况下，2005年又投资5个亿，兴建广州大学城中心体育场。该体育场包括一个大型体育场和一个田径训练场，其中体育场占地9.7万m^2，可容纳5万观众，成为广州第三大体育场。2007年在大学城再次投资兴建为亚运会比赛用的国内第二大规模的自行车比赛馆。事实上，不足20km^2的大学城已拥有20多个分布于各校区的体育场以及8座体育馆（表2-3）。远远超出一般城市体育设施的建设强度，为今后的维护与运营带来沉重负担[23]。场馆重复建设造成社会资源浪费，缺乏统筹规划、定位雷同甚至造成场馆之间恶性竞争，加剧场馆闲置状况。

广州大学城体育场馆建设项目及投资 **表2-3**

学校名称	项目名称	建筑面积（m^2）	座位数（个）	概算投资（万元）
华南理工大学	体育馆	12377	5000	8100
	体育场	7113	3700	3000
广东药学院	主体育馆	9786	5014	5871
广东工业大学	体育馆	14050	5504	6940
	体育场	7116	5140	2823
广州中医药大学	体育馆	6503	2028	3600
	体育场	3755	2735	2300
广东外语外贸大学	体育馆	9973	4415	5829
	体育场	2702	3231	1927
华南师范大学	体育馆	11105	4988	6663
	游泳馆	8101	2000	4737
	体育场	4845	3000	2500
中山大学	体育馆	11639	4923	6800
	体育场	3405	3009	1900
广州大学	体育馆	8160	4000	5040
	体育场	10000	5000	3500
中心体育场	体育场	49791	40000	50864
合计		180421		122394

资料来源：广州大学城体育场馆规划与建设回顾[J]. 城市建筑，2007（11）：22

这些矛盾与失衡的现象，既源于“政绩工程”、“形象工程”的建设目标与动力对项目建设决策的影响，也反映了宏观决策层面对项目立项科学论证和相关研究的缺失。

二、科学决策缺失，“建与养”矛盾突出

国内一线城市通过举办大型运动会，逐步完善自身的体育设施。从北京奥运、广州亚运到深圳大运，尽管赛前建设期都强调场馆赛后综合利用和节俭建设等可持续发展的原则，但从赛后的运营状况看，仍暴露出很多问题。例如北京国家体育场在建设时曾经对其赛后利用进行过审慎的论证，但赛后仅一年运营方中信公司即退出，足以说明前期的策划论证未达到预期效果；广州亚运会建设的很多场馆其赛后利用情况也不理想，承担着巨大的运营压力，甚至出现亏损的境况；深圳大运会在赛前建设期尽管强调节俭办大运的理念，但仍然兴建了多个大中型体育场，各场馆在赛后很长一段时间内仍在为争夺作为职业联赛主场而处于竞争谈判之中。因此，大型体育场馆的赛后综合利用这个国际性难题，在我国体育产业尚不发达，决策科学性缺失的情况下，形势不容乐观。

另一方面，在奥运会、亚运会成功举办的影响下，借助承办全运会、省运会、城运会等国内重要体育赛事的机会，许多二三线城市也出现兴建大型体育中心和体育场馆的热潮。然而由于脱离城市实际需要、盲目追求高标准、项目定位科学性缺失、功能单一缺乏灵活性的这些普遍性问题，大批新建场馆在举办一两次大型体育赛事后就面临长期闲置的局面。

可见，体育设施建设需要决策者更正价值观念，正视体育场馆作为社会公益性质项目所承担的社会责任，而技术人员则需要在参与策划决策时从技术层面对决策形成良性的反馈。

三、选址不当，与城市缺乏良性互动

近年出现的体育建筑建设高潮正值我国城市化加速期，一方面体育中心用地较大，将体育中心设于城市边缘成为城市发展的常见模式；另一方面希望利用兴建体育场馆或体育中心启动新城开发的做法，成为许多城市新区发展采纳的建设策略。体育场馆从早期作为满足体育赛事和群众体育需要的体育设施，发展到近年作为标志性启动项目角色参与到城市发展的进程中来，体现了体育场馆对城市可持续发展的重要作用，也体现了城市环境与体育场馆设施相互依存的关系。但由于规划决策等方面原因，许多实际建成的体育场馆与城市环境并未形成良好的互动关系，存在选址不当、总体布局模式单一、外部空间与城市缺乏有机联系等问题。

宏观层面，对选址和建设时机把握不当，将导致新场馆的建设与城区发展空间和时间上脱节。一些城市场馆选址由于远离居民区而造成场馆使用不便，体育设施长期不能被群众充分利用，使用率偏低。梅季魁教授曾指出："不能在市区内获得足够用地的情况下，是建集中的体育中心远离市民，还是分散几处建中小型体育中心亲近市民并为提高利用率创造条件，已是优化设计的重大课题"[24]。

中观层面，体育场馆总体布局模式相对单一，不利于适应未来体育产业发展和城市发展的变化。体育设施布置在用地中央、外围环绕停车场或体育公园，成为国内很多体育场馆的固有总体布局模式，这与行政意识和设计者思维惯性有关。从很多体育中心建成多年后发展情况看，出于综合运营的需要，均出现沿城市街道的用地边界加建许多衍生功能设施的情况，这种发展倾向体现出体育设施自下而上的适应性，但毕竟是一种无序的发展，恰恰说明了原来总体布局模式存在一定局限性，在建设前期规划策划应充分考虑布局模式适应城市发展的重要性。

微观层面，体育场馆外部空间往往被作为体育设施的从属空间定位，甚至由于种种原因出现被非法占用的情况，使其成为孤立于城市整体环境的消极空间。公共空间的设计缺乏空间界面的界定，使用缺乏功能活动的支持，交通缺乏便捷步行系统的考虑，都是使体育场馆外部空间与城市公共空间缺乏有机联系的原因，从而导致许多体育广场或体育公园空旷冷清的局面。

四、功能定位单一，灵活适应性不足

当前在体育产业尚不发达，文艺演出市场尚未成熟，竞技观演活动质量不高、供给量不足的大环境下，我国体育场馆举办大型活动场次少，平均使用时间仅占全年 5%~10%，观众上座率不足 30%[25]，面临严峻的运营生存压力，场馆的多功能定位和灵活化设计成为现阶段提高场馆使用率的应对策略。在这种情况下，由于缺乏前期科学的策划和设计方法策略指导，场馆缺乏灵活性和适应性的功能配置考虑，限制了场馆的多功能综合使用和通过合理改造满足赛后使用的可能性。为了一两个大赛而仓促上马建设的场馆，通常由于缺乏科学的前期决策，造成长期的闲置问题，成为城市的"鸡肋"。以广州黄埔区体育馆为例，该体育馆为六运会而兴建，固定看台围绕单个篮球场规格尺寸的场地设置，内部平面布局缺乏灵活性，六运会后日常使用率低下。由于设施陈旧、配套设施欠缺，20 年后已无法满足举办亚运会比赛要求，区政府不得不在他处兴建新的区体育馆，老体育馆则已经被拆除，提前结束其机能寿命（图 2–23）。

图 2–23 建于 20 世纪 80 年代的广州市黄埔区体育馆老馆因无法满足赛事要求已被拆除

资料来源：华南理工大学建筑学院内部资料

五、高投入，低效益

新中国成立以来相当长的一段时期内，在有限的经济条件下，我国体育场馆建设把“适用、经济、美观”原则作为指导建设的首要原则，功能适用性和经济性一直是主导场馆建设的主要因素。近30年来，随着国家经济水平的提高以及大型体育赛事的频繁举办，国家加大了对体育场馆设施的建设投入。各地兴建的体育场馆造价屡创新高，出现节节攀升的趋势。

然而，令人遗憾的是在造价不断攀升的同时，更多的投入被用于场馆形象标志性的表达上，而不是对功能性的实质提升和对后续运营的支持上。很多体育场馆功能设计仍然套用固有的设计模式，建设标准不断提高但功能灵活适应性以及节能降耗性能却未见普遍提升；一些场馆采用昂贵的高科技技术和进口设备，却忽视从整体角度探讨场馆的综合节能降耗性能，忽视从实际使用需求和经济性角度考虑技术的适用性。在我国体育产业化仍未成熟的现实环境中，在我国大多数场馆还未真正达到“以馆养馆”的运营状态下，违背体育建筑基本设计原则，过分追求场馆形象标志性表达的设计思路，导致国家和社会背负沉重的长期的经济负担。

2004年关于北京奥运瘦身的讨论，凸现了由于缺乏研究导致早期科学决策失当的严重问题。以广受众议的“鸟巢”为例，争论的矛头多指向评委与设计方，似乎投票的评委责任重大。然而，被人们忽视的却是该项目的可行性研究问题，招投标中要求的40亿造价成本源自何种前期研究？而五棵松体育中心中标方案所确定的“大空间（体育比赛场）在下，小空间（商业活动用房）在上”的布局，则根本违背体育建筑的设计原则，两年后商业活动用房被取消只不过是对前期失误迟到的更正而已，而赛后再投入1.3亿元进行改造则更加说明前期策划对后期运营考虑不足。

更令人忧虑的是决策者攀比和好大喜功的心态促成更多高造价高投资的场馆诞生。孙一民教授在《体育建筑60年，科学理性新起点》一文中在论述近年体育场馆建设造价攀升问题时指出“每每听到我市的‘鸟巢’、我县的‘水立方’等报道见诸媒体，都不禁让人担忧。相对应的是，体育建筑造价不断攀升，用钢量、单方造价等经济指标屡遭忽视，公共建筑投资成本加大，维护运营的预算却仍然不足，赛后使用困难重重。大型盛会赛前关于设施经营的美好许诺，赛后荡然无存，随之而来的是新场馆改造的不断进行、后续投入的不断增加，其根本原因还是在于项目规划建设的科学性有待加强”[26]。

六、能耗大，运营成本高

大跨度大空间的体育建筑是能耗大户，采用适宜技术手段降低能耗一直是体育建筑设计研究的重要课题。但在很多案例中，由于缺乏系统性的可持续设计理论支持，孤立地采用某种先进的节能技术往往难以达到良好的节能效果。绿色技术在很多时候被利用为技术噱头以达到舆论宣传的目的，真正实施时却可能因造价等原因成为投资压缩的优先选择项。

北京奥运提出的“三大理念”以及“节俭办奥运”的要求，是可持续发展观在奥运场馆建设上的体现。“绿色奥运”理念指导下的奥运场馆建设，在很多方面实现了绿色技术在体育建筑领域的成功应用，但这些建设经验和技术能否在更多的场馆建设中推广应用，则还需各方付出长期的艰辛努力。

2.3.2 原因分析

对于当前体育建筑发展和建设存在的这些问题，国内许多学者针对其原因进行了不同程度的探讨。梅季魁教授曾提出“造成这种状态的原因较多，其中考虑不周、决策片面者不占少数，而后期设计已无力改变前期决策。从设计角度来看，则是对大型体育场馆使用要求忽高忽低的特点认识不足”[27]。孙一民教授则认为“我国体育建筑建设与养护矛盾突出的主要原因在于定位混淆，存在前期公共投入控制不严、后续支持力度不够等问题。其次是我国体育场馆建设的盲目性。由于许多城市将大型体育场馆作为标志性工程建设，项目决策由主观肇始，建设初始缺乏科学论证，建筑标准定位不当，导致建设主体内容不准确、规模确定随意、项目策划不科学，重复建设、恶性竞争严重”[28]。

总体来看，我国体育场馆建设问题来自于建设管理体系、决策、设计与技术应用、运营管理等多个环节。

建设管理体系环节上，建设决策机制存在缺陷。长期以来我国体育场馆存在投资、建设、设计、运营、使用各环节脱节的普遍情况。在计划经济条件下，投资者、建设者、设计者与使用者等各方难以在建设前期形成清晰可操作的建设目标，难以在建设全过程中形成连贯一致的建设决策思路，致使很多项目前期缺乏市场需求调研的同时，投资内容目标不明确、定位笼统、缺项漏项、重复建设，建成后在投入重建设轻运营的现状中，场馆不得不艰难运营。

决策环节上，政绩工程等因素影响下的行政意志对项目建设干预过大，致使项目建设背离了科学发展和可持续发展的核心价值观，造成许多场馆盲目上马，立项缺乏科学性，项目定位城市社会实际需求和体育产业化现状，进而出现规模确定随意、标准定位过高、重造型轻功能等问题。

设计环节上，面对体育产业新的发展和变化形势缺少相应的应对策略，场馆功能定位单一，缺乏灵活性适应性；另一方面对怪异形态的追求助长了体育建筑设计的非理性趋势。一些场馆设计迎合行政意志，城市规划布局不合理，片面强调体育建筑的体量宏伟与标志性，与周围环境严重冲突，忽视体育建筑的本质和内在核心价值，违背基本理性设计原则。

技术应用环节上，缺乏系统的思路和方法指导。脱离国情条件，片面追求高科技技术和昂贵设备；缺乏系统观念，孤立堆砌绿色建筑技术，造成高投入、低效益甚至伪生态和伪节能的案例屡屡出现。由于现有专业分工体系的局限，造成可持续设计原则与方法难以在策划可研、规划设计、建筑设计、建设以及使用后评价等环节得以充分贯彻。

本章小结

本章从时间维度阐述了本研究所处的历史发展阶段，讨论了现阶段我国体育建筑可持续发展面临的主要问题及原因，并对未来体育建筑建设的机遇挑战等发展趋势进行了展望。

本章以可持续发展为线索，从城市与体育设施的关系演变、体育场馆的功能形式和技术的发展历程以及体育场馆在可持续设计上的发展趋势等方面，梳理了国外国内现代体育设施发展的历史。对当前我国体育建筑建设的新趋势特点进行分析，包括建设运营主体趋向多元、外部经营环境逐步改善以及场馆建设重点发生改变等几方面；并对我国体育建筑使用现状进行剖析，从大型综合运动会、职业联赛、大众体育、学校体育、文艺演出展览等几大主要需求对我国体育建筑的使用现状和未来趋势进行了分析。

本章在历史脉络的梳理和现状发展特点的分析的基础上，进一步论述了当前我国体育建筑发展面临的主要问题，主要包括：场馆重复建设、科学决策缺失、与城市缺乏互动、灵活适应性不足、高投入低效益、运营成本高等，并从建设管理体系、决策、设计与技术应用、运营管理等多个环节进行了原因分析。

目前我国体育建筑尚处于可持续发展的初级阶段，造价昂贵、能耗巨大、利用率低下仍是大多数国内大中型体育场馆面临的普遍问题。结合各国国情和项目具体情况，探讨应对设计策略是当前国内乃至国外体育场馆设施设计的共同课题。

附表

我国已举办的重要国际运动会 **附表 1**

举办时间	地点	运动会名称	体育设施建设情况
1990	北京	第 11 届亚运会	兴建北京国家奥体中心
1993	上海	第 1 届东亚运动会	—
2001	北京	第 21 届世界大运会	新建 7 场馆
2005	澳门	第 4 届东亚运动会	东亚运动会体育馆
2007	长春	第 6 届亚冬会	速滑馆
2008	北京	第 29 届奥运会	新建 12 场馆，改造 11 场馆
2009	香港	第 5 届东亚运动会	—
2010	广州	第 16 届亚运会	新建 12 场馆，改造 58 场馆
2011	深圳	第 26 届世界大运会	新建 22 场馆，改造 36 场馆
2013	天津	第 6 届东亚运动会	新建 13 场馆，改造 9 场馆

资料来源：作者根据文献资料整理汇编。

近 30 年国内举办大型运动会汇总表（按时间顺序） **附表 2**

时间	举办运动会名称	举办地	项目数量	参赛运动员人数
1982	第一届全国大运会	北京	3	2552
1982	第二届少数民族运动会	呼和浩特	2	863
1983	第五届全运会	上海	25	8943
1986	第二届全国大运会	大连	2	2228
1986	第三届少数民族运动会	乌鲁木齐	7	1097
1987	第六届全运会	广东	44	12400
1988	第一届城运会	济南、淄博	12	2329
1988	第三届全国大运会	南京	5	3100
1988	第一届农运会	北京	7	1431
1991	第二届城运会	唐山、石家庄	16	2707
1991	第四届少数民族运动会	南宁	9	3000
1992	第四届全国大运会	武汉	5	3500
1992	第二届农运会	湖北孝感	9	1465
1993	第七届全运会	北京、四川	43	8000
1995	第三届城运会	南京及周边 5 市	16	3364
1995	第五届少数民族运动会	昆明	11	<9000
1996	第五届全国大运会	西安	6	<6000
1996	第三届农运会	上海	10	1871
1997	第八届全运会	上海	28	近 20000

续表

时间	举办运动会名称	举办地	项目数量	参赛运动员人数
1999	第四届城运会	西安	16	3861
1999	第六届少数民族运动会	北京、拉萨	10	4000
2000	第六届全国大运会	成都	8	2841
2000	第四届农运会	四川绵阳	13	3300
2001	第九届全运会	广东	30	12316
2003	第五届城运会	长沙及周边 8 市	29	6648
2003	第七届少数民族运动会	银川	12	4574
2003	第五届农运会	江西宜春	14	2560
2004	第七届全国大运会	上海	9	<8000
2005	第十届全运会	江苏	32	9986
2007	第六届城运会	武汉	—	3000 余人
2007	第八届少数民族运动会	广州	15	6400
2008	第八届全国大运会	广州	12	6000
2008	第六届农运会	福建泉州	15	3000 多
2009	第十一届全运会	山东	33	10805
2011	第九届少数民族运动会	贵阳	16	6771
2011	第七届城运会	江西南昌	25	6034
2012	第九届全国大运会	天津	12	6300
2012	第七届农运会	河南南阳	15	4600
2013	第十二届全运会	辽宁	31	9770

资料来源：作者根据文献资料整理汇编。

主要国际运动会举办频率与可能性分析 **附表 3**

运动会名称	举办频率	我国举办次数 / 平均间隔时间	最近举办时间	再次举办可能性排序
奥运会	4 年	1 次 /—	2008	4
亚运会	4 年	2 次 /20 年	2010	3
世界大运会	2 年	2 次 /10 年	2011	2
东亚运动会	4 年	4 次 /4~12 年	2013	1

资料来源：作者根据文献资料整理汇编。

参考文献

[1] 罗鹏. 大型体育场馆动态适应性研究［D］. 哈尔滨：哈尔滨工业大学博士学位论文，2006：8.

[2] 罗鹏. 大型体育场馆动态适应性研究 [D]. 哈尔滨：哈尔滨工业大学博士学位论文，2006：9.

[3] 马国馨. 第三代体育场的开发和建设 [J]. 建筑学报，1995（5）：49-55.

[4] 马国馨 . 持续发展观与体育建筑 [J]. 建筑学报，1998（10）：18-20.

[5] 孙一民，汪奋强. 体育建筑设计的理性原则 [A] // 李玲玲主编 . 体育建筑创作新发展 [M] . 北京：中国建筑工业出版社，2011：9-10.

[6] 罗鹏 . 中国体育建筑 60 年回顾——梅季魁教授访谈 [J]. 城市建筑，2010(11)：13.

[7] 马国馨. 体育建筑一甲子 [J]. 城市建筑，2010（11）：6~7.

[8] 马国馨. 体育建筑一甲子 [J]. 城市建筑，2010（11）：6~7.

[9] 庄惟敏，苏实. 策划体育建筑："后奥运时代" 的体育建筑设计策划 [J] . 新建筑，2010（4）：12.

[10] 林显鹏. 现代奥运会体育场馆建设及赛后利用研究 [J]. 北京体育大学学报. 2005（11）：260.

[11] 袁广锋. 北京奥运会场馆功能可持续发展研究——基于我国大型公共体育场馆运营现状的反思 [J]. 首都体育学院学报，第 18 卷：24.

[12] 林昆. 公共体育建筑策划研究 [D]. 广州：华南理工大学博士学位论文，2010：238~240.

[13] 林昆. 公共体育建筑策划研究 [D]. 广州：华南理工大学博士学位论文，2010：240.

[14] 孙一民，何镜堂. 后奥运时代的公共体育场馆该如何建设 [N]. 科学时报，2008 年 8 月 21 日.

[15] 蔡礼帮. 足球专用体育场的发展设计研究 [D]. 广州：华南理工大学硕士学位论文，2007：136-137.

[16] 池钧. NBA 球馆研究 [D]. 广州：华南理工大学硕士学位论文，2007：128.

[17] 鲍晓明 . 体育市场——新的投资热点 [C]. 北京：人民体育出版社. 2004.

[18] 林昆. 公共体育建筑策划研究 [D]. 广州：华南理工大学博士学位论文，2010：247.

[19] 宗轩. 中国高校体育建筑发展趋势与设计研究 [D]. 上海：同济大学博士学位论文，2008：55.

[20] 宗轩. 中国高校体育建筑发展趋势与设计研究 [D]. 上海：同济大学博士学位论文，2008：74.

[21] 钱锋，任磊，陈晓恬. 百年奥运建筑 [M]. 北京：中国建筑工业出版社，2011：240.

[22] 梅季魁. 体育场馆建设刍议 [J]. 城市建筑，2007 (11) : 9.
[23] 孙一民,汪奋强,叶伟康. 公共体育场馆的建设标准刍议 [J]. 南方建筑，2009 (6) : 04-05.
[24] 孙一民,汪奋强,叶伟康. 公共体育场馆的建设标准刍议 [J]. 南方建筑，2009 (6) : 04-05.
[25] 梅季魁. 体育场馆建设刍议 [J]. 城市建筑，2007 (11) : 10.
[26] 罗鹏. 大型体育场馆动态适应性研究 [D]. 哈尔滨 : 哈尔滨工业大学，2006 : 16.
[27] 孙一民. 体育建筑 60 年,科学理性新起点 [J]. 城市建筑, 2010 (11):1.
[28] 梅季魁. 体育场馆建设的可持续发展问题 [J] . 城市建筑，2009 (10) : 53.
[29] 孙一民，汪奋强. 体育建筑设计的理性原则 [A] // 李玲玲主编 . 体育建筑创作新发展 [M] . 北京 : 中国建筑工业出版社，2011 : 8-9.

第三章

体育建筑可持续设计策略的价值观与核心问题

体育建筑可持续设计策略的形成源于可持续发展理论的价值观，其相关概念一脉相承。体育建筑可持续设计策略的核心问题是以充分考虑现阶段国情的实际状况、体育建筑特殊性、着重关注建设初始环节的策划研究为立足点，以整体协调发展、灵活弹性应变、节俭集约建设为基本原则，对设计前期、设计阶段提出设计策略，并制定相应的核心问题矩阵和设计指引，为使用后评价提供重要依据。

3.1 国外可持续建筑及其理论发展概况

20 世纪 60 年代以来生态环境恶化、能源危机等问题带来人类对社会传统发展模式的反思，增长和发展被作为两个概念区分开来。深层次的生态学探讨了人类和地球关系的基本问题，生态建筑、绿色建筑运动在此背景下应运而生，并在各方的推动下得到蓬勃发展。

早期的生态建筑思想着重与研究建筑与地域、气候关系，包括利用太阳能减少能耗的实验，阿尔托的“地方性”倾向、赖特的“有机建筑”、路易·康的“光明建筑”都属于这一类型的尝试。1969 年，美籍意大利建筑师鲍罗·索勒里首次综合生态与建筑两个独立概念提出“生态建筑”的理念[1]。

20 世纪 70 年代的石油危机，使人们意识到不能以牺牲环境的代价来换取发展。1972 年，“发展的限制因素”报告被推出；同年，联合国在斯德哥尔摩召开“人类与环境会议”，会议期间出版了有经济学家 B·沃德和微生物学家 R·杜博斯为会议准备的背景报告——《只有一个地球：对一个小小行星的关怀和维护》。会议通过了著名的《人类环境宣言》提出了“只有一个地球”的口号，包含了可持续发展理论中“代际公平”的初步思想。

在建筑领域，人们也逐渐意识到耗用自然资源最多的建筑产业必须走向可持续发展的道路。建筑节能研究被关注：能源的节约、高效循环利用，开发可再生能源以及发展建筑节能技术成为焦点。

20 世纪 80 年代，随着更多人对包括臭氧层破坏、全球变暖、生态物种消失在内的全球性环境问题的警醒，可持续发展的思想迅速得到世界各国的普遍接受和认同，进而成为全球促进经济发展和追求文明进步的目标。1980 年国际有关组织发表了《世界自然保护大纲》，书中对可持续发展思想给予了系统的阐述。1987 年，联合国世界环境与发展委员会（WCED）向联合国大会提交了研究报告《我们共同的未来》提出的“可持续发展”的概念成为后来为世人所公认的概念。

这一时期的建筑领域，随着各发达国家节能建筑体系逐渐建立并完善，建筑室内环境问题凸显，建筑研究热点逐渐转向以健康为中心的建筑环境。

90 年代以来，可持续发展的理念在各方面得到研究和推广。1992 年联合国环境与发展大会在巴西里约热内卢召开，提出了《里约环境与发展宣言》和《21 世纪议程》，以此为标志人类对环境与发展的认识提高到了一个崭新的高度，大会为人类“高举可持续发展旗帜、走可持续发展之路”发出了总动员，为人类的环境与发展建立了一座重要的里程碑。2002 年，联合国可持续发展世界首脑会议发表了《关于可持续发展的约翰内斯堡宣言》。

1992 年，“绿色建筑”的概念在巴西里约热内卢召开的联合国环境与发展大会上被第一次提出[2]。1993 年，Charleskibert 博士提出“可持续建筑”的概念[3]。1994 年第一届国际可持续建筑会议上提出了可持续的建筑（Sustainable Construction）的定义，会议对可持续建筑做了全面探讨，指出可持续建筑的主要问题是资源、环境、设计和环境影响及它们之间相互协调的关系。可持续建筑和绿色建筑的理念由此在包括我国在内的越来越多的国家实践推广，成为当今世界发展的重要方向之一。1990 年，英国制定 BREEAM 体系（办公建筑）；1993 年，美国推出《可持续发展设计指导原则》；1995 年，美国 LEED 绿色建筑分级评估体系正式推出；1998 年，布莱恩·爱德华兹在《可持续性建筑》形成了“可持续性建筑”（Sustainable Building）的定义。2001 年，又在《绿色建筑》中提出了绿色建筑的文化、社会和环境的差异对设计的挑战问题。2002 年，日本推出绿色建筑评估体系 CASBEE。

综合可持续建筑的历史进程，可以得出以下几个结论：

从理论研究看，随着人们对环境与发展的认识逐渐深刻，“生态建筑”、“绿色建筑”、“节能建筑”以及“可持续建筑”多个概念出现在人们视野。从“生态建筑”到后来的“绿色建筑”以及“可持续建筑”，尽管各个领域的研究者在不同的语境下对其有不同表述，但其概念内涵是一致的：都是以追求人和自然的可持续发展为目标，围绕可持续性这一宽泛的议题进行论述的，包括最广泛包容的可持续发展所有的概念（满足当代人需要的同时不危及满足下一代需求的能力）到某些中间层次的概念（环境的可持续性、经济的可持续性），再到一些比较狭义的概念，比如节能（只关注某一特定的可持续性设计）。

从政策和技术标准层面看，绿色建筑评价标准体系没有唯一的标准，各国都是契合本国国情进行严格制定的。在早期的绿色建筑研究和标准制定时，这些发达国家研究和制定标准的着眼点都是把能源环境问题作为核心问题进行研究；可以预见，随着这些标准的逐渐细化，针对不同类型、不同功能的建筑的相应标准会逐渐推出，可持续性建筑会随着这些研究的深入，逐渐得以进一步的推广。

从技术手段上看，针对不同国家、不同地区，由于气候、文化和发展阶段等方面的差异，对可持续建筑的技术手段很可能大相径庭。由于可持续建筑研究始于发达国家，因此现有的很多研究成果和技术标准的制定都是基于这些国家较高的经济发展水平前提下展开的，主要通过低能耗新材料和高技术手段实现可持续目标，这些研究理论和技术手段是否适合经济相对不发达地区和国家的不同情况，则尚需进一步深入研究。

3.2 与体育建筑可持续性相关的概念

可持续发展是一个具有丰富内涵的综合性概念，不同的学科对它有不同的理解，综合各学科对可持续发展各角度的阐释，可以从中提炼出两对概念：需求与限制；平等与协调。这两对概念始终贯穿于各学科的可持续发展相关理论研究，体现了可持续发展的价值观。

“需求与限制”指的是以“发展”为前提，承认满足人们日益增长的需求的必要性，它所改变的不是“发展”本身，而是“发展”的模式，即在环境承载能力范围之内的发展，进而这个发展就有了限制，这个限制实际上是对“环境损坏程度”的限制，不是对发展速度、进程的限制，要求人们将发展的模式由原来“粗放”型转变为“集约”型。

“平等与协调”是可持续发展理论的另一对概念。平等的观念包括代内平等和代际平等，任何人都是自然环境的寄居者，任何人无权利为个人或集团的利益而损害这个共同的家园；要真正地实现这种平等，必须依靠全球性的可持续发展战略的落实，而落实的标志就是能够实现人类自然生态复合系统的协调、有序、平衡发展。“协调”的观念同“限制”、“极限”的概念一样是可持续发展思想的核心内容。

除了两对核心概念之外，体育建筑可持续设计策略的研究还涉及可持续发展理论的其他相关概念，包括：弱可持续与强可持续、不确定性与不可逆转性。这些成对出现的概念，进一步体现了可持续发展理论所倡导的多方制衡、协调适应的价值观，与体育建筑设计策略的研究相结合，将强化可持续建筑设计的价值取向。

3.2.1 弱可持续与强可持续

从经济学角度，可持续发展可理解为:为了保持经济发展的可持续性。弱可持续与强可持续即是与经济发展的可持续性有关的一对概念。对经济发展来说，可持续途径的基本点是要求现在任何对未来福利造成重大损害的行为都必须与将来的实际补偿联系起来[4]。否则未来境况就会比现在恶化。也就是说，当代人应当确保留给下一代的资本存量不少于当代的拥有量。而传递给后代的资本储存形式的区别构成了弱与强两种可持续发展实现的必要条件的区别[5]。实现弱可持续发展的必要条件，是后代资本总存量不少于现有存量可持续，资本存量可持续。强可持续发展的实现条件则更加关注当代人转移给后代人的资本结构，在关注资本总量之外还特别关注环境[6]。显然，弱可持续关注量的平衡，而强可持续更关注质的保持。强可持续发展和弱可持续发展体现了不同发展阶段对应的不同的发展目标。一般来说，可持续的实现将首先经历弱可持续阶段，然而再过渡为以实现强可持续为目标。

在体育建筑建设领域，以实现弱可持续为主还是强可持续为主，要综合考虑经济、社会、技术等各方面的发展阶段。当经济迅速发展，但技术、管理等方面的发展还未成熟，以实现弱可持续为目标已经是当务之急，若不切实际，脱离社会发展阶段，盲目提高建设标准，过分强调高端科技的手段追求强可持续目标，则可能掉入投入越高消耗越大的陷阱。投入与收益不平衡，对于建设和发展来说是有害无益的。

现阶段我国体育产业化水平偏低，体育职业化程度不高的现实情况下，大量体育场馆经营仍需依靠大量政府补贴，挣扎于自负盈亏水平上下，由此可见实现弱可持续目标仍是体育场馆建设的当务之急，在此基础上通过进一步的技术手段实现强可持续目标是未来发展趋势。

3.2.2 不确定性与不可逆转性

可持续发展的问题不仅涉及现在，也影响到未来，关注资本的长久就必须考虑不确定性和不可逆转性。所谓不确定性，是指现实决策对未来影响的不可准确预见。由于在本质上是不确定的，当所考虑的时间跨度延伸到未来很多代时，不确定程度就更为严重。所谓不可逆转性，是指某一状态后，具有不可改变、不可挽回性。对于资本的开发利用很多情况下都具有不可逆转特征，这意味着当代人对于自然资本造成不可逆转影响的行动后果，要么给后代人留下不可弥补的损失，要么对其造成极大的负担。自然资本开发利用过程中不确定性和不可逆转性的存在，对可持续发展形成了内在的危险[7]。

对体育建筑建设发展而言，可持续发展过程中的不确定性主要来自外部环境和内在需求两个方面。从外部环境来看，动态的城市发展和规划对体育建筑在城市中的定位带来了不确定性，包括土地利用结构、交通系统、公共空间体系等各个因素的变化发展，都将对体育建筑的使用和发展造成影响。因此，体育建筑的可持续发展与城市的可持续发展互为前提、紧密关联。从内在需求来看，不同类型赛事的举办要求、不同经营管理模式的要求、民众对于体育运动喜好的变化等对体育建筑的使用功能带来不确定性，相对于外部环境而言，内在需求的变化更为迅速而且直接，其不确定性程度也更高。

对体育建筑建设发展而言，可持续发展过程中的不可逆转性主要与两个方面相关。首先，体育建筑的建设具有占用土地面积大、资金投入高的特点，因此相对于其他类型建筑而言，体育建筑一次性的建设资源投入也相对大，规划选址和规模定位等设计前期的问题一旦付诸实施，便在很大程度上具有不可逆转的特点。其次，体育建筑属于大跨度、大空间建筑类型，其建造手段和结构技术相对复杂，功能空间的改造也相对困难。体育建筑的这些特征，使其建设的不可逆转性远远高于其他类型建筑。

当然，随着社会发展，体育建筑的使用需求及其环境发展的不确定因素随时在发生转换，群众体育不断发展和产业化日趋成熟的趋势对体育场馆的使用要求由过去的不确定趋向未来的逐步确定；另一方面，新材料新技术的不断出现也改变着建设行为的不可逆转性。例如，临时泳池技术的出现为游泳设施建设提供了更大的选择性，大大影响了传统游泳设施建设决策行为。2001 年在日本福冈举行的世界游泳锦标赛，赛场设于福冈会展中心内,其标准比赛池和临时泳池采用了雅马哈公司研制的FRP泳池(即玻璃纤维强化塑料泳池)。由于是工业生产，所以其工期短、成本低、易于保养。泳池的安装用 2 周时间，拆除用1周时间，真正做到了随时随地用极少成本就可举办国际大赛，其过程大大降低了可持续发展中不可逆转性带来的风险。可见，如何克服不确定性和不可逆转性的问题，是体育建筑可持续发展值得研究的重要课题。

3.2.3 全寿命周期成本

基于可持续发展思想的“绿色建筑”理论，提倡从全寿命周期的角度考虑建筑物的投入成本，从而为人类提供健康、舒适、高效的工作、居住、活动空间，同时尽可能地节约能源和资源、减少对自然和生态环境的影响。绿色建筑理念要求人们审视建筑“全寿命”过程中包括原材料开采、运输加工、建造、使用、维护、改造和拆除等各个环节行为对资源的损耗和对环境的影响，因此全寿命周期成本包括建设成本、维护成本、更新成本三方面。

研究数据显示，体育建筑一次性投资仅占全寿命周期（暂以建筑使用年限 50 年计）投入的 20% 左右[8]。相较于其他类型建筑而言，在全寿命周期中体育建筑的更新成本占有更大比重，大量的资金使用在体育建筑的长期维护和折旧上。场馆运营阶段的成本控制往往是建设初期的建设理念和建设方式所决定的，但在我国实际建设过程中，由于存在建设与运营脱节问题，建设方往往更注重对建设阶段的成本控制，对于涉及运营阶段的维护和更新成本的成本控制往往较为淡薄，缺乏从全寿命周期整体控制成本的意识。设计阶段重建设、轻运营的情况，造成一些场馆在使用多年后改造不如重建的尴尬局面，也因此出现一些体育场馆设施过早被拆除的不合理情况[9]。

3.3 体育建筑可持续设计策略的立足点

体育建筑可持续设计策略研究是为实现可持续建筑目标，在体育建筑项目策划可研、规划决策、设计策略以及评价反馈等环节中贯彻可持续建筑理念的设计原则方法的研究，重点关注两个方面的问题：一方面需要突破传统体育建筑功能研究为主的局限，从策划与可研阶段入手，以可持续建筑理论研究为基础，全过程的探讨体育建筑可持续规划设计策略；协调体育设施与城市的关系，提升城市功能节约利用空间；提高体育设施规划布局的灵活机动性；研究社会化、产业化形势下体育建筑的功能配置及其新的要求，为建设决策提供科学支持。另一方面，需要在对建成体育建筑使用状况调研的基础上，运用可持续设计理论与方法，针对体育场馆造价高、能耗多的问题，总结设计策略，进行、评价、反馈，探寻可持续体育建筑的设计解决策略。因此，体育建筑可持续设计策略的研究立足点可归纳为以下三方面：1. 基于现阶段国情的策略研究；2. 基于体育建筑特点的策略研究；3. 着重建设初始环节的策略研究。

3.3.1 基于现阶段国情的策略研究

体育建筑可持续设计策略研究的内容，包括设计方法的研究、对技术规范及评估标准的思考，必须是基于现阶段我国国情的研究。

20多年的发展，我国经济蓬勃发展的同时迎来了体育建筑建设的热潮。一方面，生活水平的提高带来了人们对休闲、健身和运动的极大需求；另一方面，大型体育场馆项目被越来越多的行政领导作为标志性的政绩工程而加以积极推动，加之各种运动会的申办和举办，国内城市体育设施建设的积极性不断高涨，体育场馆的建设规模与标准普遍大幅提升，与此同时，体育场馆普遍面临赛后以馆养馆的难题，相关资料显示我国体育场馆管理水平和经营效益徘徊在低水平：盈利的体育场馆50%，持平的体育场馆30%，亏损的体育场馆20%[10]。寄望于转制经营，以多种文娱、商业经营来解决场馆困境的尝试并不成功，这一商业转制过程中公共利益成为弱势。因此，在此国情下，如何加强经营管理的水平，包括保养、维护、提高利用率等方面的问题亟待值得研究。

虽然建设规模和标准日益提高，但我国公共体育设施建设仍然薄弱，人均体育设施的指标仍然严重偏低，体育场馆在相当长的时间内只能由政府主导和投资。国际上大型公共体育场馆的建设主体是以国家和公营事业投资为主，民营投资参加的多是职业化商业运营较为成功的领域，如美国的棒球、橄榄球、篮球场馆和欧洲的足球场等。从根本上而言，社会资金的投入是以市场体系的完善为前提的，而这首先取决于职业化的体育运动发展。但从目前看我国体育职业化的进程尚在起步阶段，我国体育场馆的产业经营环境尚不正常，希望体育场馆在短时间内自负盈亏、良性循环是过分乐观的想法。同时，由于我国公共体育设施建设仍然薄弱，人均体育设施的指标仍然严重偏低，因此对大型公共体育场馆而言，尤其需要实事求是、理性定位[11]。展望未来，我国体育产业市场必将逐渐规范化，中超、CBA等职业球赛经过多年的发展正逐渐走向成熟，体育场馆建设投资构成正逐步走向多元化方向，场馆管理经营权也越来越受到社会团体和民间企业的青睐，这些因素和发展趋势将深刻影响未来体育场馆的建设理念。

3.3.2 基于体育建筑特点的策略研究

体育建筑可持续设计策略的研究必须基于体育建筑自身的特殊性，包括投资建设、功能结构、能耗运营、经营管理等多方面。

首先，体育建筑由于其公共性以及开放性的特点，相比于其他类型的建筑在城市整体环境塑造中担负更为重要的作用，其建设具有占用土地面积大、资金投入高、材料和能源耗费大等特点，因此相对于其他类型建筑而言，体育建筑的规划选址和规模定位的科学性对城市整体发展架构更为重要。

其次，体育建筑属于大跨度、大空间建筑类型，与其他普通民用建筑相比，其主体结构（基础、梁柱、屋盖等部位）占造价比重大（表 3-1），其建造手段和结构技术相对复杂，功能空间的再利用和改造也相对困难，因此，体育建筑的功能与空间的灵活适应性尤为重要。

再者，体育建筑的运营费用高，其建设后的使用具有高能耗的特点，包括水、电、空调等各类配套设备的能源消耗相对较大，而使用效率相对偏低，经济的收支平衡相对困难，因此，体育建筑应采用更为灵活、适应性强的体育工艺设计和功能空间组织。

体育馆建筑分部工程与住宅建筑分部工程土建造价构成比所占比例　　表 3-1

项目	体育馆分部工程占土建工程百分比 /%	住宅分部工程占土建工程百分比 /%	备注
基础部分	12~15	5~10	
墙体部分	2~4	10~18	场馆外墙为钢筋混凝土
梁柱部分	17~20	10~20	
楼地面部分	2~5	4~7	
门窗部分	2~5	6~10	
屋盖部分	40~50	30~40	
装修部分	4~10	1~2	和装修档次有关
脚手架部分	2~6	2~3	
座席部分	不确定	—	和实际座位数有关

资料来源：杨莉 . 中小型体育建筑投资估算分析［J］. 哈尔滨建筑大学学报，2000（3）：89.

此外，为举办重大体育赛事而兴建的体育建筑，往往面临着赛时与赛后的功能需求存在较大差异的问题，建设标准过高会给赛后的运营管理带来巨大的经济负担，因此，体育建筑的建设标准与规模定位应充分考虑赛后城市的需求。

体育建筑自身的特殊性所带来的这些问题，正是体育建筑可持续设计策略所要面临和解决的关键课题。

3.3.3　从建设初始环节入手的策略研究

体育建筑可持续设计策略的研究是对体育建筑建设全过程的探讨，其中着重建设初始环节的策略研究。

近年我国对于可持续建筑设计研究开始受到重视，但大多以建筑节能应用技术研究为主，集中关注于材料、设备等建设行为的末端环节，然而，繁复的评价结果无法为决策者、规划师、建筑师提供可操作的决策和设计依据，将从根本上制约可持续发展目标的达成。城市建设过程中的策划可研、规划决策和建筑策划是建设行为的初始环节，对体育建筑为代表的大型公共建筑而言尤其至关重要。

体育建筑策划本身作为一个系统，包含调研、分析和计算，各环节之间互相支撑形成一个有机体系，功能空间设置与定位、规模、投资、运营、环境、技术环环相扣[12]，策划可研的研究作为体育建设决策的基础，保证了建设策略的理性和科学性。

体育建筑的规划决策将确定体育场馆设施建设与城市的关系，包括选址、用地面积、交通接驳、景观环境等各层面问题的落实，作为城市空间的重要组成部分，体育场馆建设的规划决策直接影响着城市整体空间架构的形成与发展。

体育场馆建筑标准是初始环节的重要内容，包括体育场地工艺标准、场馆设备选型以及装修标准等，直接影响到建设投入和使用运营的合理性和经济性。合理的建筑标准定位是为设计提供科学依据，其与项目定位、等级定位、规模定位、功能定位等方面的因素一起共同构筑场馆可持续设计、运营的基础。

从某种意义而言，可持续建筑目标的达成，其根本出路在于初始环节的科学性，因而它是可持续设计策略研究的重点。

3.4 体育建筑可持续设计策略的目标

以基于现阶段国情、基于体育建筑特点、着重建设初始环节为立足点的可持续设计策略，以三个“回归”为核心目标：回归城市，协调发展；回归体育，以民为本；回归理性，科学决策。

3.4.1 回归城市

体育建筑从策划可研、规划决策到设计决策，都必须充分考虑城市整体的可持续发展需求，避免重复选址、重复建设、脱离城市发展的现象，体育建筑的可持续设计策略为决策和建设提供重要依据和指引。此外，体育建筑作为城市重要的大型公共建筑，其设计应该充分尊重城市空间。以城市设计思想为指导，基于城市的体育建筑设计是当前最为迫切值得研究的课题之一。体育建筑的可持续设计策略研究关注体育建筑与城市的协调发展，回归城市需求，回归城市空间。

3.4.2 回归体育

经济的快速发展带来体育产业化的发展，转制经营，以多种文娱、商业经营的尝试不仅难以长久地解决场馆的运营，而且还带来一系列的管理问题，这一商业转制过程中公共利益成为弱势。因此，体育建筑可持续设计策略的研究关注体育场馆的运营管理可持续性，回归民众体育，以体育产业的正常发展带动体育建筑的保养和运营，实现自身的良性发展的循环。

3.4.3 回归理性

作为大型公共设施的体育建筑不同于其他建筑，不仅功能复杂，建造技术复杂，更承载了许多社会责任，其作为城市重大的公共投资项目，迫切需要回归科学的研究、理性的决策、符合逻辑的设计。体育建筑可持续设计策略的研究关注体育建筑的功能灵活适应、规模定位科学理性、建设标准的务实合理，为体育建筑设计的回归理性和科学决策提供扎实的研究基础和决策指引。

3.5 体育建筑可持续设计策略的基本原则

可持续发展的理论中包含着诸多的原则，例如：公平性原则、和谐性原则、需求性原则、高效性原则、阶跃性原则等等，这些原则所关注的方面略有不同。公平性原则强调机会选择的平等性，既包含了同代间的横向公平，也包含了代际间的纵向公平，这是可持续发展与传统发展模式的根本区别之一。和谐性原则强调人类之间及人类与自然之间的和谐，是一种互惠互生的关系。需求性原则强调发展不应该以经济的增长作为唯一目标，其真正的立足源于人的需求，这是公平性和长期的可持续性得以实现的根本。高效性原则不仅根据经济生产率来衡量，更重要的是根据人们的基本需求得到满足的程度来衡量，是人类整体发展的综合和总体的高效。阶跃性原则强调人类的需求内容和层次将随着时间的推移和社会的不断进步而不断增加和提高，所以可持续发展本身隐含着不断地从较低层次向较高层次的阶跃性过程[13]。

体育建筑可持续设计策略的基本原则是以可持续发展理论的基本原则为基础，充分考虑体育建筑自身的特殊性所形成，其中包括：整体协调原则、灵活适应原则、集约适宜原则。

3.5.1 整体协调

体育场馆作为城市最重要的大型公共建筑之一，体育建筑是城市格局中重要的有机组成部分。对于城市的整体协调发展有着举足轻重的地位。从可持续发展的角度，体育建筑与城市的关系密不可分，体育场馆的合理利用是城市可持续发展的一部分，城市外部环境的良性发展也为体育场馆实现可持续发展奠定了坚实基础。体育场馆的定位、规模、选址、建设标准、建筑形象都对城市的空间形态产生极大的影响，可持续设计策略的研究关注其作为城市整体的重要组成部分，在决策、建设、设计和使用过程中所体现出的公平性和谐性，包括体育场馆与城市的整体空间架构发展的互动、与城市其他功能的互补、与城市公共空间体系的紧密结合等等。

3.5.2 灵活适应

从提高使用率，延长体育场馆机能寿命的角度，体育场馆由于自身具有明显的特殊性，同时又要考虑不同活动的举办要求和长远期功能适应使用需求的变化，因此体育场馆的需求存在不确定性的特点，忽视体育场馆在使用需求上动态和不确定性的特点，将直接导致功能配置单一、使用率低下的问题。另一方面，相较于其他类型的建筑，大跨度、大空间的特点使体育建筑可供选择的建造手段相对有限。体育场馆采用的混凝土结构、大型钢结构投入高，对施工水平要求高，项目一旦启动建设并完成，具有很强的不可逆转性。

使用需求的不确定和建造手段的不可逆转，决定了体育建筑建设必须从策划决策开始到设计的过程中充分遵循灵活适应性的原则，才有可能在场馆的全寿命周期内，尽可能实现供需动态平衡，达到提升场馆使用率和资源利用率的可持续目标。本书中，“灵活”是解决动态需求问题的方式，“适应”是通过可操作的建造手段实现供需平衡的目标。体育建筑作为特殊的建筑类型，在其设计前期和设计阶段对需求性和阶跃性的充分体现，包括功能组合、动态定位、标准转换、功能布局、空间利用、结构优化、设备选型等等，均以灵活弹性应变为基本原则。

3.5.3 集约适宜

未来 20 年，从国家发展战略的角度，中国必须要走上能源消耗最少、环境污染最小的发展道路。目前，我国建筑用能已经超过全国能耗消费总量的 35%~40%，其中公共建筑能耗巨大。体育建筑相对于其他类型的公共建筑，由于功能和空间的特殊性，具有建设投入高、运营成本高的特点。从近年的情况看，在体育建筑的建设和运营阶段进一步提高资源利用效率、实现节能降耗具有很大的潜力。从全寿命周期的角度，合理控制体育建筑的建设投入，有效降低体育场馆的运行能耗，是体育建筑可持续设计策略的重要任务。

一方面，在初始建设阶段，应正确树立节约建设的价值取向，在满足体育建筑功能性的前提下，以节俭集约建设为基本原则，提高各类建设资源的有效利用率，从大跨度结构选型优化、体量容积控制等方面合理控制建设投入。另一方面，作为能耗大户的体育场馆，应从减少对资源和能源消耗角度，设计阶段应优先采用适宜技术，充分考虑自然采光、自然通风、可再生能源利用、水资源利用、新型材料利用等方面节能降耗的设计策略。

在体育产业化处于初级阶段的大背景下，体育场馆尤其是大中型公共体育场馆设计应立足于集约适宜的原则。“集约”是指场馆设计应追求包括了资源节约利用、生态节能降耗、建设投资控制、运营成本控制等可持续目标，既不是铺张浪费追求标志性和高标准，也不是一味压缩建设投资，而且从全寿命周期的角度综合考虑场馆的可持续性能；“适宜”是指在技术手段的采用上应充分考虑国情现实和体育事业体育产业发展阶段，结合地域条件，被动与主动技术相结合，优先利用适宜性技术作为提升场馆可持续性能的手段和方式。

3.6 基于可持续性的体育建筑设计策略主要内容

建筑的可持续发展体现在建设的全过程中，也体现在建筑的全寿命期中，包括对生态环境的保护，节地、节水、节能、节材的技术和措施，建筑文化和空间环境的有效设计，资源的有效利用，建筑全寿命期的投入和效益等等[14]。这些都是建筑设计策略研究必须关注和贯彻的设计原则。

体育建筑的不同设计阶段所关注的核心问题不同，因此体育建筑可持续设计策略主要包括三个层面的内容：设计前期的可持续策略、设计阶段的可持续策略、可持续设计指引。

设计前期的可持续策略重点关注宏观层面的总体定位、中观层面的规模与功能定位、微观层面的建设技术标准等几个层面的项目定位方法和依据，并明确提出不同层面策略的原则，包括：基于城市发展的总体定位，立足赛后需求的建设规模定位，弹性应变的功能定位和科学理性的建设标准定位。

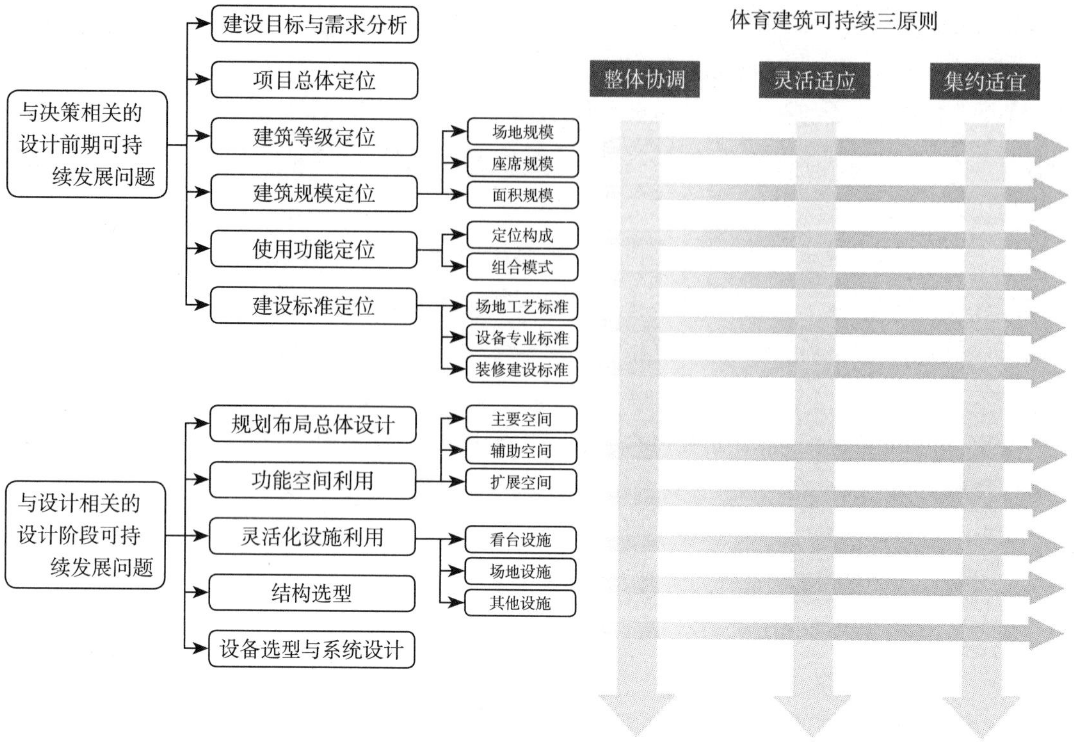

图 3–1　基于可持续性的体育建筑设计策略主要内容
资料来源：笔者自绘

设计阶段的可持续策略重点关注三个层面的设计原则和方法，包括：基于城市环境的设计策略、灵活适应的设计策略、集约适宜的设计策略。

可持续设计指引重点关注可持续设计策略矩阵的建构，将策略提出的核心问题和结论转换为设计指引和依据，这是将前两个阶段的设计策略系统化、操作化的过程，其成果可成为用于指导设计过程的准则（图 3–1）。

本章小结

可持续发展是个非常宽泛的概念，各个学科领域从不同角度对其有不同的解释。相对于国外的理论研究而言，国内可持续建筑理论研究起步较晚，研究对象多以住宅和办公建筑为主，研究的重点侧重于节能环保等层面。从国情实际出发，针对体育建筑的机能特点，从前期策划和方案阶段入手，结合可持续设计原理，探索体育建筑的可持续设计理论是当前体育建筑设计研究的当务之急。

本章在提炼可持续发展基本概念的基础上，以可持续为原则，结合体育建筑可持续设计策略研究的三个切入点（基于国情、基于体育建筑特点、从前期策划入手），指出了设计策略的目标以及三个基本原则（整体协调、灵活适应、集约适宜），并建构了由基于可持续性的体育建筑策略方法、基于城市整体环境的体育建筑可持续设计策略、基于灵活性适应性的体育建筑可持续设计策略和基于集约性适宜性的体育建筑可持续设计策略四部分组成的基本理论框架，为进一步研究体育建筑可持续设计策略奠定基础。

参考文献

[1] TopEnergy 绿色建筑论坛. 绿色建筑评估 [M]. 北京：中国建筑工业出版社，2007：3.

[2] TopEnergy 绿色建筑论坛. 绿色建筑评估 [M]. 北京：中国建筑工业出版社，2007：3.

[3] 罗鹏. 大型体育场馆动态适应性设计研究 [D]. 哈尔滨：哈尔滨工业大学博士论文，2006.

[4] 韩英. 可持续发展的理论与测度方法 [M]. 北京：中国建筑工业出版社，2007：28.

[5] 韩英. 可持续发展的理论与测度方法 [M]. 北京：中国建筑工业出版社，2007：29.

[6] 韩英. 可持续发展的理论与测度方法 [M]. 北京：中国建筑工业出版社，2007：30.

[7] 韩英. 可持续发展的理论与测度方法 [M]. 北京：中国建筑工业出版社，2007：31~33.

[8] 陈晓民，王兵. 体育场馆赛后长期运营的思考 [A] //《建筑创作杂志社》主编. 建筑师看奥林匹克 [M]. 北京：机械工业出版社，2004：195.

[9] 练洪洋. 拍脑袋决策制造多少“一次性”体育馆 [N]. 广州日报，2012年6月6日（第2版）.

[10] 陈晓民，王兵. 体育场馆赛后长期运营的思考 [A] //《建筑创作杂志社》主编. 建筑师看奥林匹克 [M]. 北京：机械工业出版社，2004：193.

[11] 孙一民，何镜堂. 后奥运时代的公共体育场馆该如何建设 [N]. 科学时报，2008年9月15日.

[12] 林崑. 公共体育建筑策划研究 [D]. 广州：华南理工大学博士论文，2010：23.

[13] 张国强，尚守平，徐峰. 可持续建筑技术 [M]. 北京：中国建筑工业出版社，2009：3~4.

[14] 华南理工大学建筑设计研究院. 何镜堂建筑创 [M]. 广州：华南理工大学出版社，2010：22.

第四章 设计前期可持续策略研究

□ 设计前期策略是可持续目标实现的基础和前提

· 设计前期可持续策略的意义

· 设计前期可持续策略的内容与层次

□ 技术准备——目标与需求分析

· 建设目标的多重性与矛盾性

· 显性需求与隐性需求

□ 基于城市的总体定位

· 体育场馆设施建设与城市发展的再认识

· 基于城市的总体定位基本策略

□ 体育建筑等级定位研究

· 传统体育建筑设计的等级定位依据及问题

· 动态的等级定位方法

□ 立足常态需求的建设规模定位策略

· 规模定位的因素

· 规模定位的方法

· 立足常态需求的座席规模定位方法

· 集约紧凑的面积规模定位方法

□ 弹性应变的功能定位策略

· 功能定位构成

· 定位组合模式

□ 科学理性的建设标准定位策略

· 体育场地工艺标准

· 设备专业建设标准

· 装修建设标准

在设计前期和设计阶段采用必要可持续策略是实现体育场馆可持续发展的根本所在。可持续的原则和方法应该从建设之初就贯穿于设计前期和设计阶段。设计前期的可持续策略偏重于宏观层面的建设指导，涉及可研立项、规划决策以及建筑策划等多个方面，需要建设方、运营管理方、使用者、项目策划、规划师以及建筑师多方共同参与；设计阶段的可持续策略则偏重于微观层面的设计操作，涉及方案设计、技术设计等内容，参与方主要是设计者和业主单位。前者是后者的基础和依据，后者是前者的手段和保障。由于设计前期和设计阶段本身存在一定范围的交集和前后的延续性，所以在某些情况下，很难严格区分哪些策略是属于设计前期或者设计阶段，例如有的项目定位问题需要进入设计阶段后结合方案进行再论证工作；有的建设标准是在初步设计阶段才能确定的，因此为便于论述，本章将涉及决策策划方面的策略纳入本章的设计前期策略研究。

本章从项目定位、建设规模、建设标准三个方面对设计前期可持续策略进行展开研究。

4.1　设计前期策略是可持续目标实现的基础和前提

4.1.1　设计前期可持续策略的意义

如前所述，我国体育建筑可持续目标实现有赖于科学的项目定位。项目定位是建设的基准点，为项目建设中策划、设计、施工实施乃至运营管理的全过程确立了基本的依据和原则。而体育建筑可持续目标的实现，则有赖于在项目定位的环节就充分将可持续发展的基本原则作为基本定位依据（图 4–1）。

科学发展观的项目定位要求具有前瞻性，传统意义的项目定位存在于项目策划和决策阶段，更多的考虑的是项目实施的必要性和可行性，可持

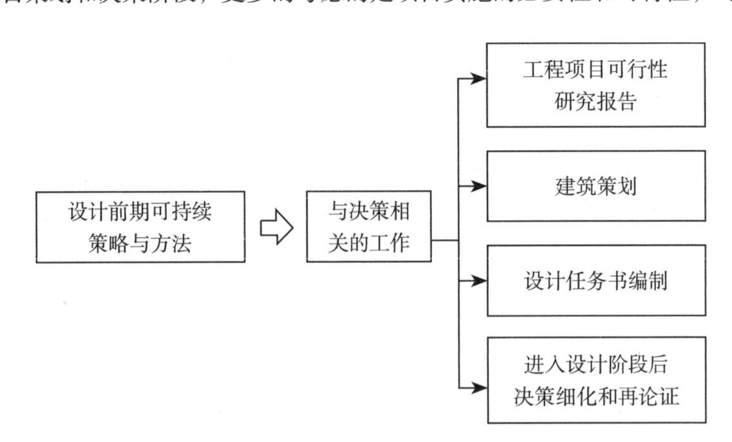

图 4–1　设计前期可持续策略的应用对象
资料来源：笔者自绘

续原则下的项目定位需要考虑应对未来不断变化的外部需求——这就要求项目定位不仅需要考虑建筑项目实施的必要性和可行性，还要考虑建筑本身适应不断变化外部需求的可能性。

4.1.2 设计前期可持续策略的内容与层次

需要指出的是，项目定位不仅局限于项目前期的决策和策划阶段，它是贯彻整个建设过程中的。例如，我们在设计过程中随着设计的深化，面临建设目标的落实、建设标准的细化、技术设备的选择等定位问题。因此本章研究的定位策略是贯彻在决策策划和设计过程中的定位方法策略，包括宏观层面（总体定位）、中观层面（规模与功能的定位）、微观层面（建设技术标准定位）等几个层面的问题研究。

4.2 技术准备——目标与需求分析

4.2.1 建设目标的多重性与矛盾性

体育建筑作为一种特殊的建筑类型，涉及多层面、多方位的问题，其建设目标往往具有多重性。以城市大中型公共体育场馆为例。首先，作为公共投资项目，场馆具有公益性质，为城市提供公益性服务产品；第二，在城市规划视野项目是城市重要公共建筑；第三，出于城市提高知名度的需要，场馆需具有标志性形象；第四，举办一定级别比赛的需求，使场馆具有代表城市承办赛事能力的定位其他类型的体育建筑，如一些小型体育场馆的建设目标虽然在目标构成上与大中型体育场馆不尽相同，但建设目标都具有多重性的特点（图 4–2）。

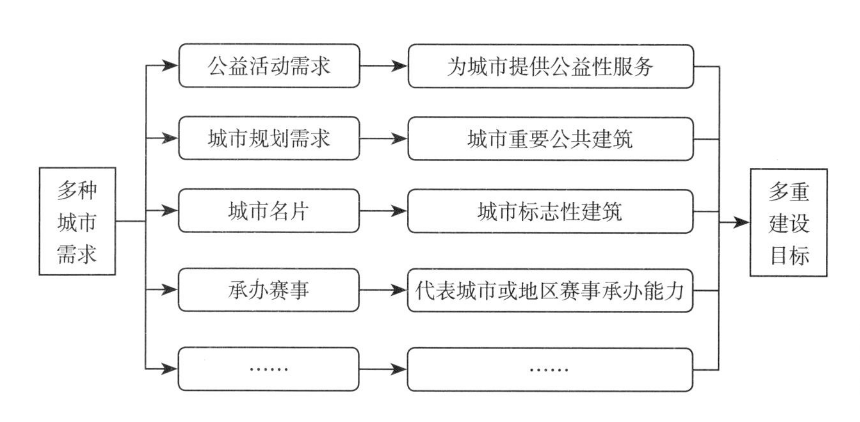

图 4–2 城市大中型体育场馆多重建设目标定位
资料来源：笔者自绘

不同的建筑目标之间存在着不同程度的矛盾性。这种矛盾性存在于以下几个方面。

一、长期性和短期性矛盾

在体育产业发展的初级阶段，使用需求的长期性和短期性矛盾是许多体育场馆尤其是大中型竞技型场馆的主要矛盾之一。对单个场馆而言，举办高级别体育赛事的活动由于使用频率低、使用强度大而构成了短期性的使用特征；而平时常态化的需求更多表现为使用频率高、使用强度小的群众体育和训练活动，构成了长期性的使用特征。虽然随着体育产业的发展，职业体育的普及，举办职业联赛以及大型商业比赛和演出可以化解一部分矛盾，但在短期内这类矛盾问题会一直存在下去，成为现阶段体育场馆决策定位和设计需要面对的主要问题。

二、专业性和通用性矛盾

专业性和通用性的矛盾是体育场馆建设目标定位第二大矛盾，尤其对于大中型的体育场馆，这个问题尤为突出。一方面，这类体育设施建设目标具有举办高级别体育赛事的专业性要求；另一方面，由于我国大多数公共体育场馆面向群众开放使用，兼顾多种功能仍然是现实的需要，使场馆建设目标具有通用性的要求。体育设施的总体定位以及各类设施的建设标准向专业性还是向通用性靠拢，成为前期项目定位的关键问题。

三、公益性和经营性矛盾

在我国的体育场馆中有相当数量的场馆属于政府投资的公共体育设施，具有很强的公益性；但作为场馆运营的需要，场馆建设往往需要考虑赛后经营性的要求。过分偏重公益性，忽视经营性目标可能带来场馆运营难以维持的局面；而过分偏重经营性，忽视公益性的做法则偏离了公共体育场馆提供公共服务产品的职能定位。如何平衡公益性和经营性的矛盾，是这一类场馆前期策划定位乃至设计、施工、运营的过程中均需要面对的重要问题（图 4–3）。

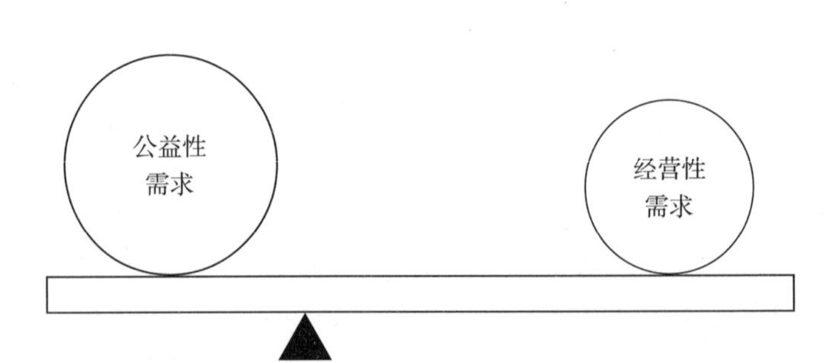

图 4–3 公益性和经营性需求需要达到平衡
资料来源：笔者自绘

4.2.2 显性需求与隐性需求

对与需求相关的信息收集，是设计前期的重要任务之一，需求分析的结论是项目定位以及决策策划的科学基础。

需求分为显性需求和隐性需求（表 4-1）。显性需求是体育场馆在可以预见的时间内较为明确的功能要求，如针对某项赛事的体育工艺要求或针对某些特定人群的特殊需求。在全寿命周期的过程中，由于场馆的使用具有很大程度的不确定性，因此场馆对某些功能需求具有可能性，这种需求就是隐形需求。虽然在近期或短期不一定体现出来，但在更长的时间内，这种隐形的可能需求对场馆运营会产生更为深远的影响。

在可持续方法下，应重视对隐形需求的挖掘。相较于显性需求，隐形需求的信息提炼往往由于其隐蔽性和间接性的特点，对策划工作具有更大的难度。挖掘隐性需求可以从以下几方面入手：第一，把握城市的发展趋势；第二，了解场馆使用、体育技术工艺的发展趋势；第三，发现潜在使用者，并对其使用需求进行分析。

显性需求与隐性需求的比较分析　　表 4-1

	特征描述	提供需求信息的来源	需求举例
显性需求	明确的 可预见的 明示的 静态的	建设决策者 建设主管单位 可明确的管理者 可明确的使用者	举办赛事的要求 符合规范的要求 建设时决策者提出的要求
隐性需求	潜在的 可能的 暗示的 动态的	可能接管的管理者 未来潜在的使用者	潜在使用者的行为习惯 发展中的运营管理模式

资料来源：作者自绘

4.3 基于城市的总体定位

4.3.1 体育场馆设施建设与城市发展的再认识

从古到今，体育建筑与城市的关系经历了一个漫长的演变过程。

古罗马时期，以罗马斗兽场为代表的体育建筑，作为城市公共活动的载体，以统治性的力量主宰着城市生活；作为城市空间的重要组成部分，它们凭借独特的造型在城市环境中占有标志性的地位，影响着城市空间的构成。总体而言，无论从功能还是形体上，它们与城市都保持着良好的协调关系。

到了近代，随着工业大生产的发展，新的建筑材料、结构技术、施工方法等不断涌现，突破了传统建筑在体量、跨度、空间造型等方面的局限，新技术、新材料以及新工艺为体育建筑建造提供了更为广阔的空间。体育建筑获得了前所未有的自我表现的机会，其在城市肌理中的异质化趋势更为突出。体育建筑成为城市空间中举足轻重的实体要素。

一、对利用体育场馆建设启动新区开发的反思

体育设施尤其是大中型体育场馆正被作为一种促进城市区域整体发展的建设规划手段，日益受到城市建设决策者的青睐。从而出现大型体育中心在我国各地城市"遍地开花"的现象，从早期的广州天河体育中心到近年各地城市出现的体育中心建设热潮，可以看出各地城市政府越来越将体育中心设施建设作为重要的规划手段，并视之为加速开发城市新区的"法宝"。

1987年广州举办第六届全国运动会，为此在原天河机场的旧址兴建广州天河体育中心（图4–4），以此作为新城市中心的启动项目。此后城市对该地区的持续投入，成就了今天广州天河城市中心区。从当年一片荒地到今天形成的发展成熟的高密度城市中心，广州天河体育中心一直是广州新城市中心区的象征。天河体育中心作为我国第一个统一规划建设的体育中心，其建设模式给城市发展带来的良性效应受到各方关注，被众多研究作为大型体育设施成功带动城市发展的典型案例。应客观地认识到，广州天河区发展并不仅仅因为天河体育中心的推动作用，还得益于城市东扩

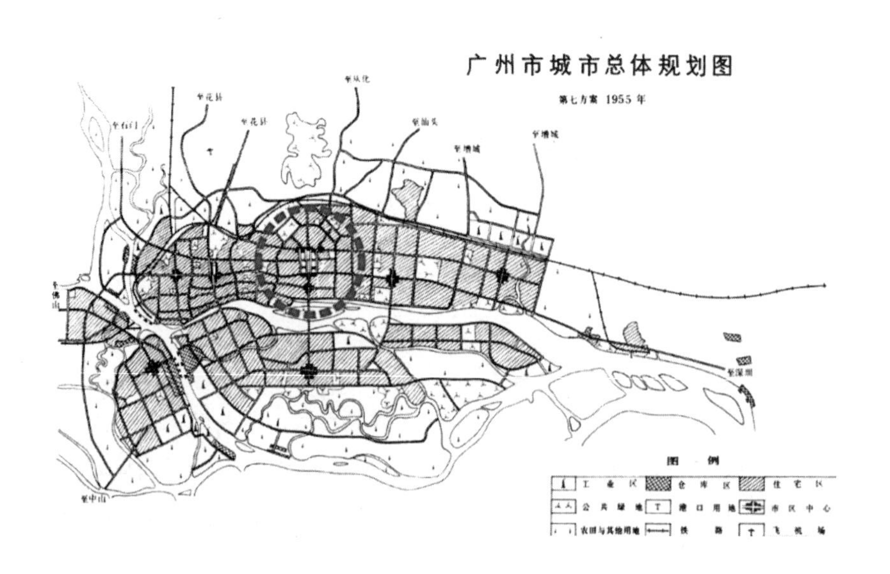

图4–4　天河体育中心选址建在原天河机场的旧址
资料来源：广州城市总体规划第1~13方案[A]: 89.

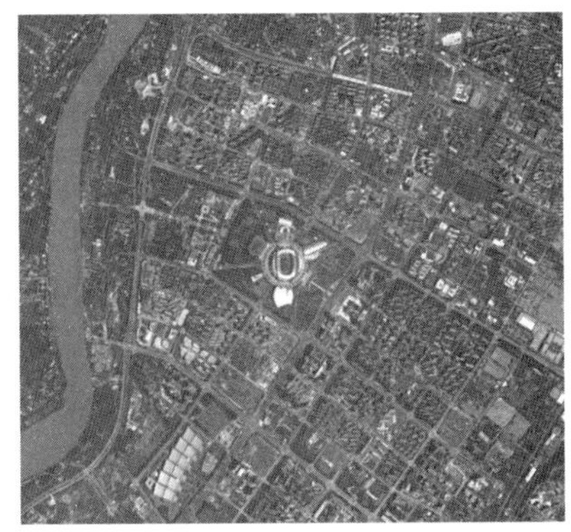

图 4-5 南京十运会后的河西新城发展缓慢（2007）
资料来源：Google Earth

图 4-6 河西新城发展趋向成熟（2012）
资料来源：Google Earth

战略、火车东站建设以及政府在市政设施上持续投入等多方面原因。只不过作为眼见为实的鲜活证据，它的推动作用在认识上有可能被夸大了，甚至变成主要的因果关系，因而在形式上被其他城市管理者所效仿。

举办十运会的南京奥体中心所在的河西新城则经历了曲折的进程（图 4-5、图 4-6）：十运会结束后南京体育中心门可罗雀，河西新城的建设陷入严重的赛后冷场效应之中。为了扭转这种局面，政府对河西新城进行了持续投入并采取了多方位的招商引资政策。从河西新城的案例可以看到新城区的发展和兴建并不是"规划 + 体育中心"建成就可坐享其成的，交通、产业（就业）、配套服务设施的完善是新区得以发展的保证。

反思近年各地城市兴建体育中心建设热潮，需要清醒认识的是，城市发展受到众多因素的制约，利用大型体育设施建设带动城市新区开发的规划手段并非百试百灵的灵丹妙药。在缺乏相应配套建设规划手段和政策条件支持的情况下，以体育设施建设为手段推动城市发展并不必然产生良性效应。毕竟大多数城市有实力建造高标准的体育场馆，但并不一定有足够的经济条件支持持续的新城基础设施建设投入。如果不顾城市需求的事实，脱离城市自身的实际情况，盲目照搬成功案例而不具体分析实际条件，夸大体育设施对城市发展的带动作用，从长期来看影响城市后续发展，不利于营造体育设施的可持续发展的外部环境。

二、对体育场馆重复建设现象的反思

近 20 年，我国场馆建设发展之快已是有目共睹，但是重比赛场馆、轻群体设施现象也随处可见，两者发展失衡比较明显。在缺乏区域视角的统筹规划和科学定位的情况下，体育场馆尤其是为某次赛事兴建竞技类体育场馆的重复建设现象比较严重，分为几种情况：

1. 类型定位的重复建设

在经济发达城市和地区，体育市场走向职业化、场馆建设走向专业化是未来发展趋势之一，但在此过程中应避免项目盲目上马。以北京奥运会为例，奥运场馆中规模达到 1.5 万以上座席的有五棵松体育馆、国家体育馆和首都体育馆，其中五棵松体育馆和国家体育馆规模达到 1.8 万座，均称达到 NBA 标准。然而，事实是北京 CBA 球队只有首钢一支篮球队，CBA 的观众规模场均不足 3000 人。其实，即便是 NBA 的故乡美国，也很少在同一座城市建设两座近 2 万人的体育馆。拥有两支 NBA 球队的洛杉矶，也是两支球队共用一个体育馆，场馆利用率高，场馆建设与经营完全商业化运作[1]。

2. 规模定位的重复建设

由于许多城市将大型体育场馆作为标志性工程建设，项目决策由主观肇始、建设初始缺乏科学论证、建筑标准定位不当，导致建设主体内容不准确、规模确定随意、项目策划不科学。

以体育场的建设为例，在我国目前的体育市场环境中，体育场由于以大型运动会开闭幕式和田径比赛为主，使用机会少，多种经营十分困难。大多数体育场以座席下房间的出租使用为主，主场地由于维护的原因对市民开放有难度。在这种情况下，许多城市仍然不断建设体育场，不断增加规模、提高标准。广州在已拥有天河体育场（60000 座）（图 4–7）、奥林匹克体育场（80000 座）（图 4–8）、越秀山体育场（20000 座）（图 4–9）、黄埔区体育场（20000 座）（图 4–10）等多个体育场，且均面临沉重运营负担的情况下，2005 年又投资 5 个亿，兴建广州大学城中心体育场（图 4–11）。该体育场包括一个大型体育场和一个田径训练场，其中体育场占地 9.7 万 m^2，可容纳 5 万观众，成为广州第三大体育场[2]。

图 4–7 广州天河体育场（60000 座）
资料来源：yayun2010.sina.com.cn

图 4–8 广东奥林匹克体育场（80000 座）

资料来源：yayun2010.sina.com.cn

图 4–9 广州越秀山体育场（20000 座）

资料来源：www.8ttt8.com

图 4–10 广州黄埔区体育场（20000 座）

资料来源：www.gz2010.cn

图 4–11 广州大学城中心体育场（50000 座）

资料来源：www.myi.cn

3. 选址定位的重复建设

重复建设的问题还表现在选址定位方面：在有限城市范围内布置多个体育场馆，在定位雷同的情况下，容易造成城市场馆设施分布的不均衡、场馆利用不充分的问题。广州大学城在建设了各大院校的体育场馆以及中心体育场后，2007 年又再次兴建为亚运会比赛用的国内第二大规模的自行车比赛馆。如今，不足 $20km^2$ 的广州大学城已拥有 20 多个分布于各校区的体育场、8 座体育馆。经过多次建设，广州大学城的体育设施密度非同一般（图 4–12）。

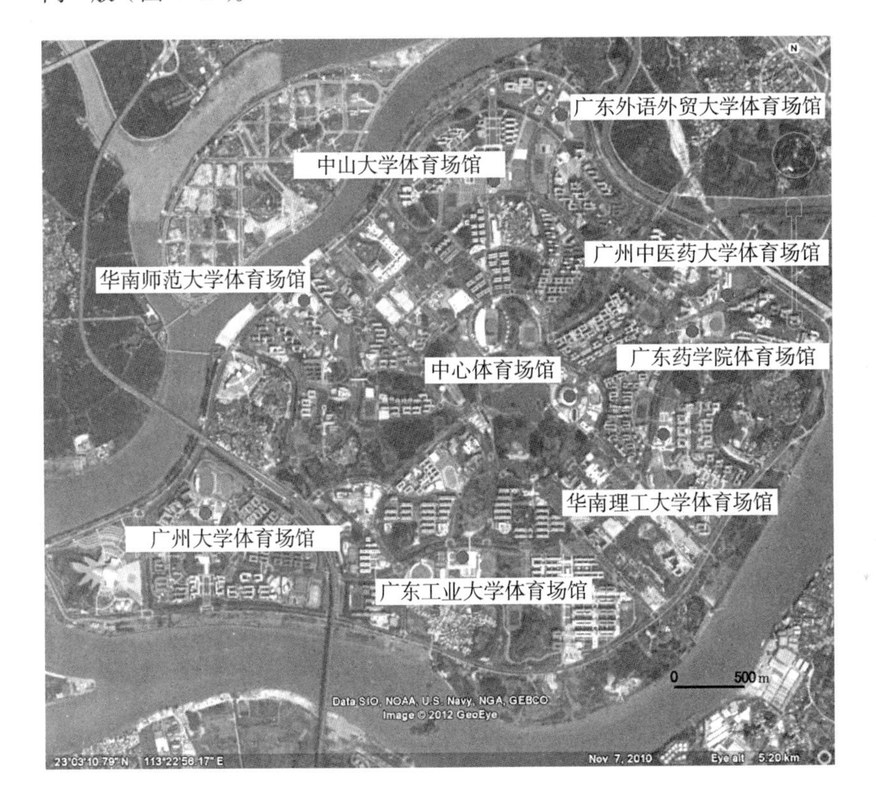

图 4–12 广州大学城体育设施的密度相当高

资料来源：笔者根据 Google Earth 改绘

三、对追求体育建筑“标志性”倾向的反思

在各种运动会申办的推动下，我国场馆建设出现了新的刺激因素，体育场馆往往被当作提升城市文明、彰显政绩、提高城市知名度的形象工程，同时也出现了体育建筑追求怪异的形态、浮华的表皮、造作的结构、夸张的表皮等现象，导致设计标准不断升高、建设成本也不断攀升。

体育建筑的创作设计似乎越来越倾向于在建筑单体的形象上下功夫，千方百计地追求与众不同的效果，由于片面追求独特性反而导致形象的怪异和缺乏逻辑感：其巨大的体量傲视其他建筑，造成建筑单体与周边环境格格不入；忽视了对塑造城市空间所具有的责任，游离于城市的整体环境之外，不自觉地破坏了传统上宜人的城市空间。

4.3.2 基于城市的总体定位基本策略

对项目性质、项目选址与建设时机时序的充分论证是项目成败与否的三个重要方面（图 4–13）。实事求是从城市发展出发，长期短期需求结合，是项目科学定位的基础。

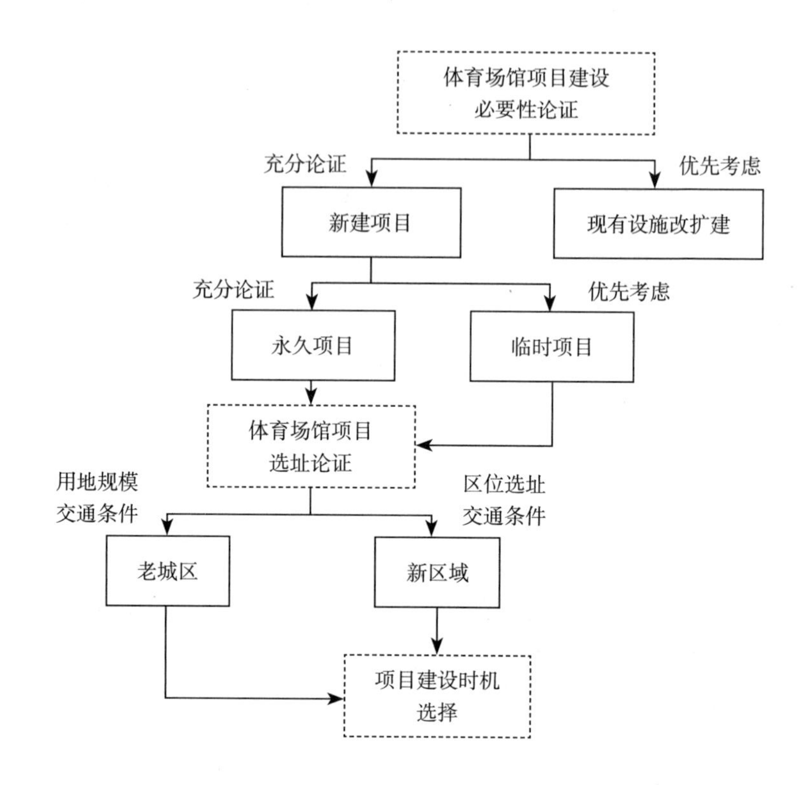

图 4–13 体育场馆项目建设必要性论证及选址论证
资料来源：笔者自绘

一、项目性质定位：避免重复建设，合理定位场馆

“奥运会研究委员会”于 2003 年在布拉格举行的第 115 次全体会议上提交了最终研究报告，该报告在奥运会场馆建设方面的主要要点包括[3]：

（1）奥运会主办城市应尽可能使用既有场馆，只有具有遗产价值才能建设新的场馆，没有遗产价值应尽可能利用临时场馆；（2）进一步合理评估和规划场馆的座席数；（3）根据比赛与训练的实际需要合理规划场馆数量，降低体育场馆的建设投入；（4）在技术和比赛规程允许的情况下尽可能共用比赛场馆；（5）国际奥委会必须与各国际单项体育联合会联合制定奥运会场馆的标准，包括使用既有设施的标准、建设临时设施的标准和主办城市所需场馆数量的标准。报告体现了各方对奥运瘦身的共识，也向举办城市倡导了体育场馆集约建设，避免重复建设的主张。

我国体育设施建设正处于高速发展期，但由于不同地区、不同城市发展水平的差异，体育设施资源分布极不均匀，其项目因所处地区不同而建设策略各有侧重，但基本的项目定位原则和方法均应结合城市和民众的使用需求，充分做好项目必要性论证工作，新建项目应统筹考虑区域内现有体育设施的分布和使用状况，对新建项目与已有项目的竞争和协作关系充分评估后，进行差异化项目定位，避免重复建设或恶性竞争，从而提高社会资源整体利用率。

需要强调的是，跳出项目本身从城市和区域的设施协调的角度，寻求恰当的建设模式和项目定位是未来场馆科学决策的前提条件。笔者参与的广东江门滨江新城体育中心项目策划过程中，项目组在对江门城市现有体育设施和珠江三角洲地区同等级城市体育设施使用状况充分调研基础上，对其进行了竞争性分析，并得出了相应结论，从而为项目科学定位奠定了基础（表 4–2、表 4–3）。

江门滨江新城体育中心与城市现有体育设施竞争性分析 表 4–2

名称	竞争性分析	评价	
		合作性	竞争性
新会体育馆	位于新会区的南端，离主城区车程1小时左右；主要服务人群为新会区市民；座席数5000，与本项目体育馆座席数拉开层次	★★★★☆	★★★☆☆
江门体育馆	位于蓬江区老城区，地理位置较好，主要服务于市民日常羽毛球、篮球等运动需求；不到4000座的座席，与本项目体育馆座席数拉开层次，同时由于设施老旧，举办大型活动能力不足	★★★☆☆	★★☆☆☆
江门体育场	位于蓬江区老城区，地理位置较好；但有可能拆迁异地还建；15000座的座席，与本项目体育馆座席数拉开层次；煤渣跑道面层标准较低；同时由于疏散能力不足，现已不满足举办大型活动需求	★★☆☆☆	★☆☆☆☆
江门游泳中心	位于蓬江区老城区，但不靠主要交通道路，位置较偏；服务设施不完善、日常经营收费较高，难以吸引市民使用；现主要对体校开放；设施老化、陈旧，没有比赛池、难以举办大型游泳跳水赛事	★★☆☆☆	★★☆☆☆
台山新体育馆	距离新会区有1.5小时车程，主要服务受众为台山地级市；新体育馆6000座位和本项目体育馆座位数相近，设施标准相近	★★★☆☆	★★☆☆☆
江门五邑会展中心	位于江门市北新区发展大道行政中心区中心地段，发展成熟；未来若会展需求不足，将会影响到本项目会展部分的使用；规模1.8万，远小于本项目的3.2万的规模；也可与本项目互相联动，共同发展	★★★☆☆	★★★★☆

资料来源：作者根据项目策划资料整理绘制

江门滨江新城体育中心与城市周边体育设施的竞争性分析 表 4–3

名称	竞争性分析	评价	
		合作性	竞争性
佛山世纪莲体育中心	佛山与江门1.5小时车程，距离较近；城市经济条件也优于江门。与本项目定位类似；36000座体育场座席数与本项目体育场差距较大，但本项目也考虑未来扩充到4万座的可能性，存在一定的竞争性。2800座游泳馆比本项目规模类似，稍大于本项目	★★★☆☆	★★★★☆
佛山岭南明珠体育馆	8300座主馆以及两个副馆的定位与规模和本项目相近，竞争性较强；也能联合周边城市形成群聚效应，促发珠三角一二线城市巡赛或巡演等行为	★★★★☆	★★★★☆

续表

名称	竞争性分析	评价	
		合作性	竞争性
湛江体育中心	湛江与江门有4小时车程，距离较远；湛江与江门同为珠三角排名靠前的城市，经济条件稍弱于江门；体育场馆的定位与规模和本项目类似，同为省运会主要场馆，且为本项目之前一届，竞争性较强	★★★☆☆	★★★☆☆
惠州奥林匹克体育场	惠州与江门约有3小时车程，距离较远；惠州与江门同为珠三角排名靠前的城市，且经济发展水平相当；体育场馆的定位与规模和本项目类似，同为省运会主要场馆	★★★☆☆	★★★☆☆
中山体育场馆	中山与江门约有1小时车程，距离较近；惠州与江门同为珠三角排名靠前的城市，且经济发展水平相当；场馆多为90年代所建，规模较小，举办的赛事多为市级赛事；与本项目定位不同	★★☆☆☆	★★☆☆☆
南沙体育馆	南沙体育馆与江门蓬江区距离仅1.5小时车程；位于广州市域，规模标准与本项目相近，且举办过亚运会，与本项体育馆在大型项目举办上竞争程度较高	★★☆☆☆	★★★☆☆

资料来源：笔者根据项目策划资料整理绘制

二、项目选址定位：科学选址规划，贴近城市生活

体育场馆的选址受区位条件、交通条件、用地条件等因素的影响和制约。一般来说，体育场馆的选址分为三种情况（图 4–14）。

第一种位于城市中心区。项目选址于城市中心区，区位条件和交通可达性良好，有利于场馆建成后的良性运营，但大型体育设施设于城市中心受用地局限，未来发展受到一定限制，并容易造成城市交通的拥堵。

第二种位于城市边缘。在城市用地日趋紧张情况下项目选址位于城市边缘成为常见模式，城市边缘土地资源丰富，用地相对宽松，但交通可达性较差。场馆建成后的运营环境依赖于城市发展战略的落实和公共交通条件的完善，项目在建成后短期内运作会有一定困难和风险。

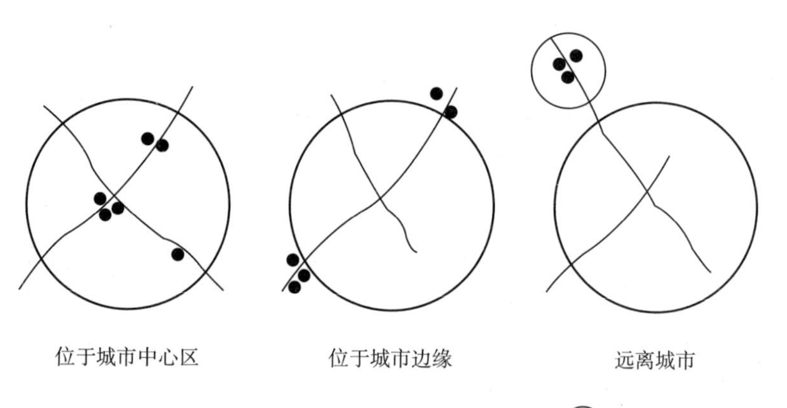

图 4–14　体育中心在城市中的位置示意图
资料来源：《建筑设计资料集》第三版（2012）讨论稿

第三种远离城市。一般设置在未来新城的核心区，以体育中心的建设为新城发展的触媒，以实现城市“卫星城”的建设或城市“蛙跳式”发展的需求。但在新的城市中心区没有发展起来之前，远离城市的体育场馆在实际运作方面会承受极大压力和风险，应在充分调研基础上，谨慎评估这种情况下项目选址的科学依据。

用地规模作为项目选址的依据之一，是关乎项目建设成功与否的关键因素之一。用地规模的合理性涉及场馆使用安全、疏散以及停车等方面的要求，也影响到体育设施未来扩建的可能性。体育建筑设计规范对建设规模和用地规模的对应关系给予了指导建议，同时指出“当在特定条件下，达不到规定指标下限时，应利用规划和建筑来满足场馆在使用安全、疏散、停车等方面的要求”[4]。世界著名的意大利米兰圣西罗足球场，作为两支顶级的俱乐部足球队的主场，观众规模达到85700人。在用地面积紧张的情况下，设计中通过坡道设置延长疏散路线，从而弥补用地不足的问题，从实际使用来看，基本满足了观众人流赛后散场的疏散要求（图4-15）。再如，深圳宝安体育场选址处于繁华的市区，总规划用地12ha，建筑面积10万m^2，座席规模4万人。如果按体育建筑规范的指标标准，用地规模严重不足。实际上，用地面积不足的问题在设计前期和设计阶段均经过了多轮专家的论证。然而，从实际运营效果看，深圳2011大运会期间，运营管理采用特殊手段是有可能解决疏散缓冲空间不足问题的，用地规模不足带来的安全和疏散问题对项目选址的影响和制约作用并非绝对。

图4-15 圣西罗足球场利用坡道巧妙缓解疏散压力
资料来源：http://acmilan.baike.com

大型体育设施的停车是用地规模的影响因素之一，但从近年大型赛事的举办规律来看，正式大型比赛出于交通组织和安保要求往往鼓励观众采用公共交通的方式到达，配置的停车位往往不被充分使用。而对于用地紧张的体育设施，也可以通过设置停车楼和地下停车库来替代设置地面停车场的方式，从而达到节地的目的。

因此，本书认为确保项目选址的科学性意味着：在项目选址阶段需要充分考虑场馆未来运营的外部环境，在城市发展战略下权衡利弊，寻求符合用地规模、区位条件与交通条件多方面因素的平衡点，确定最优选址方案，才能符合体育场馆的可持续发展要求。

三、时机时序选择：建设适度超前，供需动态平衡

体育场馆建设目标通常与场馆本身发展、为举办赛事的目的或城市新区发展有关，建设时序与建设目标定位也紧密关联。就单个项目而言，建设时序的方案分为三种类型：包括一次性建成、建成后瘦身和逐步改扩建。国内大多数城市的体育场馆采用一次性建成的方式。对于赛事赛后需求差异巨大的项目，可选择采用建成后瘦身。比较典型的案例如伦敦奥运水上运动中心，建设时按 2 万人，赛后将改造为 3 千人。

也有根据需求的增长采用逐步改扩建的方式，如很多欧洲著名职业足球球场都经历了从逐步增加看台和顶盖达到扩大规模、提高标准的发展历程，英国的老特拉福德球场就是其中非常典型的案例（图 4–16）。另一方面，在逐步扩建的过程中，需要对场馆的需求进行分层次分析，以满足建设决策的要求。Geraint John & Rod Sheard.《Stadia–A Design and Development Guide》将不同的建设等级对应使用者不同的需求层次相关、不同的体育场设施，例如建设一个看台和足球运动场以满足观看和足球竞技需求就是足球专用体育场的最基本要求。建设等级越高，意味着需要建设更多、更高质量的体育场设施以满足更高层次的需求（图 4–17）。投资者应该按照资金预算选择相应的建设等级，为后面的体育场设计提供明确指引。因此，体育场馆建设采用何种建设时序方案应根据“适度超前”的原则，结合项目实际情况合理安排，尽可能使项目在建成后的大多数时间里保持“供需平衡”的状态，过于保守和过度超前的建设时序方案意味着资源利用的浪费，与可持续原则相违背（图 4–18）。

a. 1910 年

b. 1926 年

c. 20 世纪 50~60 年代

d. 1984 年

e. 1990 年

f. 1993 年

g. 1995 年

h. 2006 年

图 4–16　老特拉福德球场的发展历程

资料来源：http://www.soccers.cn，http://www.worldstadiums.com

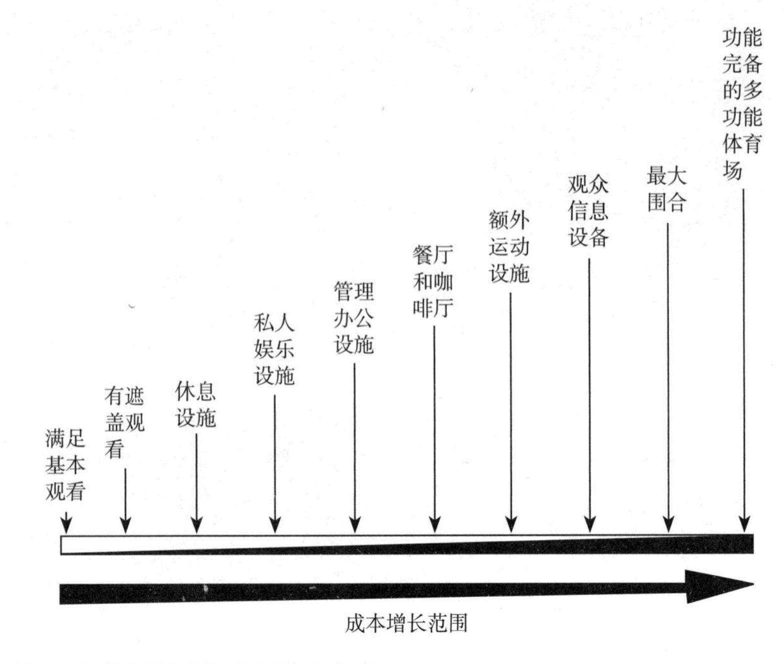

图 4–17　体育场设施与成本增长的关系

资料来源：Geraint John & Rod Sheard.《Stadia–A Design and Development Guide》

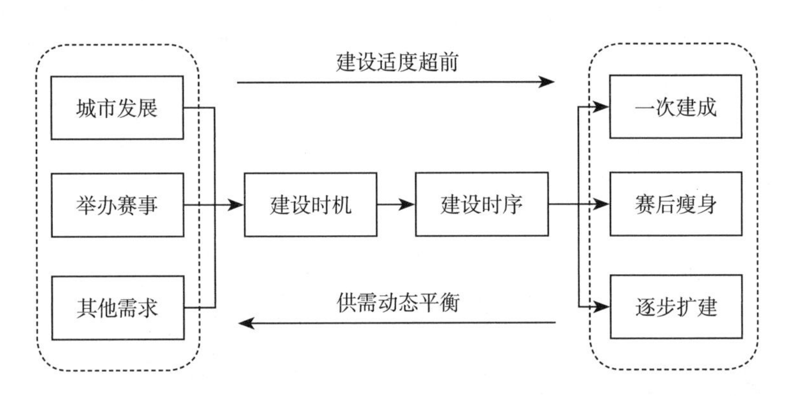

图 4–18　建设时机与建设时序的策略原则

资料来源：笔者自绘

4.4　体育建筑等级定位研究

4.4.1　传统体育建筑设计的等级定位依据及问题

体育建筑项目定位首先面临等级定位的问题。现实中往往出现脱离实际的需求分析，建设规模标准“向上限看齐”的情况，造成规模定位建设标准过高的情况。

根据现行的体育建筑设计规范，体育建筑按照使用性质分为特级、甲级、乙级和丙级四个等级。不同的建设等级对应可举办的不同等级的体育赛事，而体育场馆的规模选择、建筑方案设计以及技术设备标准的确定都与等级定位有一定的对应关系（表 4–4）。

从实际的操作上来看，多数的体育场馆从策划到设计都是围绕这一等级定位原则作为依据展开的。问题在于不同等级体育建筑对应的使用要求是多层次多方面的，但规范中只对场馆能举办的最高级别的体育赛事作为主要使用要求，但对于多种赛后活动则没有提及。对于体育场馆而言，高级别规模大的赛事举办频率非常低，往往几年甚至几十年才有可能举行一次，反而赛后多种小规模活动往往使用频率较高。这就容易造成“在设计理念上我们强调应以城市需求和非赛时需求作为体育场馆设计的主要依据，而在实际建设中却把举办体育赛事的等级作为最主要的甚至是唯一设计依据”的问题。

另一方面，临时建筑的大量应用正成为举办国际大赛的发展趋势，打破了传统体育建筑设计的固有模式。“临时建筑”在国人的心中，是跟不耐用的简易房联系在一起的，但从节能环保的角度却很好地体现了可持续性。2012 年伦敦奥运会共使用 34 个体育场馆，14 个为新建场馆，其中 8 个为临时建筑。伦敦奥运大量采用临建的做法对举办奥运会一类的大型赛事提供了有益的启示，采用临时建筑是解决大型综合运动会赛时赛后矛盾的有效途径，并将成为发展趋势之一。临时建筑大量应用为体育场馆等级定位研究提出了新的课题。

体育建筑等级根据使用要求分级 **表 4–4**

等级	主要使用要求	主体结构设计年限	耐火等级
特级	举办亚运会、奥运会及世界级比赛主场	>100 年	不低于一级
甲级	举办全国性和单项国际比赛	50~100 年	不低于一级
乙级	举办地区性和全国单项比赛	50~100 年	不低于二级
丙级	举办地方性、群众性运动会	25~50 年	不低于二级

资料来源：《体育建筑设计规范》表 1.0.7、表 1.0.8

4.4.2 动态的等级定位方法

静态的等级定位方法，是导致当前许多体育场馆建设规模过大、标准过高的重要原因。实际上，即使按照大规模和高标准的建设依据，体育场馆的使用也未必能达到一劳永逸的效果。在举办正式的体育比赛之前，体育场馆很可能需要根据最新的体育赛事要求进行运行设计的再调整。

图 4–19 动态等级定位方法
资料来源：笔者自绘

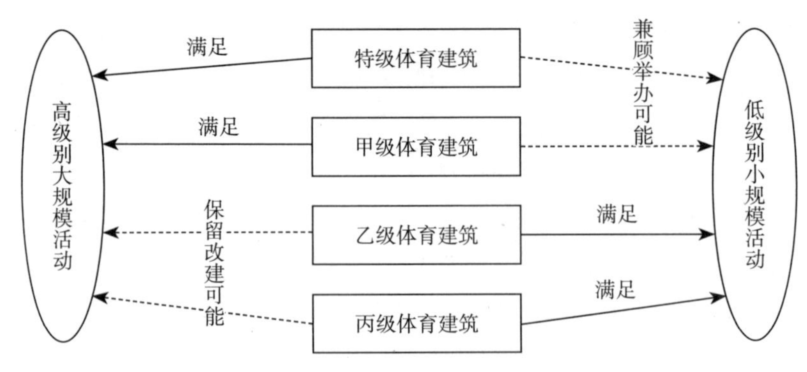

本书认为在策划阶段等级定位时，除了根据现有规范等级分级之外，还应从可持续发展的角度结合项目采用动态的等级定位方法确定等级。换而言之，就是按照场馆常态需求和城市本身的需求进行科学理性的等级定位，同时在设计时保留通过较小代价进行升级或调整的可能性，使高等级的场馆同样适合举办小规模活动，低等级的场馆通过一定改造升级可临时举办大规模活动（图 4–19）。

需要进一步研究的是，由于不同等级的体育建筑，对其流线组织安排、用房数量面积、体育工艺要求、设备专业等方面都存在不同的要求，这些不同要求之间是否存在转换的可能性和可行性。

通过对比研究体育建筑规范中有关不同等级项目的设计要求（附表 1），我们可以发现不同等级项目的功能和设施要求主要存在以下几个方面的差异：（1）比赛场地的体育工艺要求（场地尺寸，净空高度以及场地材料工艺）；（2）用房的功能和面积要求（功能配置，流线，面积）；（3）设备要求（主要包括电视转播要求，安保要求，空调要求）。实际上，通过多功能设计、临时座席和用房的配置以及赛前小规模的改造是有可能实现相邻等级体育建筑间功能的兼容性和通用性的。具体论述详见本书第五章内容。

动态等级定位思路强调以常态化和使用频率高的体育功能作为主要建筑设计依据，并考虑结合灵活性的设计手段达到可扩展性和可转换性，使其能够兼顾上下等级的体育活动，从而实现体育建筑的可持续发展。不同等级体育建筑之间的功能兼容策略可分为等级向下兼容和等级向上兼容两种情况（表 4–5）。

不同等级体育建筑的功能兼容策略 **表 4–5**

	高等级场馆（特级、甲级）	低等级场馆（乙级、丙级）
等级兼容策略	向下	向上
兼顾使用需求	兼顾小规模赛事活动	兼顾高级别赛事活动

续表

	高等级场馆（特级、甲级）	低等级场馆（乙级、丙级）
看台座席	考虑采用活动或临时看台，化解平赛需求矛盾	考虑采用搭建临时看台等办法提升赛事承办能力
场地规格、高度要求	可灵活分隔	充分预留尺寸
场地工艺构造	兼顾群体活动	保留改造升级可能
辅助用房功能	采用通用性框架，保留功能灵活转换可能	保留扩建可能或依靠临建达到办赛标准
设备系统	采用分区、分级灵活控制策略	预留扩展接口

资料来源：作者自绘

一、高等级定位向下兼容

为大型体育赛时兴建的体育场馆，往往存在赛后利用的问题。赛时的设计是考虑该场馆能举办最高级别赛事进行规模和设施配置的，而赛后又面临瘦身问题，以适应日常小规模的各类体育活动。因此，特级或甲级的大中型场馆在项目定位应考虑等级向下兼容的设计策略，以提高举办大量小规模比赛和活动适应性，从而提高场馆的使用效率。

以耗资巨大的奥运体育场为例，北京“鸟巢”、天津“水滴”这类体育场馆都是根据大型比赛和集会设计的。但奥运结束后，为了扩大运营范围，除了大型赛事外，还将承接其他体育比赛以及展览、会议等活动。由于这些活动的规模要小于奥运会，所以场馆内的设施都要进行重新布局和设计。以电力设施为例，奥运会是按照几万人的集会来设计的，二次改造要把其变成节电、省钱的中小型照明系统，这样运行费用降下来，场馆就可以承接许多不同规模的活动和赛事来提高场馆的商业收入。根据场馆运营管理者的叙述，虽然在设计前就已经考虑到日后的商业运营，已经在最大程度上进行了提前预留，但为了确保奥运的要求，许多功能性的基础设施并不能实现，必须要在赛后进行一部分重新改造。以“水滴”为例，这样的场馆“没有1亿元根本没有办法完成改造”，而“鸟巢”、国家会议中心的改造资金“最少要1.5亿元以上”[5]。

因此，对于特级和甲级体育场馆，如果在等级定位时，充分考虑低级别比赛和非赛事举办时群众活动的需求，将有利于降低赛后改造的投入和运营费用，提升体育场馆的可持续性。

二、低等级定位向上兼容

一些城市的市级和县区级体育场馆在项目定位时往往在缺乏科学依

据的情况下，盲目追求所谓“国际标准”，以实现打造地区或城市名片的目的，而实际使用中真正高规格的比赛却寥寥无几，大部分时间还是以群众体育或小型比赛用途为主，造成场馆设施闲置、资源浪费。因此，笔者提出乙级丙级的中小型体育场馆的等级向上兼容的设计策略，即建设时以乙丙级体育设施定位，但设计时考虑设施功能的可扩展性，通过赛前临时设施的搭建和设备租赁使其短期达到举办高级别比赛的要求，赛后可通过拆除临时设施恢复原来功能的设计与建设策略。

以笔者参与设计的广东省梅县体育馆项目为例。项目之初，根据业主需求以乙级体育馆的等级进行项目定位。在施工过程，业主单位改变了原项目定位的初衷，希望场馆日后能举办国际比赛，设施应达到“国际标准”。由于项目施工进度已完成50%，大幅度调整原设计方案已不太可能。通过研究分析发现，由于原设计方案场馆已考虑了比赛场地和座席的适应性，只需提高地面材料标准，可使其基本符合甲级体育场馆的场地要求；用房面积和总用电负荷等设备专业指标虽然目前无法达到国际比赛的要求，但完全可以通过赛前在平台下设置临时用房的方法解决；用电容量可以适当提高容量，提升负荷等级，使市政条件提前达到未来高级别的比赛要求。考虑到国际比赛举办的不确定性和设备更新换代的速度，对于平时使用频率不高但价格昂贵的技术设备（如有些厂家建议安装的多个大型显示屏幕）可以暂缓安装，但预留接口，并在结构设计中充分考虑安装条件，在明确比赛举办任务后，根据实际情况另行安装或租赁这类设备。

可见，等级向上兼容的策略是目前中小型体育场馆实现可持续发展的有效策略之一，运用得当可以达到节约建设成本，避免由于盲目提高建设标准造成投资浪费的情况。

4.5 立足常态需求的建设规模定位策略

4.5.1 规模定位的因素

体育场馆的规模定位是立项决策阶段“承上启下”的关键环节。所谓“承上”，是指规模定位以项目总体定位为依据，规模定位对应其举办赛事等级的能力；所谓“启下”，是指规模定位确定对主要空间屋盖跨度要求以及对应附属用房的建设要求都有决定性的影响，直接关系到体育设施的投资乃至运营效率。

传统体育建筑的相关研究和规定中，体育场馆所在地区城市的人口规

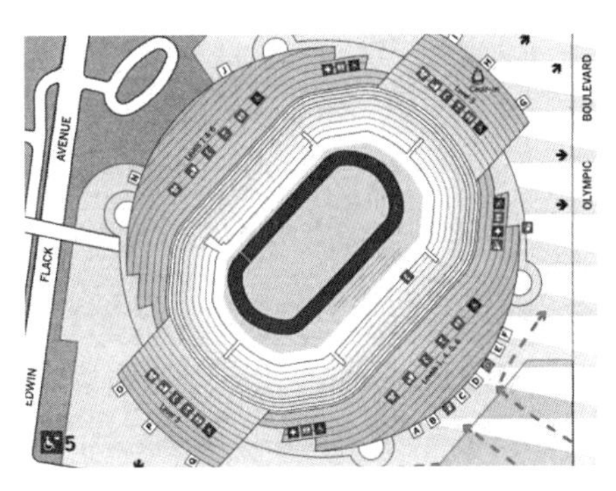

图 4–20 悉尼奥林匹克体育场平面图（左）
资料来源：Official Report. Sydney Organizing Committee for the Olympic Games. 2001：376.

图 4–21 悉尼奥林匹克体育场的南北临时看台（右）
资料来源：Official Report. Sydney Organizing Committee for the Olympic Games. 2001：186.

模、相关体育运动的视线视距、举办赛事要求、建筑结构技术施工水平以及经济投资是影响体育场馆规模定位上限和下限的重要因素。

以体育场规模定位研究为例，影响上限的因素与最大视线距离有关。钱锋教授曾经从最大视距的角度对大型体育场的规模上限做过专门研究，得出结论是从控制足球比赛视距的角度分析，8.5 万人规模是极限规模。从田径比赛上项目的视线分析，规模上限应控制在 6 万人为宜[6]。

另一方面，影响下限的因素则往往与体育单项组织的观赛要求相关。为达到承办赛事要求，尤其是某些顶级赛事，举办单位通常会被要求提供达到一定规模下限的体育场馆。例如：国际足联对世界杯足球比赛场馆规模要求最少 4 万，半决赛和决赛必须 6 万座以上，其中 2/3 以上为屋顶所覆盖。

然而，上下限之间的要求也可能存在矛盾之处。从近年国际上兴建的大型体育场看，也有超过 8 万人的体育场，多数是承担运动会开幕式或者大型顶级体育比赛功能，其实质是以牺牲一定座席视觉质量达到其他方面的效果。2000 年悉尼奥林匹克体育场的南北临时看台大大超出了最大视距的界限（图 4–20，图 4–21），看台上很多观众需要借助望远镜观赛，但主办者认为奥运会临时采用这样大的容量有利于创造良好的气氛。

除了观赛因素外，结构技术和经济性问题长期以来也是体育建筑规模制约因素。随着结构技术的日益革新和各地经济实力的发展，建造技术难度大、造价昂贵的体育场馆成为可能。因此，体育场馆规模定位时，只有充分权衡观赛要求、场馆结构和经济方面等多方面因素，才符合体育场馆长远的使用效果以及可持续发展的目标。

4.5.2 规模定位的方法

一般来说，体育场馆的建设规模通常以座席规模和面积规模来表示。座席规模是体育建筑的座席数量，以观众席座席数为单位进行表示。面积规模是指体育场馆的总建筑面积，由比赛厅面积、辅助用房面积和附属用房面积组成。对于大中型体育场馆，在两个规模指标中，座席规模是更为关键的因素。例如，体育场通常以“× 万人体育场”描述其建设规模，而非“× × 万 m^2 的体育场”。因为对于大中型体育设施，座席规模通常决定了对建筑空间的要求以及其对相应附属设施的建设要求。面积规模可以在座席规模确定后，根据相关经验进行对应推算得出。通常在座席和场地做出选择的基础上，再计入其他辅助面积和交通面积得出总估算面积值。

华南理工大学林昆博士曾经总结了确定体育场馆各项规模指标的传统方法。其基本确定次序是：定位——场地规模确定（比选）——座席规模确定（比选）——面积规模确定——投资规模确定。单项规模指标的确定从项目需求分析预测、现有规范计算、结合类似案例分析三个方面，通过比选方法确定推荐方案（图 4–22）。

本书认为项目设计前期阶段根据使用需求科学论证场地类型、总座席规模是规模定位的基础；场地规格、座席配比和扩展面积的确定是体现灵活适应性的关键定位点。因此，在传统规模定位方法基础上，从可持续角度出发，结合灵活适应原则，本书提出了基于可持续性的规模确定程序（图 4–23）。

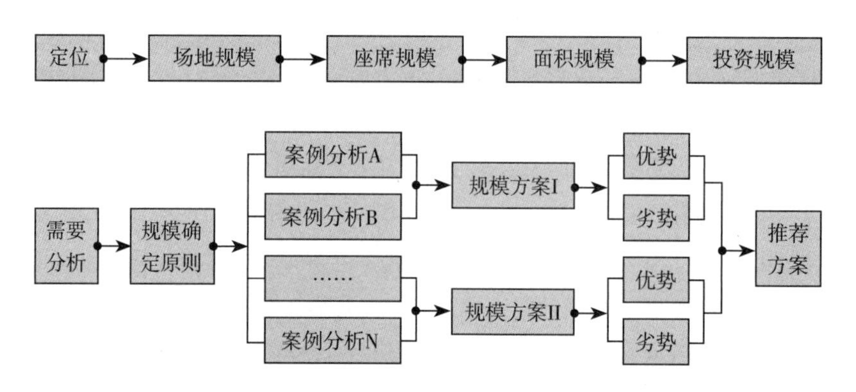

图 4–22　传统的规模确定与规模论证方法

资料来源：林昆. 公共体育建筑策划研究［D］. 广州：华南理工大学博士学位论文，2010：57.

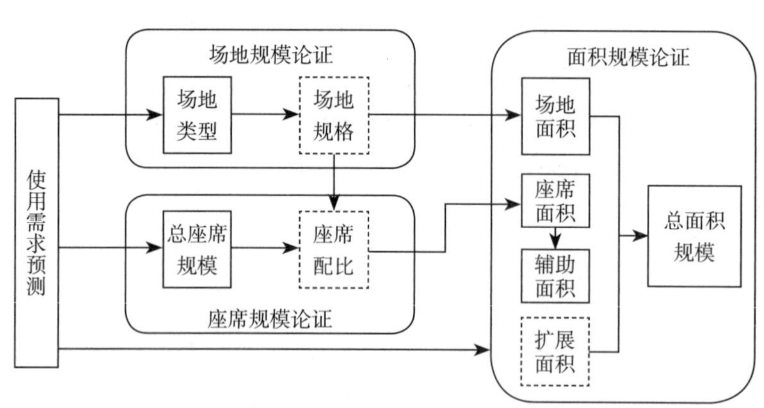

图 4–23　基于可持续性的建设规模定位方法

资料来源：笔者自绘

4.5.3 立足常态需求的座席规模定位方法

规模定位工作是在项目立项阶段进行，以项目建议书、可行性研究报告以及设计任务书等形式体现。现行的规模定位依据来源于两方面的要求：第一，根据人口确定规模。如我国 1986 年颁布的《城市公共体育设施标准设施用地定额指标规定》中根据城市人口级别对市级、区级等各级体育设施的座席规模等指标进行了规定，2003 颁布的《体育建筑规范》的相关条款也是在此基础上形成的；第二，根据举办赛事要求确定规模。重要的体育赛事特别是部分国际赛事对体育场馆的座席规模有严格规定，这对为某项赛事而兴建的体育场馆形成了硬性指标要求。在很多情况下，第二项要求会大大超出第一项的规模要求，这是在规模定位时经常面对的矛盾问题。

在现实的项目立项中，很多城市决策者不顾赛事举办规律和城市实际的需求，将拥有“能举办国际级赛事”场馆作为打造城市名片的工具，造成竞技类体育场馆规模过大、标准过高、长期闲置的问题，与此形成鲜明对比的是群体类体育设施却严重不足的现象。

造成以上现象的原因除了建设观念上的问题，还存在方法层面的问题：将举办赛事能力作为规模定位的主要依据甚至是唯一依据，而对于举办赛事的频率和可能性以及非赛时使用需求的分析不足，造成规模定位脱离日常使用的常态需求；将规模定位简单通过总座席数来表示，而对于规模构成比例（如固定座席、临时座席和活动座席）的论证则不足，造成体育场馆在规模定位伊始就缺乏灵活性和适应性。

鉴于上述问题，本书提出立足常态需求的规模定位方法：

一、综合考虑赛时平时要求，奠定规模定位科学性基础

2012 年伦敦奥运会，主奥林匹克运动场是按照赛时 8 万人的标准进行设计和使用，赛后该体育场被作为奥运遗产保留下来，因此如何在奥运会后实现高效利用始终是该项目规模定位时重点考虑的问题。由于该体育场在奥运会结束后将成为社区体育设施，因此经改造该体育场最终仅保留了 2.5 万座。该项目的规模定位正是多方参与决策、综合权衡奥运比赛和赛后需求的结果（图 4-24、图 4-25）。

为举办北京奥运摔跤比赛而兴建中国农业大学体育馆，在项目立项时根据申奥要求该场馆的座席规模定位为 10000 席，但综合考虑到该场馆要满足赛后作为高校体育馆的日常用途，场馆规模最终确定在 8000 席。实际上，在成功举办奥运比赛后，从赛后日常的使用情况来看，其座席规模还有进一步减小的余地。

图 4–24 2012 年伦敦奥运会奥林匹克运动场
资料来源：http://www.hzoiec.com
图 4–25 临时座席与固定座席的分解图
资料来源：http:// au.autodesk.com.cn

从以上两个案例可以看出，只有本着务实科学的态度，立足于赛后需求，结合比赛要求，才能对规模进行合理科学的定位，为体育场馆的可持续发展奠定良好基础。赛事要求下的规模过大，存在赛后规模瘦身的问题，而瘦身的决定因素是赛后或非赛时的需求。考虑赛后需求时按人口确定规模的方法具有一定的合理性，但却不一定全面，在城市化加速时期，城市人口是个变化的因素，单纯以城市人口作为体育场馆规模定位的依据难以体现科学性，实施上也有难度。

另一方面随着体育产业化职业化的发展，作为公益性项目的体育场馆向服务多元化设施转变，规模定位需求分析不宜再以城市人口作为唯一主要依据，还应将实际的赛后多元化需求作为考虑因素。

现代奥运会场馆建设与发展的历史表明，竞技场馆必须努力地把职业体育融入场馆运营战略，这是二战以来奥运场馆运营管理的成功经验（表 4–6）。1972 年慕尼黑奥运会的主体育场在奥运会结束以后成为拜仁慕尼黑俱乐部的主场，获得了良好的经济效益和社会效益。蒙特利尔奥运会主体育场在奥运会结束后成为美国职业棒球俱乐部（Montreal Expos）的主场和一家加拿大橄榄球联盟俱乐部的决赛场地。洛杉矶奥运会的主要场馆设施在奥运会结束以后都成为职业体育俱乐部的比赛场馆。其中纪念体育场（Memorial Coliseum）建于 1927 年，是目前世界上唯一一个曾举行过两届奥运会（1932 年和 1984 年）开幕式和闭幕式的体育场，奥运会结束后成为洛杉矶一家职业橄榄球俱乐部袭击者队（Raiders）和南加利福尼亚大学橄榄球队的主场；洛杉矶奥运会篮球比赛场馆富洛姆体育馆在奥运会结束以后一直是洛杉矶湖人队（NBA）和洛杉矶国王队（Los Angeles Kings，冰球队）的主场；玫瑰碗体育场（建于 1922 年）在奥运会结束以后，一直是加利福尼亚大学橄榄球队的主场，曾举办 5 次美国橄榄球联赛决赛、男子足球世界杯（1994 年）和女子足球世界杯（2002 年）决赛阶段的比赛。悉尼奥运会的体育场在奥运会结束以后，也成为澳大利亚一个著名橄榄球俱乐部的主场[7]。

职业体育成为奥运会场馆赛后利用重要策略之一　　表 4–6

名称	赛时	赛后
慕尼黑奥林匹克体育场	慕尼黑奥运会主体育场	拜仁慕尼黑俱乐部的主场
蒙特利尔奥林匹克体育场	蒙特利尔奥运会主体育场	美国职业棒球俱乐部（Montreal Expos）的主场加拿大橄榄球联盟俱乐部的决赛场地
纪念体育场	洛杉矶奥运会主体育场	职业橄榄球俱乐部袭击者队（Raiders）的主场 南加利福尼亚大学橄榄球队的主场
富洛姆体育馆	洛杉矶奥运会篮球比赛馆	洛杉矶湖人队（NBA）和洛杉矶国王队（Los Angeles Kings，冰球队）的主场
玫瑰碗体育场	洛杉矶奥运会比赛场馆	洛杉矶加利福尼亚大学美式足球队的主场 美国职业足球大联盟球队洛杉矶银河的主场
ANZ 体育场	悉尼奥运会主体育场	澳大利亚橄榄球俱乐部的主场

资料来源：笔者自绘

二、充分论证座席构成比例，确保场馆灵活性和适应性

规模构成比例的确定是规模定位阶段的重要组成环节，座席规模的确定是大中型体育场馆规模定位的核心内容。在规模定位阶段，为确保体育场馆使用的灵活性和适应性，可将座席规模构成分解为固定座席、临时座席和活动座席进行分析论证。在确定了总座席规模后，如何确定固定座席、临时座席以及活动座席的规模比例，关系到体育场馆项目总体定位的落实，涉及体育场馆多功能设计依据的合理性，直接影响场馆运营使用的可持续性。

大型赛事体育设施的临时座席规模比例分析　　表 4–7

类别	名称	赛时座席规模（万）	临时座席规模（万）	所占百分比
体育场	北京国家体育场	9.1	1.1	12%
	悉尼奥林匹克体育场	10	4	40%
	伦敦奥运会体育场	8	4.5	56%
游泳馆	北京国家游泳馆	1.7	1.1	64.7%
	伦敦奥运水上中心	1.75	1.5	86%

资料来源：笔者自绘

对于为大型赛事而兴建的体育场馆，赛后瘦身是规模定位和设计阶段应对的主要问题，因此，临时座席的规模比例通常相对较大。例如，国家体育场赛时座席规模 9.1 万席，其中临时座席规模 1.1 万，占 12%；悉尼奥林匹克体育场赛时座席规模 10 万，其中临时座席 4 万，占 40%；伦敦奥运会体育场赛时 8 万人，临时座席规模甚至达到 4.5 万，占 56%。对于举办大型比赛的游泳馆，其临时座席规模比例较其他类型体育场馆高。例如，国家游泳馆赛时座席规模 17000，临时座席 11000，占 64.7%；伦敦奥运水上中心赛时座席规模 1.75 万席，赛后只保留 2500 席固定席，临时座席率占 86%（表 4-7）。通过以上数据可以看出，临时座席作为赛后瘦身的重要手段，被普遍用于处理大型体育设施赛时赛后规模上的矛盾。当然，临时座席率并非越高越好，应根据场馆类型和赛后的实际需求科学合理确定保留的座席规模。

活动座席（包括可伸缩座椅和可移动座椅）的设置，可以实现使用率低的座席和使用率高的场地之间的功能转换，是提高场馆灵活性和利用率的重要手段。一方面，活动座椅与固定座席的规模比例应在对各种活动需求充分分析的基础上进行合理的配置（图 4-26）。例如，对于高校以及群体活动较多的体育馆，活动座席率宜尽量增大，以腾出更多的活动场地（图 4-27、图 4-28）。另一方面，由于活动座席较固定座席昂贵，且安全性不及固定座席，就工艺而言还有一定技术局限，超过一定的排数存在可靠性的问题，因此对于大型体育设施，活动座席应在满足多功能需求的情况下，适当控制比例。规模定位阶段，为合理论证座席规模比例构成，应进行一定的设计方案比选研究。

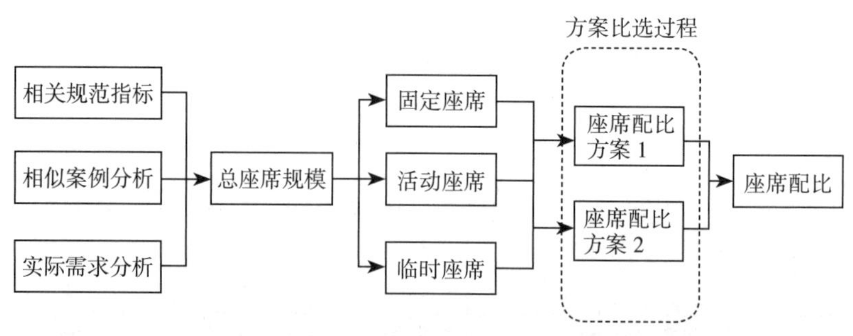

图 4–26 座席规模与构成比例的论证策略

资料来源：笔者自绘

图 4–27 乔治华盛顿大学体育馆运用大量的活动座席

资料来源：林耀阳. 基于大学生行为模式的高校体育馆主空间设计[D]. 广州：广州华南理工大学硕士学位论文. 2011：95

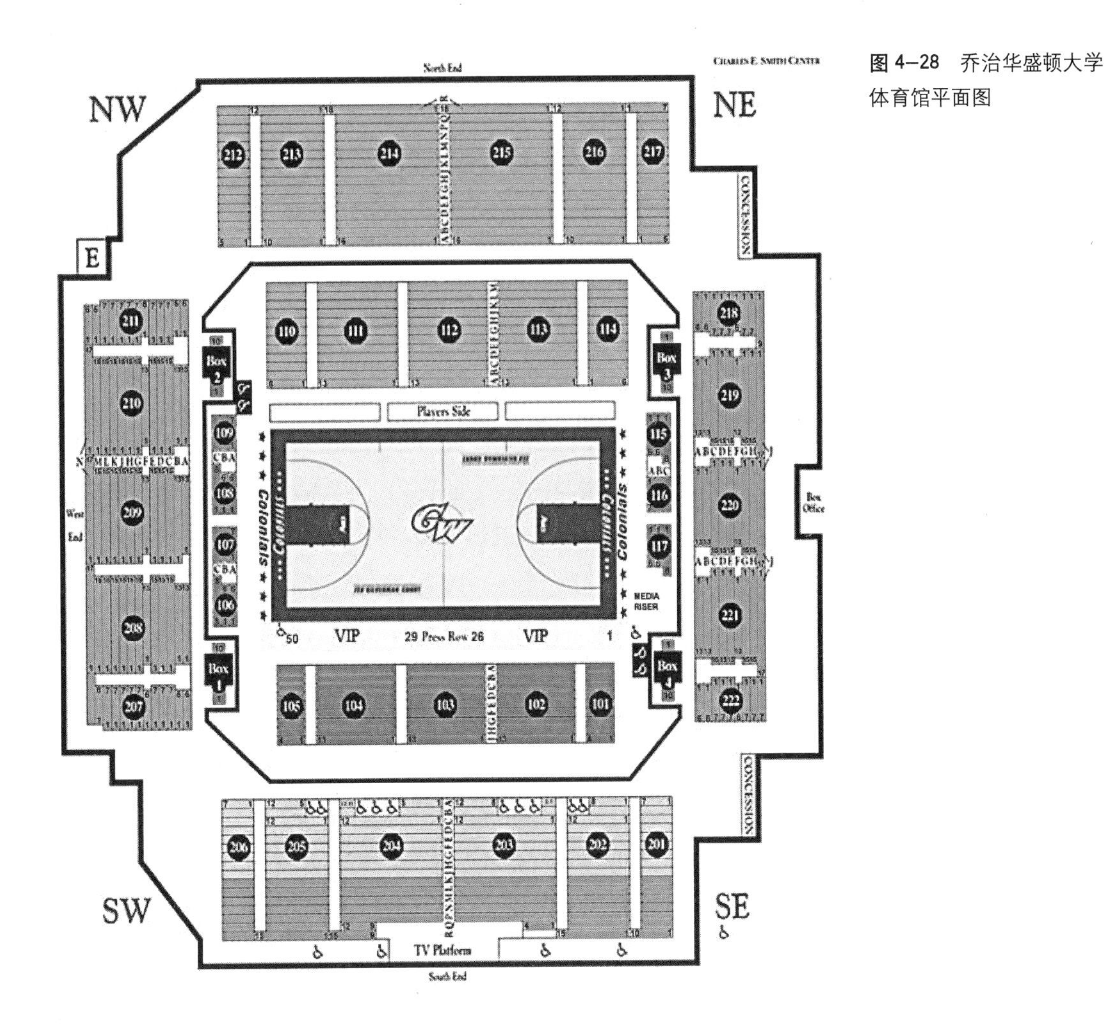

图 4–28 乔治华盛顿大学体育馆平面图

4.5.4 集约紧凑的面积规模定位方法

体育建筑的面积规模的确定受到座席规模、使用需求以及经济性等多方面的影响和制约。对于大中型的竞技类体育设施，面积规模最主要受到座席规模的影响；对于中小型的大众体育设施，面积规模与使用需求和建设投入有关。由于大中型竞技类体育设施的投入巨大，从当前建设情况来看其定位决策缺乏科学性造成的资源浪费现象严重，因此本节以大中型竞技类体育建筑的面积规模定位作为研究重点。

在体育场馆的座席规模确定后，直接面临确定面积规模的问题。长期以来，由于统计方法、数据不全等方面原因，每座建筑面积的指标一直难以确定，而这方面的研究文献也较少，造成规模定位时建筑面积的确定依据不足、定位较为笼统、相关研究难以提供科学的依据和支持等问题。林崑博士的《公共体育建筑策划研究》一文提出了将面积规模分为：基本功能面积 + 特殊功能面积 + 扩展功能面积 + 交通面积，分别计算求和得到总建筑面积的方法[8]。其研究方法考虑了场馆运营需求方面的面积规模，具有一定的科学性。

2009 年有关部门就公共体育场馆建设标准确定问题组织专家编制《公共体育场馆系列—1（体育场建设标准）》（征求意见稿）（以下简称《标准》），虽然存在多方面争议，该标准未能最后正式颁布，但其中对规模定位的论证方法和结论可以借鉴参考并值得进一步深入研究。《标准》分为三个分册，分别对体育场、体育馆和游泳馆的建设规模、建设标准进行了较为明确的规定。特别是在“建设规模”一节中根据标准模式推算的方法，提出了单座面积的指标（图 4–29、图 4–30、图 4–31）。另一方面，《标准》也指出，“体育馆建设标准中单座面积指标，是以各类体育馆所承担的相应级别的体育竞赛功能为基础确定建设规模。而实际建设中，各项目均以体育竞赛功能为基础，结合当地场馆运营经验，最终确定建设规模。由于场馆运营的需求差异较大，无法用统一的标准衡量，且投资来源亦呈现出多渠道的特点。因此作为政府投资建设的体育馆的建设标准，只以功能需求相对明确的体育竞赛功能为基础（已包含常规的场馆运营项目），不包

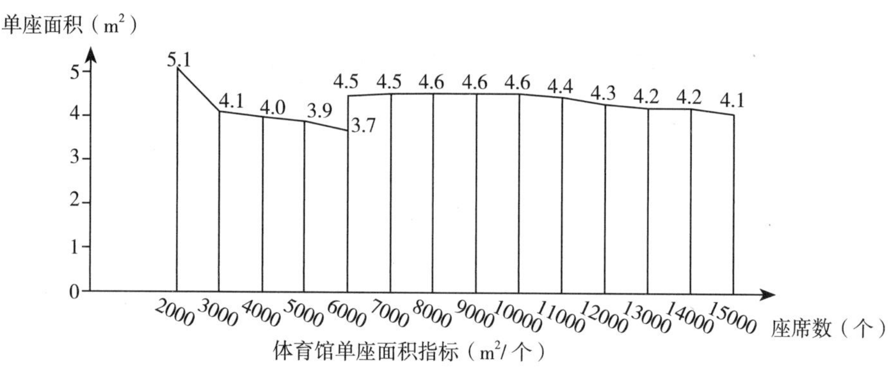

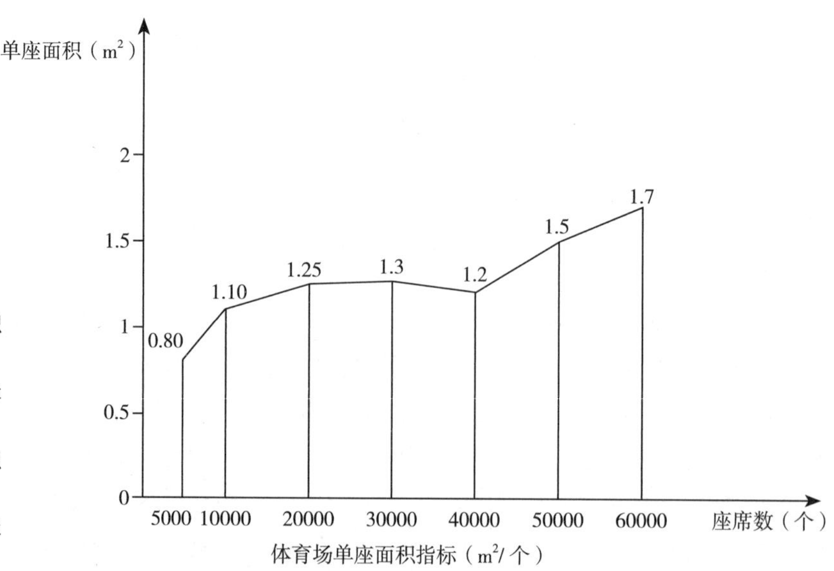

图 4–29　体育馆单座面积指标（上）

资料来源：《公共体育场馆建设标准系列》征求意见稿. 2009

图 4–30　体育场单座面积指标（下）

资料来源：《公共体育场馆建设标准系列》征求意见稿. 2009

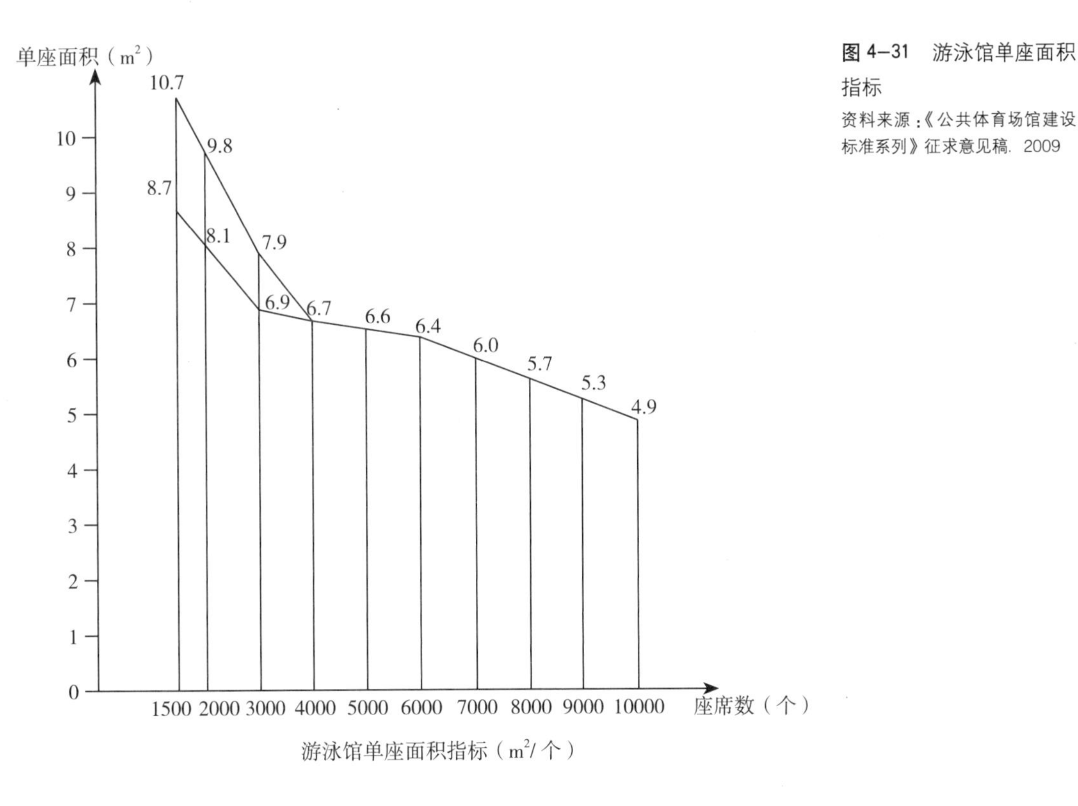

图 4–31　游泳馆单座面积指标

资料来源：《公共体育场馆建设标准系列》征求意见稿. 2009

含额外的场馆运营项目。如果出于场馆运营需要，确实需要增加建设规模的，应另行申请投资或采用多元化投资渠道解决”[9]。

由于存在不同项目多方面的复杂性，关于体育场馆单座规模面积指标的合理性研究还需要在更多场馆建设运营实践中进一步探索。随着研究的深入，场馆面积规模指标控制必将向更为集约紧凑、高效实用的方向发展。

4.6　弹性应变的功能定位策略

仅考虑赛时和非赛时功能需求的定位会造成资源的浪费。两者造成的浪费表现不同，前者容易造成大量非赛时阶段场馆闲置的问题，后者则可能会导致在城市举办高级别大型运动会时，由于无法满足高等级赛事要求，需要重新建设新场馆。对于大多数的体育场馆，例如县区一级体育场馆，较好的处理方式是采用弹性的功能定位方法，即在建设时功能定位按照非赛时需求定位，但预留在赛前通过简易的改造使其达到某类比赛要求的可能性。

被世界媒体描述为“竞技场未来的航空母舰”、“娱乐宫殿”的阿姆斯特丹体育场建造历时三年多，于 1996 年夏天开放，可以容纳 52000 人，是多元功能定位的成功例子。该体育场尽管位于阿姆斯特丹市的郊区，但交通便捷，人们可以选择多种交通方式前往该地。自开放以来，它承接过英式足球比赛、美式橄榄球比赛、流行音乐会以及舞会等等。工作日在主建筑物中经常举办包括各种讨论会和会议等活动。由于有这些经常性的预约活动，所以该体育场并非如人们想象那样成为城市负担。尽管在造价上比预算估计的 9 亿元人民币高出将近 3 亿元人民币，但是由于该体育场出色的多元化功能定位，到第四年，建设该体育场的成本基本上已经收回。在建成八年后，阿姆斯特丹体育场仍是世界上最好的体育场之一[10]。在比赛日或活动举办日，体育场周遭的饭馆经常都是满座。同时，该体育场还促进了私人投资。在体育场南侧面的林荫大道旁建立了大量休闲和娱乐中心，包括影视厅、音乐厅、酒吧、快餐店和购物中心，成功提升了城市周边区域的活力（图 4–32、图 4–33）。

从这个成功的案例可以看出，在体育场馆运营普遍艰难的现实中，科学准确的功能定位策略有助实现体育设施未来可持续运营，项目前期功能定位应考虑多样性的弹性应变，既要力争容纳尽量多的运动项目以提高使用效率，也应着眼于如何为社会与公众服务、充分发挥体育设施的商业潜能。

由贝西体育馆公司经营的法国巴黎贝西体育馆，能容纳 21 个体育项目的比赛。不仅有冰球、篮球、体操、柔道这类传统的室内赛事，还有自行车、摩托车这些一般在室外进行的比赛，甚至包括舢板、滑雪这些特殊条件的运动，使用率较高的年份只有 10 多天空闲。体育馆从 1994 年起开始盈利，1998 年营业额达到 7500 万法郎，纯利润 1000 多万。其利润主要来自于出租比赛大厅（占总收入的 52%），赛场广告（14%），出租贵宾室（15%），剩下的是电视转播分成和其他项目[11]（图 4–34）。

图 4–32 改建后的阿姆斯特丹体育场

资料来源：http:// news.chinesewings.com

图 4–33 屋盖闭合可举行室内比赛和大型活动

资料来源：http:// tupian.hudong.com

图 4–34 贝西体育馆室内能容纳多种比赛项目
资料来源：http:// hn.rednet.cn

4.6.1 功能定位构成

体育场馆的功能构成按不同角度可有不同的分类方式。按空间属性，可分为基本功能、辅助部分功能和附属部分功能；按功能类型，可分为体育比赛、体育教学训练、群众体育活动、文艺汇演、会展和酒店等。

弹性应变是体育场馆功能定位的基本原则，也是体现灵活性和适应性等可持续理念的基本手段。从弹性应变的角度，体育场馆的功能定位组成可分为基本功能、可转换功能和可改造功能三种类型。

基本功能是指体育场馆满足比赛、训练、教学和锻炼等体育运动要求的功能，基本功能是体育场馆功能定位的基础，对应需求分析中的主要需求。20世纪50年代开始，国内体育馆的场地主要以篮球场地为基准，功能单一，使用率低；在70年代后期，篮球场地从14m×26m扩大到15m×28m的过程中，许多国内体育馆都进行了痛苦的改造；80年代初，梅季魁教授在国内率先开展了对体育馆多功能场地的研究，提出（34~36）m×（44~46）m的多功能场地类型，促进了场地选型的科学发展[12]；2003年由马国馨院士主持完成的我国第一部《体育建筑设计规范》则比较全面地综合了相关研究成果[13]。

可转换功能是指在同一空间框架下，体育场馆在基本功能基础上通过一定的技术手段实现的转换功能，可转换功能体现了体育场馆使用上的灵活性。20 世纪 80 年代到 90 年代，体育场馆的多功能设计研究逐步展开，场地和座席的灵活性通过一定的设计和技术手段得以体现，使一些新建的体育场馆的功能构成在基本功能的基础上增加了可转换功能部分，从而使体育馆的功能除了基本的球类比赛，还可以具备进行体操、冰球、壁球等对场地尺寸有特殊要求的比赛，甚至可以具备会展、演出等体育以外的相关功能。

可改造功能是指体育场馆在使用周期中，根据外部条件的变化，通过小型改造实现适应外部需求变化的外延扩展功能，可改造功能体现了体育场馆使用上的适应性。值得注意的是，可改造功能在建设之初往往难以进行定位，原因是对未来需求发展趋势的把握有一定难度；另一方面，可改造功能也有可能以牺牲基本功能和可转换功能为条件来实现。这就要求功能定位时，对可改造功能的定位应充分论证研究，并慎重决策。

在设计前期的功能定位中，应将功能构成的各分项即基本功能、可转换功能和可改造功能在需求分析基础上，进行合理定位。之所以把功能定位环节的功能构成细分为这三项，是针对目前体育场馆建设过程中暴露出的项目缺乏论证、定位笼统，造成功能单一或多功能定位脱离需求分析、缺乏针对性的情况而提出的。

将功能构成按基本功能，可转换功能和可改造功能进行定位，要求建设决策者和设计者必须充分考虑场馆的多元化的需求构成，并有利于辨明主要需求和次要需求，并在此基础上进行合理的功能定位；另一方面对未来的需求发展趋势要有预见性和前瞻性，在建设之初就对功能的适应性和灵活性进行合理的策划定位，力求未来以较小的代价实现体育场馆新功能的转换或扩展。

4.6.2 定位组合模式

需要指出的是，我们把功能构成分为这三项，并非指所有的体育场馆功能定位都分成三项。根据场馆不同的需求情况，可把功能定位组合分为以下三种模式（表 4-8）:“基本功能 + 可转换功能 + 可改造功能”模式，这种模式很多时候是针对大型的竞技类体育场馆；“基本功能 + 可转换功能”模式，针对中小型大众型体育场馆功能定位构成；“基本功能 + 可改造功能”模式针对专业性的体育设施功能定位构成。在项目设计前期，结合当地实际和长远使用需求，合理考虑项目功能定位和其组合模式，是设计的重要依据，将大大提升决策的科学性，有利于精细化设计管理水平的提高。

功能定位组合的三种模式分析 表 4–8

	基本功能	可转换功能	可改造功能	适用条件
定位组合模式 1	球类、田径、辅助	其他体育、会展、演出会议、商业配套	其他体育、酒店、商业配套、其他类型活动	大型的竞技类体育场馆
定位组合模式 2	球类、田径、辅助	其他体育、演出会议、商业配套	—	中小型大众型体育场馆
定位组合模式 3	专业体育（如自行车）	—	其他体育、酒店、其他类型活动	专业性体育设施

资料来源：笔者自绘

4.7 科学理性的建设标准定位策略

体育场馆建筑标准是设计前期项目定位的组成部分，直接影响到建设投入和使用运营的合理性和经济性。合理的建筑标准定位为设计提供科学依据，其与项目定位、等级定位、规模定位、功能定位等方面的因素一起共同构筑场馆可持续设计和运营的基础。

本节将建筑标准分为体育场地工艺标准、场馆设备选型以及装修标准，就我国的实际情况分别论述其定位原则和方法策略。

4.7.1 体育场地工艺标准

体育场地工艺是指为体育运动对体育场地的功能要求，具体内容包括场地尺寸、高度方位、场地材料、场地配套设备系统、固定或活动的设施设备等方面的要求。

体育场地工艺标准定位应在需求分析和功能定位的基础上，结合既有的体育建筑研究成果，合理确定建设标准，充分考虑多功能需求，充分考虑应对竞赛规则变化的适应性。对于竞技类体育场馆，竞赛规则对体育场地建设标准有明确的要求。以举办排球比赛的体育馆为例，如承办一般级别的国内排球竞赛，《排球竞赛规则》规定馆内净空高度 7m 可满足要求，但如果承办国际排联顶级比赛，则需要至少 12.5m。空间高度决定空间体积容量大小，因此决定初始建设费、维护费和运营费，关系到场馆运营的可持续问题。对于群众体育和学校设施，应立足于使用者的需求进行合理的定位。如学校的田径场：为小学服务的田径场跑道宽度 0.9m 即可满足要求，中学跑道 1.1m 即可满足要求，大学的跑道为成人跑道，1.22m 即可满足要求。不同的服务对象决定不同的需求，也决定了不同的体育场地标准。

一、立足于多功能需求的标准定位

多功能设计是体现体育建筑可持续发展的重要理念。实现体育场地的多功能转换的用途，意味着体育场地标准定位需要综合考虑多功能需求，包括场地尺寸、材料、配套多功能转换的活动设施以及对应的多功能照明系统等方面的标准定位（图 4–35）。

场地选型既是设计前期建设标准定位的重要一环，同时也是设计阶段方案设计首先考虑的因素。场地选型的合理性直接关乎场地空间利用率。以体育馆场地选型为例，经过多年的研究，已有较为成熟的成果。梅季魁先生等老一辈学者早在 80 年代就开始基于多功能的场地选型研究，提出的多功能场地成果被应用到实际建设中，体育建筑规范中相应条例也是在这些理论基础上形成，为场馆实现多功能使用奠定了良好的理论基础。而更多的后续研究也在跟进中，40m × 70m 的场地选型被作为目前国内新建大中型体育场馆的场地常见尺寸，清华大学的庄惟敏教授对此提出了 40m × 60m 的优化方案，更有学者从提高空间利用率的角度提出将场地扩大 50.2m × 76.9m，从而使场地面积虽然只扩大 37%，但可容纳篮球和羽毛球场地的数量增加了 50%。可见，更多的场馆考虑多功能场地选型研究随着场馆的建设发展变化和认识高度而逐步提高，并且还有相当的研究空间。

与功能定位和场地选型相对应，场地材料和做法标准的确定同样应具备适应多功能使用需求的灵活性。以一般球类馆为例，为满足多功能的使用要求，场地的变换十分频繁。而不同的运动项目又对场地材料要求有所不同，篮球比赛使用木地板，排球、羽毛球、网球则多采用 PVC 地面，如果还考虑冰球比赛，则需要专门的冰场。一些场馆虽然在场地选型采用了多功能场地类型，但由于在场地材料建设标准定位未对应多功能需求，造成场馆最终难以实现多功能使用的效果，一些场馆的主比赛厅难以对外开放，部分原因也在于此。实际上，目前国内市场中活动木地板、PVC 活动卷材地面、拼装式多功能移动地板和活动冰场等一系列场地技术已比较成熟，为应对场地功能转换提供了足够的技术手段。

场地材料标准的定位应根据场馆的功能定位以及后期运营方案确定

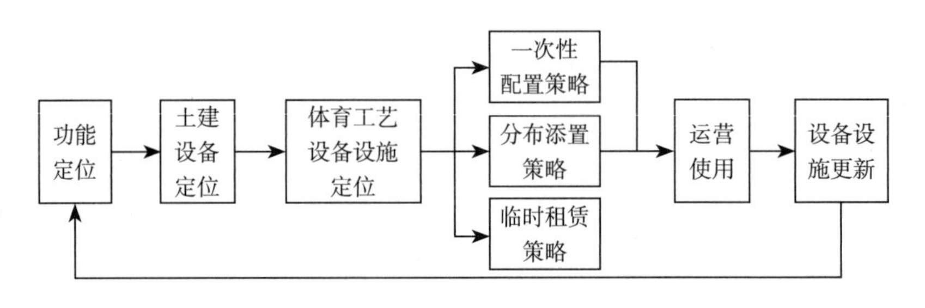

图 4–35 体育工艺标准定位策略

资料来源：笔者自绘

最终的方式。例如体育场馆场地材料通常有以下几种做法：水泥地面 + PVC 活动卷材，水泥地面 + 拼装木地板，专业运动木地板 +PVC 活动卷材等。究竟采用哪种做法，与场馆性质、项目定位、多功能使用需求有关系，标准定位时应结合这些因素综合考虑（表 4–9、表 4–10）。

室内运动场地构造工艺及其优缺点比较　　表 4–9

运动场地基面	可覆盖面层及设施	适用的功能	优缺点分析
水泥地面	—	集会、演出、展览、搭台比赛	投入费用低，易于维护，灵活性和功能可扩展性高；构造面层转换需要专业技术支持
	+ 运动塑胶卷材	群众球类体育运动、低级别各类体育比赛	
	+ 活动拼装木地板	高级别篮球比赛	
	+ 临时泳池、临时冰场 *	水上、冰上运动比赛及表演	
固定运动木地板	—	集会、演出、搭台比赛、部分展览、一般球类比赛	投入成本中等，室内观感良好，不覆盖面层的情况下通用性较高；维护难度大，灵活性不如水泥地面
	+ 运动塑胶卷材	群众球类体育运动	
	+ 活动拼装木地板	高级别篮球比赛	

注：* 临时泳池、临时冰场还需核对地面承载力及机电系统荷载裕度。
资料来源：笔者自绘

室内运动场地构造工艺及其适用功能分析　　表 4–10

场地构造类型	篮球运动比赛	其他室内球类比赛	群众体育活动	搭台竞技比赛	冰上运动	水上运动	一般性展览	演出集会
水泥地面 1			○	○			○	○
水泥地面 2			○				○	○
水泥地面 1+ 运动塑胶卷材		○	○	○			○	○
水泥地面 1+ 活动拼装木地板	○							
水泥地面 1+ 临时冰场设施					○			
水泥地面 + 临时泳池设施						○		
固定运动木地板	○	○	○				○	○
固定运动木地板 + 运动塑胶卷材	○	○	○				○	○
固定运动木地板 + 活动拼装木地板	○							

注：水泥地面 1 指一般构造的室内运动地面；水泥地面 2 指预设制冰设备的特殊地面。
资料来源：笔者自绘

图 4–36 副馆长期作为羽毛球场地使用
资料来源：笔者拍摄
图 4–37 配备的冰场设备长期处于闲置状态
资料来源：笔者拍摄

场地工艺标准的定位还应实事求是地结合场馆的实际需要，避免追求多功能而造成多而不当的结果。为大运会兴建的深圳龙岗大运中心体育馆主馆和副馆场地均按冰球场体育工艺配置设备，从建成至今该设备长期处于闲置状态（图 4–36、图 4–37）。相比之下，同年兴建的深圳湾体育馆为配备专门的制冰设备，通过临时配置移动冰场技术，已成功举办过冰上表演活动。由此可见，多功能场地配置还存在一步到位还是分布实现或临时租赁的选择。对于固定设备设施应在合理定位后一步到位，并考虑更新可行性；对于灵活化设施，应充分论证其必要性，可采用在日常使用中逐步添置，或采用临时租赁的方式应对特殊要求。

二、适应竞赛规则变化的标准定位

各国际单项体育组织一般每 4 年召开一次会议讨论相关体育运动发展问题，同时可能对相关运动的竞赛规则进行修改。这些规则的某些改变对场馆设计的影响可能是巨大的。例如：田径场弯道半径长期以来有多种数据，从 34.715m、36.0m、36.306m、36.5m、37.898m，一段时间以来我国许多体育场采用 39.898m。而国际田径协会联合会在最新的《田径场地设施标准手册》中明确将 36.6m 作为标准 400m 田径的半径参数。如果说田径场地规则的改变对体育田径场的改造影响可能不大，通过代价不大的改造可以使场地符合最新的要求，那么对于泳池一类设施标准定位来说，如果不合理则改造带来的代价是巨大的，其结果甚至可能是不可逆的。对于举办国际比赛标准的泳池尺寸的问题，在过去一段时间，一些场馆采用 21m × 50m 八泳道的泳池标准进行建设，但根据国际泳联（FINA）的最新《竞赛设备规则》，举办奥运会单项和世锦赛的泳池应为 25m × 50m10 泳道的标准，这限制了一部分老场馆举办高级别比赛的能力。因此，建筑标准定位时要及时搜集和掌握有关信息，避免建设不符合新标准的场地。

4.7.2 设备专业建设标准

一、声学设计标准

体育场馆的室内声环境质量与建筑声学设计、扩声设计以及噪声控制设计有关，应从方案策划阶段开始就结合其使用要求，制定相应的建设标准。多功能使用和场馆赛时赛后综合利用是场馆声学设计的两大难题。

第一，对于综合性的体育馆，多功能使用成为其功能特征，现代体育场馆除了需要满足体育比赛基本的语音清晰度的要求，还需要满足可能举行各类文艺演出以及音乐会的声学要求。由于不同活动对场馆声学条件要求不同，因此在制定声学设计要求时，应结合国家规范要求和项目实际合理确定声学标准，从声学角度满足场馆多功能使用的适应性和灵活性。

第二，由于体育馆赛时和赛后观众容量存在巨大差异，因而每个观众所占容积产生巨大的反差。以国家游泳馆为例，赛时 19000 人的观众规模每座容积为 14m^3，而赛后观众人数减至 5000 人，因此每座容积增加至 40m^3。国家标准中有关游泳馆的混响时间指标是根据每座容积来确定的：当每座容积小于 20m^3 时，馆内混响时间小于 2.0s；当大于 20m^3，混响时间要求则降低到 2.5s[14]。单座容积参数在赛时赛后存在巨大的反差，则意味着声学设计应在灵活适应的原则下综合考虑不同场合的声学要求。

如何制定恰当的声学设计标准，并采用相应的设计策略和技术手段使其满足不同使用状况下的室内声环境要求，是项目策划阶段制定建设标准和确定设计原则时就应该充分考虑的问题。

二、设备选型标准

1. 设备系统设置的必要性论证

在设计前期，可研或策划阶段涉及的设备问题主要是在充分研究体育场馆多功能使用需求的基础上，合理确定可能采用设备系统的方式、种类以及档次等方面问题。虽然在进入设计阶段后，设备专业设计方案可能结合方案情况有所调整，但作为该阶段投资估算和进一步方案设计的依据，设备标准的定位仍应具备科学性。应在功能定位基础上对设备专业进行深入的设计要求和条件的研究，灵活适应性、技术适宜性等方面原则应充分得到体现（图 4–38、图 4–39）。

结合场馆多功能需求和未来潜在使用需求，充分考虑照明、暖通、给排水以及智能化系统的灵活性、可扩展性和可更新性设置。

结合建筑各部件的使用周期，充分考虑设备系统的寿命周期的匹配度，合理确定设备系统选型标准。

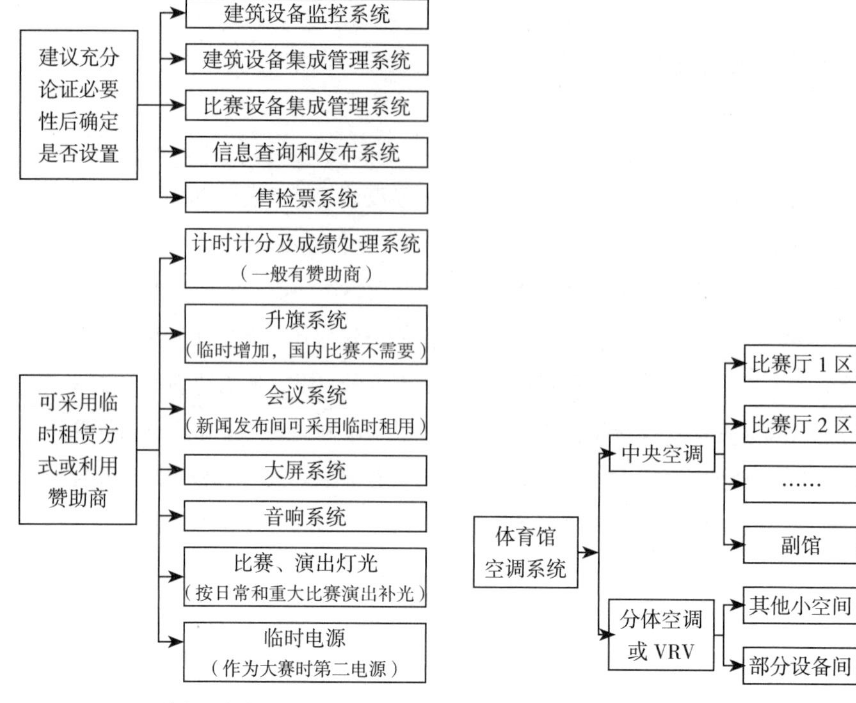

图 4–38 电气及智能化系统必要性论证
资料来源：江门滨江新城体育中心投标文本

图 4–39 空调系统灵活性论证
资料来源：笔者自绘

2. 设备技术采用的适宜性论证

以适宜性技术为优先选择，结合项目所在地的实际情况，采用高效能源系统，充分利用当地的各种可再生能源，合理采用节水技术设备，实现节能、节水、节材的可持续发展目标。

以 2011 年深圳大运会龙岗大运中心为例。笔者所在的团队作为业主顾问方，根据体育场馆的实际运营要求，实事求是地研判节能设施的使用适宜性。对是否设置能源中心、电热冷三联供系统、冰蓄冷系统，提出了冷静理智的咨询意见，获得建设单位及各方的认同，节省了大量投资。

4.7.3 装修建设标准

体育场馆的装修标准是建设标准定位中的另一个重要问题。通常来说，装修标准有外装修和内装修两部分。该标准的确定应根据服务对象的档次和建设投资的多少予以确定。

一段时间以来，我国一些体育场馆过分追求高标准成为专家反复呼吁重视的问题，其中装修标准过于奢华是重要原因之一。体育场馆缺乏合理的定位原则方法，使装修标准脱离体育建筑的本质，成为迎合少部分人价值观和审美趣味的表达方式。

体育建筑实质是人们从事体育活动的场所，是人与自然融合统一的外在物化形式。历史上著名的体育建筑或以其精湛的结构技术或以其精准的国际标准体育设施闻名于世，而其装修标准无不以朴素无华、大方得体的风格展现于人们面前。奢华的装修标准背离了体育建筑的本质，更不符合体育建筑可持续发展的要求。

在整体协调、灵活适应以及集约高效等可持续策略原则下，装修标准的定位应遵循以下的方法和原则：

一、土建装修一体化设计施工，避免二次装修

由于分工习惯和体制等相关原因，长期以来我国大量建设项目采用土建装修分离的建设方式，造成大量人力、物力的无谓消耗。“二次装修”便是此背景下的产物。“二次装修”包含了两层含义：第一层含义是二次设计，即在完成土建设计后，在土建设计基础上进行室内装修设计；第二层含义是二次施工，即在完成土建施工后，另行进行室内装修工程。无论是设计还是施工层面，“二次装修”实际上是通过大量消耗资源而达到建设目的的不可持续的建设方式。我国颁布的《绿色建筑评价标准》5.4.8条中，也将“土建与装修工程一体化设计施工”作为绿色建筑节材评价标准的选项[15]。

随着社会发展，越来越多的场馆装修建设采用了一体化设计施工的方式。室内装修设计在早期就介入设计过程，从而能较早的与传统土建设计专业协调，以“协同设计”的方式取代“二次设计”，从而避免了传统设计分工方式中的局限性，而在成果提交时将装修和土建图纸同时交付施工，为土建装修一体化奠定良好基础。

笔者参与设计的中国农业大学体育馆（2008年奥运会摔跤比赛馆）项目，便是采用了土建装修一体化设计施工的方式。室内专业在初步设计阶段便介入设计工作，将大量专业间的冲突矛盾在设计阶段就予以协调解决，最后室内专业图纸与土建图纸同时交付，从而方便统筹制定施工方案计划，缩短了施工周期，更关键的是大大降低了建设成本，节约了建设材料。据有关部门的统计数据，该场馆以最低总造价名列当年北京奥运场馆之首，有媒体将其称为“最省钱的奥运场馆”。相信这些结果与当初采用设计施工一体化的方式是紧密相关的。

二、根据赛后运营确定不同区域的装修标准

体育场馆的人员类型多，使用特点也各有不同，对于大型场馆还存在赛后改造的问题。这些复杂而不确定的因素给体育场馆的装修标准定位带来了一定的难度。因此，根据赛后运营的功能特质来确定场馆内不同区域

的装修标准，将有利于投资的合理分配，并有利于赛时赛后的功能转换和赛后的运营，减少不必要的改造所带来的浪费。

以笔者参与设计的广州南沙区体育馆的项目为例。根据观众、媒体、贵宾、运动员以及管理人员等不同人员的使用特点，以及赛后改造的可能性，对不同区域用房的装修标准予以了不同的定位。贵宾区的用房，从接待用途和赛后作为高级餐厅的用途考虑，采用精装修标准；观众区分为观众门厅部分和比赛厅部分，采用中档装修标准；运动员区域赛后保留使用，采用中档装修标准；其他区域赛后改造的可能性较大，采用临时性材料为主的简易装修标准。

三、合理确定装修材料的更新周期

装修材料的更新周期是体现耐久性的重要指标。什么部位采用什么等级的装修材料应根据使用部位的性质来确定。《绿色奥运建筑评估体系》将装修材料分为 5 档，以材料的更新周期长短作为环境质量和服务的评分，另再权衡该材料的资源消耗、能源消耗以及环境影响、本土化等方面因素得出能源、资源、环境付出的得分，结合两个得分判断材料应用的可持续得分[16]。《评估体系》从材料自身的角度，对可持续性进行了诠释。

笔者认为，考虑到大量场馆赛后面临改造，室内不同部位必然进行不同程度的更新，一些材料将作为长期使用保留，一些材料在拆除后可能被回收利用用于他处，另一些材料在改造后被废弃，因此单纯从材料角度探讨可持续性有失全面。在实际项目中，应结合材料应用的不同部位和赛后改造策略，充分考虑材料的耐久性、可回收利用性以及材料成本等因素，合理确定装修材料的更新周期。

四、最小代价装修改造实现赛后功能转换

大型体育场馆赛后改造必然给装修标准定位带来制约因素。在基于赛后需求的项目定位下制定的改造方案必然对不同部位的装修标准有着不同的影响，宜采取不同的策略应对之。有的部位赛后功能不明确，赛时宜采用临时性的简易装修标准；有的部位赛后面临功能转换且功能明确，可按赛后用途的进行标准定位，争取一步到位；有的部位赛时赛后没有太多变化，赛后可以延续赛时的使用功能，如一些场馆的贵宾、运动员用房以及土建机房，则这些部位宜根据使用功能特点和需求合理定位装修标准。

由于赛后用途的可能性较多，不同场馆的情况难以一一概括，但都可根据最小代价装修改造实现赛后功能转换为原则，分别对不同情况分别考虑标准定位的策略（表 4-11）。

最小代价原则装修改造策略 表 4-11

类型	赛时赛后用途	赛后用途是否明确	装修标准应对策略	可能应用部位
I 型	用途不转换	明确	根据使用要求定位	贵宾、观众厅、运动员用房、机房
II 型	用途不可逆转换	明确	根据赛后用途进行定位	媒体、管理用房
III 型	用途不可逆转换	不明确	按临时性简易装修标准	媒体、管理用房
IV 型	用途可逆转换	明确	考虑灵活性的装修定位	媒体、管理用房

资料来源：作者自绘

本章小结

本章是本书的核心章节之一，对设计前期可持续策略的研究目的是为体育场馆建设的科学决策寻求理论的依据。

设计前期可持续策略是以实现体育场馆可持续目标为出发点，以整体协调、灵活适应以及集约高效为原则，从宏观层面对项目定位、建设规模、建设标准等规划决策策划问题进行合理定位的方法集合。本章针对当前国内体育场馆建设定位缺失，造成的规模过大、标准过高等问题，分析了体育场馆建设目标和需求的特点，围绕设计前期与决策相关的问题包括项目定位、等级定位、建设规模、功能定位以及建设标准等问题展开研究，提出了针对性的策略：

1. 以城市实际需求作为项目定位的基础，项目性质定位应避免重复建设、合理定位场馆；项目选址定位应以科学地选址规划、贴近城市生活为原则；时机时序选择应把握建设适度超前、供需动态平衡的原则，使体育建筑真正回归城市、回归民众、回归体育。

2. 在策划阶段等级定位时，应从可持续发展的角度，结合项目实际采用动态的等级定位方法。即按照场馆常态需求，进行科学理性的等级定位，但在设计时保留通过较小代价进行升级或调整的可能性，合理利用“高等级定位向下兼容”和“低等级定位向上兼容”策略，进行场馆等级定位。

3. 综合考虑赛时平时要求，以常态需求为基础，以灵活性适应的原则，对面积规模、座席规模进行系统的合理定位，并科学细化建设规模构成，避免笼统定位。

4. 综合考虑体育场馆多功能要求，以灵活适应原则，提出弹性应变的场馆功能定位策略。

5. 以节俭集约和适度超前的原则，对体育场地工艺、设备标准、室内装修等建设标准科学合理定位。体育场地工艺定位策略研究结合多功能需求和竞赛规则变化的特点，提出一次性配置、分步添置和临时租赁三种建设标准定位策略；设备选型定位策略提出设计前期应对系统设置的必要性和技术应用的适宜性论证的步骤方法；室内装修建设标准定位策略提出应根据赛后运营，确定一体化设计施工方案、合理选材、最小代价改造实现功能转换等策略。

附表　体育建筑等级要求比较分析表

<table>
<tr><th></th><th></th><th></th><th>特级体育建筑</th><th>甲级体育建筑</th><th>乙级体育建筑</th><th>丙级体育建筑</th></tr>
<tr><td>举办赛事级别</td><td></td><td></td><td>举办亚运会、奥运会及世界级比赛主场</td><td>举办全国性和单项国际比赛</td><td>举办地区性和全国单项比赛</td><td>举办地方性，群众性运动会</td></tr>
<tr><td>结构使用年限</td><td></td><td></td><td>>100 年</td><td>50~100 年</td><td>50~100 年</td><td>25~50 年</td></tr>
<tr><td>耐火等级</td><td></td><td></td><td>不低于一级</td><td>不低于二级</td><td>不低于二级</td><td>不低于二级</td></tr>
<tr><td rowspan="6">总图要求</td><td rowspan="6">停车要求</td><td>管理停车</td><td>●</td><td rowspan="2">●</td><td rowspan="5">●</td><td rowspan="6">●</td></tr>
<tr><td>运动员停车</td><td>●</td></tr>
<tr><td>贵宾停车</td><td></td><td rowspan="2">●</td></tr>
<tr><td>官员停车</td><td>●</td></tr>
<tr><td>记者停车</td><td>●考虑电视转播车停放</td><td>●考虑电视转播车停放</td></tr>
<tr><td>观众停车</td><td>●</td><td>●</td><td>●</td></tr>
<tr><td rowspan="13">建筑专业</td><td rowspan="2">体育场场地</td><td>比赛田径场地</td><td>分跑道数量 8 条，西直道 8~10 条</td><td>分跑道数量 8 条，西直道 8~10 条</td><td>分跑道数量 8 条，西直道 8 条</td><td>分跑道数量 6 条，西直道 8 条</td></tr>
<tr><td>练习热身场地</td><td>400 米跑道</td><td>400 米跑道</td><td>200 米跑道</td><td>无</td></tr>
<tr><td rowspan="3">游泳馆泳池</td><td>游泳池</td><td>50 × 25 × 2</td><td>50 × 25 × 2</td><td>50 × 21 × 2</td><td>50 × 21 × 1.3</td></tr>
<tr><td>跳水池</td><td>21 × 25 × 5. 25</td><td>21 × 25 × 5. 25</td><td>16 × 21 × 5. 25</td><td></td></tr>
<tr><td>热身池</td><td>50 × 5 泳道 × 1. 2</td><td>50 × 5 泳道 1.2</td><td>50 × 5 泳道 × 1. 2</td><td></td></tr>
<tr><td rowspan="7">看台</td><td>主席台</td><td>●</td><td>●</td><td>●</td><td>●</td></tr>
<tr><td>包厢</td><td>● 2~3m²/ 座</td><td>● 2~3m²/ 座</td><td></td><td></td></tr>
<tr><td>记者席</td><td>●</td><td>●</td><td rowspan="3">●</td><td rowspan="4">●</td></tr>
<tr><td>评论员席</td><td>●</td><td>●</td></tr>
<tr><td>运动员席</td><td>●</td><td>●</td></tr>
<tr><td>一般观众席</td><td>●</td><td>●</td><td>●</td></tr>
<tr><td>残疾观众席</td><td>●</td><td>●</td><td>●</td><td>●</td></tr>
<tr><td>贵宾与观众用房</td><td>贵宾休息室</td><td>●</td><td>●</td><td>●</td><td></td></tr>
</table>

续表

			特级体育建筑	甲级体育建筑	乙级体育建筑	丙级体育建筑
建筑专业	贵宾与观众用房	贵宾饮水设施	●	●	●	
		残疾人厕所	设专用厕所	厕所内设置专用厕位	厕所内设置专用厕位	厕所内设置专用厕位
	运动员用房	运动员淋浴	4 个淋浴位	4 个淋浴位	2 个淋浴位	2 个淋浴位
		运动员更衣	4 套（>80m^2）	4 套（>80m^2）	2 套（>60m^2）	2 套（>40m^2）
		运动员厕所	不少于 2 个厕位	不少于 2 个厕位	不少于 2 个厕位	不少于 1 个厕位
		兴奋剂检查	●	●	●	
		医务急救	不小于 25m^2	不小于 25m^2	不小于 15m^2	不小于 15m^2
		检录处	>300m^2	>500m^2	>100m^2	室外
	竞赛管理用房	组委会	10 间 ×20m^2	5 间 ×20m^2	5 间 ×15m^2	5 间 ×15m^2
		管理人员	10 间 ×15m^2	5 间 ×15m^2	5 间 ×15m^2	
		会议	3~4 间 20~40m^2	40+20m^2	30~40m^2	20~30m^2
		仲裁录放	20~30m^2	20~30m^2	15m^2	
		编辑打字	20~30m^2	20~30m^2	15m^2	15m^2
		复印	20~30m^2	20~30m^2	15m^2	15m^2
		数据处理	有	有	有	临时设置
		竞赛指挥室	20m^2	20m^2	20m^2	
		教判休息室	更衣厕所淋浴 2 套	更衣厕所淋浴 2 套	更衣厕所淋浴 2 套	2 间 ×10m^2 无淋浴
		赛后控制中心	男女分设各 20m^2	男女分设各 20m^2	男女合设共 20m^2	无
	新闻媒介用房	新闻官员办公	有	有	有	无
		记者工作区	休息室、采编室、公共室分设	休息室、采编室、公共室分设	休息室、采编室、公共室分设	休息室、采编室、公共室合设
		邮电所	营业厅机房分设	营业厅机房分设	营业厅机房分设	无
		照片冲洗室	临时设置	临时设置	无	无
	计时计分用房	计时控制	18m^2	18m^2	18m^2	临时设置
		计时与终点摄影转化	12m^2	12m^2	12m^2	
		显示屏幕控制室	40m^2	40m^2	40m^2	
	广播电视用房	广播电视转播系统用房	播音 3~5 间 ×4m^2	播音 3~5 间 ×4m^2	播音室评论员室共 8m^2	临时设置
			评论员室 5~8 间 ×4m^2	评论员室 3~5 间 ×4m^2		
			声控 15m^2	声控 15m^2	声控 15m^2	
		内场广播	播映机房仓库分设	播映机房仓库分设	播映机房仓库合设	播映机房仓库合设
		闭路电视用房	有	有	无	无
		电视发送车	有	有	有	无
	技术用房	灯光控制	40	40	20	10
		消防控制	40	40	20	10

续表

			特级体育建筑	甲级体育建筑	乙级体育建筑	丙级体育建筑
建设标准	座椅	主席台	移动扶手软椅	移动软椅	有背软掎	有背硬椅
	影响排距座宽	记者席	有背硬椅	有背硬椅	有背硬掎	—
		评论员席				
		运动员席				
		一般观众席		有背硬椅或无背方凳	无背方凳或条凳	无背方凳或条凳
声学设计	体育馆混响时间	>80000m^3	1. 7s	1. 7s	1. 9s	2.1s
		40000~80000m^3	1. 4s	1. 4s	1.5s	1.7s
		< 40000m^3	1. 3s	1. 3s	1. 4s	1. 5s
	游泳馆混响时间	<25m^3/ 座	<2.0s	<2.0s	<2.5s	<2.5s
		>25m^3/ 座	<2.5s	<2.5s	<3.0s	<3.0s
给排水专业	消防系统		消火栓，自动喷淋，消防水炮	消火栓，自动喷淋，消防水炮	消火栓，自动喷淋	消火栓，自动喷淋
空调专业	中央空调系统		设置全年使用的空调装置	设置全年使用的空调装置	设置夏季使用的空调装置	未作要求
		体育馆	按观众区与比赛区分区布置	按观众区与比赛区分区布置	按观众区与比赛区分区布置	
		游泳馆	池区和观众区分别设置空气调节系统	池区和观众区分别设置空气调节系统	池区和观众区分别设置空气调节系统	
			设有自控装置	设有自控装置	设有自控装置	宜设自动监测装置
电气专业	电力负荷		特别重要负荷	电力负荷一级，非比赛用电设备为二级	用电设备为二级	用电设备为二级
	照明系统		多功能照明，电视转播	多功能照明，电视转播	多功能照明，可考虑电视转播	
			保证光源瞬时再点燃的技术措施	保证光源瞬时再点燃的技术措施		
	调度电话		供体育比赛时使用的调度电话	供体育比赛时使用的调度电话		
	有线电视系统		如双向传输，视频信号纳入有线电视	如双向传输、视频信号纳入有线电视	视情况确定	视情况确定
	安保闭路监控系统	1万人足球场	应设	应设	应设	
	火灾自动报警系统	>3000座体育馆	应设	应设	应设	
	体育竞赛综合信息管理系统		宜设	宜设		
	设备控制自动化系统		宜设	宜设		
	体育场布光方式		不宜多塔照明	不宜多塔照明		

资料来源：作者根据资料整理绘制

参考文献

[1] 孙一民,何镜堂. 后奥运时代的公共体育场馆该如何建设 [N] . 科学时报，2008 年 8 月 21 日.

[2] 孙一民,何镜堂. 后奥运时代的公共体育场馆该如何建设 [N] . 科学时报，2008 年 8 月 21 日.

[3] 林显鹏. 现代奥运会体育场馆建设及赛后利用研究 [J]. 北京体育大学学报. 2005 (11) : 258.

[4] 中华人民共和国建设部 JGJ 31—2003　体育建筑设计规范 [S]. 北京 : 中国建筑工业出版社，2003 : 3.0.3.

[5] 后奥运场馆经营的“中国解” [EB/OL]. 中国经营报，2009 年 1 月 6 日，http://money.163.com/.

[6] 钱峰 . 从视线分析看大型体育场的规模控制 [J]. 建筑学报. 1997 (9) : 53.

[7] 林显鹏 . 现代奥运会体育场馆建设及赛后利用研究 [J]. 北京体育大学学报. 2005 (11) : 260.

[8] 林崑. 公共体育建筑策划研究 [D]. 广州 : 华南理工大学博士论文，2010.

[9] 公共体育场馆系列—1 (体育场建设标准) (征求意见稿) [S]. 北京 : 中华人民共和国建设部和中华人民共和国发改委，2009 : 19.

[10] 樊可. 多元视角下的体育建筑设计研究 [D]. 上海 : 同济大学博士学位论文，2007 : 141.

[11] 巴黎贝尔西体育馆一年只闲 11 天 [EB/OL]. 北京晚报，1999 年 12 月 3 日，http://sports.sina.com.cn.

[12] 梅季魁. 现代体育馆建筑设计 [M]. 黑龙江 : 黑龙江科学技术出版社，1999.

[13] JGJ 31—2003. 体育建筑设计规范 [S] . 中华人民共和国建设部 \ 国家体育总局，2003.

[14] 骂声中成长的体育场馆建筑设计 [EB/OL] .21 世纪经济报道，2011 年 04 月 13 日，http://www.landscape.cn/.

[15] 项端祈. 破解奥运体育场馆声学设计的难题 [A] //《建筑创作杂志社》主编. 建筑师看奥林匹克 [M]. 北京 : 机械工业出版社，2004 : 205.

[16] 绿色奥运建筑研究课题组. 绿色奥运建筑评估体系 [M]. 北京 : 中国建筑工业出版社，2003.

第五章

设计阶段可持续策略研究

上一章中对体育建筑设计前期的可持续策略问题进行了研究，就项目定位、建设规模和建设标准等宏观决策层面问题进行了探讨。对于体育建筑的可持续发展问题而言，如果说设计前期的问题是将可持续目标具体化的问题，那么设计阶段的问题则可以理解为是实现目标的手段方法问题。能否实现项目定位、建设规模以及建设标准方面的可持续目标，取决于设计阶段从规划布局、功能空间、建筑造型以及技术应用几个方面能否贯彻可持续原则和方法；另一方面对设计操作层面问题的研究也可以反过来检验宏观决策目标定位是否具有良好的指导性和可操作性，对其具有反馈的作用。本章将在上一章的基础上对设计阶段的可持续策略进行进一步的研究。

5.1 基于城市环境的总体设计策略研究

作为一种独特功能类型的建筑，体育建筑是城市格局中重要的有机组成部分。从可持续发展的角度，体育建筑与城市的关系密不可分，体育场馆的合理利用是城市可持续发展的一部分，城市外部环境的良性发展也为体育场馆实现可持续发展奠定了坚实基础。吴良镛先生在对21世纪建筑学的展望中提出应当“从单个建筑到建筑群的规划建设……都应当成为建筑学考虑的基本点，在成长中随时追求建筑环境的相对整体性及其与自然的结合。”[1]。因此，体育建筑设计阶段可持续策略离不开基于城市的设计理念和方法。

国内关于城市与体育建筑关系的研究主要分布在三个层面：第一，从城市发展战略角度研究体育建筑与城市问题；第二，从城市总体规划角度研究体育建筑与城市问题；第三，从城市设计角度研究体育建筑与城市问题。前两个层面的研究成果，从宏观的角度对体育设施的建设决策和规划设计具有指导意义，国内的研究成果相对较为丰富，本书上一章也对此进行了相关分析论述。第三个层次的问题是中、微观层面的关键问题，一方面是宏观层面规划理念的补充，另一方面作为当前实际建设中较为薄弱环节，也是有待进一步展开的重要课题。

5.1.1 对传统体育场馆规划布局模式的反思

体育建筑作为特殊功能的建筑类型，自古以来与城市紧密结合在一起，承载了满足人们体育运动需求的功能，并以其巨大的体量与其他城市背景建筑相对比，成为城市公共空间的标志。到了近代，新建筑材料、结构技术、施工方法的不断发展，突破了传统建筑在体量、跨度、空间造型等方面的局限，体育建筑获得了前所未有的自我表现的机会，突出了与其他城市建筑迥然不同的建筑造型，同时以其巨大的体量彻底地摆脱了和周边建筑原有的比例关系，成为城市空间中举足轻重的实体要素[2]。当代随着各种建筑思潮的影响，体育建筑的创作更走上了日益强调表现自我、强调单体造型、强调新技术新材料的使用和强调结构选型的新颖性这样一条道路。

近年随着经济高速发展，我国进入城市化加速阶段，以兴建大型体育中心等体育设施带动城市新区发展更是被决策者和规划者作为推动城市快速发展的建设手段和规划工具。以体育中心、体育场馆等设施为重要组成部分构成的城市中心成为各地城市规划中大量出现的城市中心类型，这类城市中心或将体育场馆与金融商业区结合规划形成功能复合的城市中心区；或将体育场馆与博物馆、展览馆甚至政府行政中心等其他大型公共建筑并置，形成文体功能为主导城市中心区（图 5-1~ 图 5-4）。

虽然大量这类城市中心还处于建设阶段，其建设规划实施效果还有待时间的检验，但对建设规划及设计中已暴露出的问题，值得我们进行分析

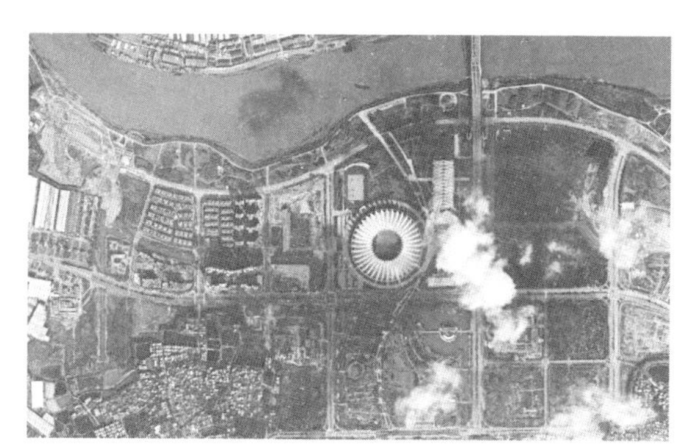

图 5–1 佛山世纪莲体育中心（体育公园）
资料来源：2012 年百度卫星地图

图 5–2 惠州体育馆（体育 + 行政 + 金融商业）
资料来源：2012 年百度卫星地图

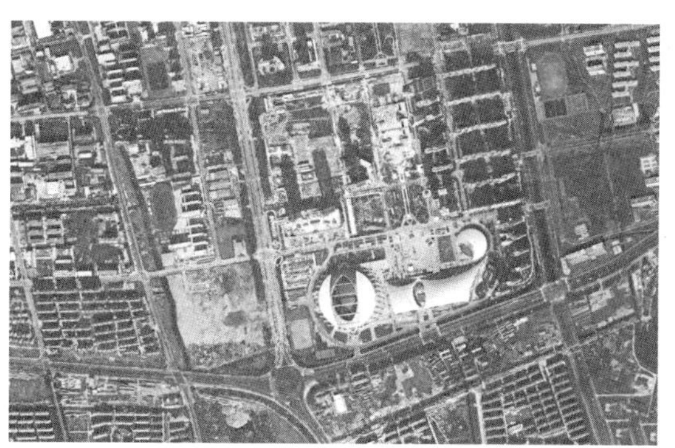

图 5–3 南通体育会展中心（体育 + 会展 + 行政）
资料来源：2012 年百度卫星地图`

图 5–4 常州体育会展中心（体育 + 会展 + 文化）
资料来源：2012 年百度卫星地图

研究。需要注意的是，在很多城市，规划文件中倡导的功能复合、富有活力并具备场所感的城市中心区并未充分地实现，我们看到更多的还是尺度不当的城市公共空间，缺乏人气和活动支持的城市广场，孤立于城市的体育公园以及门庭冷落的体育场馆设施。具体分析，当前体育场馆布局规划存在以下几个方面问题：

1. 规划布局模式固化，缺乏应对当前体育产业发展和城市发展的适应性。布局追求自身构图的完整性，体育设施布置在用地中央，外围环绕停车场或体育公园，成为大多数体育场馆乃至体育中心的固有总体布局模式，如很多一场两馆的体育中心所采用的“品字形”、“一字形”布局。这种方式的产生是历史发展过程的产物，但面对体育产业发展的未来，应对城市的发展、人们需求的改变，把这种方式当成唯一的固化模式，不利于满足体育设施未来发展的适应性和灵活性需要，是设计思想僵化的表现。从城市设计视角探索体育设施布局的更多可能性的方式，是研究领域和建设领域的当务之急。

2. 功能布局缺乏整体城市视角的统一考虑。虽然一些体育设施设置了城市商业配套设施，但这种考虑大多是从场馆自身经营需要的角度，而不是从更大范围的所在城市区域的战略发展和城市功能整合角度考虑的，也因此注定了这种配套设施在体育场馆规划布局中的从属地位，其结果要么是在体育设施的平台下，屈从于服务体育建筑功能本身的布局；要么是在缺乏统一规划的情况下，在发展过程中成为以牺牲体育场馆整体形象为代价的改扩建工程。

3. 体育设施体量处理手法单一，限制了体育建筑外部界面的灵活性。当前大量的体育建筑的体量界面处理是以追求体育建筑自身的形体完整性和自我表现为主要目标。值得深思的是，在倡导回归城市、回归民众的体育建筑设计理念，强调体育场馆可持续发展的今天，这种设计思路和手法不应该作为体育场馆唯一的形体体量处理方式，体育场馆作为城市公共空间的有机组成部分，其形体体量及外部界面的处理方式应以提升城市空间品质为目标，具备更多灵活多样的方式。

4. 将体育设施外部空间作为体育设施的从属空间考虑，与城市公共空间缺乏有机联系。由于管理体制等原因，体育设施外部空间一直被作为体育设施的从属空间看待，表现为用地内的外部空间与城市街道空间被围墙或围栏相隔，体育设施的外部空间设计长期局限于环境绿化设计的层次，缺乏从城市公共空间高度的整体性考虑，设计缺乏对外部空间的积极应对策略，缺乏功能活动考虑，缺乏便捷的步行交通组织设计，使体育场馆的外部空间成为消极的城市空间，成为体育场馆设施与城市的隔离地带，更难以融入城市公共空间体系中。体育建筑作为城市中心的一种重要的功能构成，是城市多元化功能的有机组成部分之一，有些时候甚至是核心功能部分，但外部空间缺乏多样性、可及性，城市中心整体的多功能聚集效应就无法发挥出来，城市中心的场所感也就难以成功地塑造。

鉴于以上问题，究其背后原因是多方面的：首先从决策参与角度，体育设施建设前期决策规划缺乏多方参与机制，决策者、建设者、管理者和使用者等各方需求难以统一在设计前期的设计要求中，致使设计缺乏依据，无所适从。另外，从规划建筑设计角度，传统规划建筑分工的限制以及固有设计模式的局限也是重要的原因之一：一方面规划者很多情况下受到行政意识影响，导致规划决策缺乏科学性，在传统规划方法下缺乏必要控制手段（尤其对于体育中心类型的项目），造成规划与建筑设计脱节，另一方面建筑师过分追求建筑物自身的自我表现，缺乏从更大的城市空间范围上对体育建筑设计的思考。

1987年，广州天河体育中心成为国内首个“统一规划、统一实施”的体育中心，其“一场两馆”品字形布局模式成为体育中心规划经典平面布局模式。1990年北京奥林匹克中心,体育场馆通过大平台组织联系交通，是对原有模式的进一步的发展。

应该客观地认识到，这些模式的产生是与长期以来的历史社会环境、建设理念和建设条件等方面的因素相符合的。从建设理念上来看，体育建筑无论在新中国成立初期被视为体现社会主义建设成就的标志，还是到了近年被作为突出城市特色的地区名片，其结果都是将大型体育场馆作为城市的标志物和城市肌理中的“突变体”来看待。从设计理念上来看,受到“建筑设计从功能出发，建筑形式是内部功能的忠实反映”这一现代建筑运动提出的基本原则的影响，从建筑单体出发的功能主义原则长期以来主导体育建筑的创作设计。主体量位于大台阶、大平台之上成为很多大中型体育场馆的外在的形体特征。从后期的运营管理上来看，平台下的用房建设之时是作为竞赛管理和场馆管理用房，而后一般都出于经营管理的需要，转换作为出租用房。

追踪这些模式下的体育场馆使用状况，我们不难发现，在很多情况下，这些体育场馆都面临着来自运营管理和自身发展的压力和尴尬。以天河体育中心为例，我们会发现经过多年的扩建发展，今天的天河体育中心布局已经和建成之初的布局发生了一些变化：首先为增加收益，三个体育场馆平台底层的用房都被作为出租单位；另外，从布局上看，围绕东西两边出入口，尤其是东边出入口增加了更多的开放给市民的体育设施，从而原来独立于城市肌理的品字形布局的模式逐渐被城市肌理同质化（图5-5）。这些变化可以从两方面理解：从宏观上看，天河体育中心建成至今，随着广州天河商圈的形成，其自身土地价值已经和建成之初有天壤之别，这种

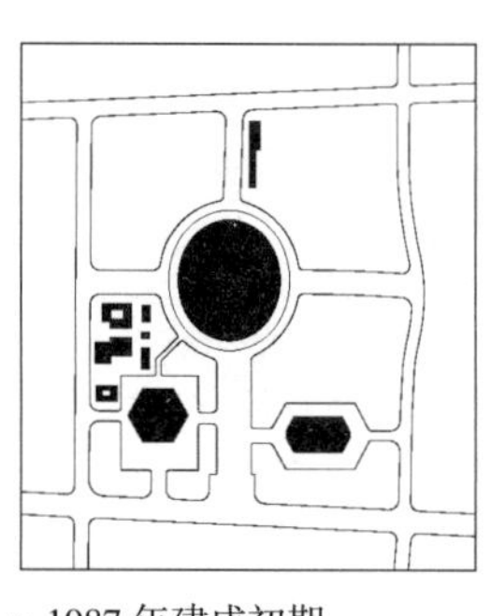

a. 1987 年建成初期

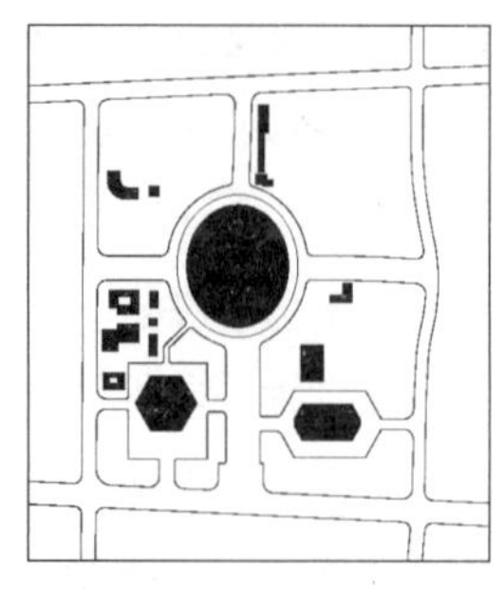

b. 2000 年

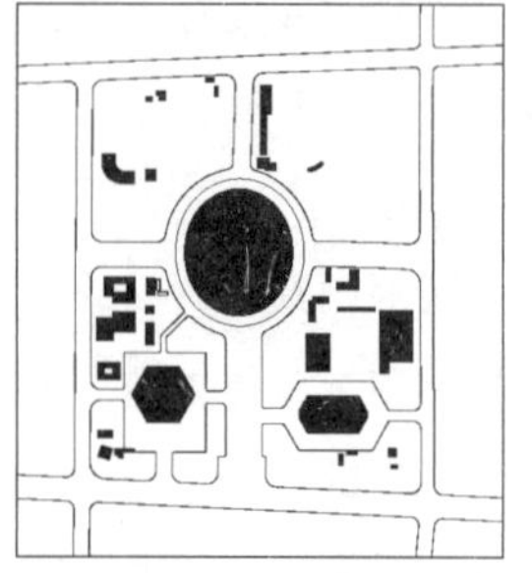

c. 2004 年

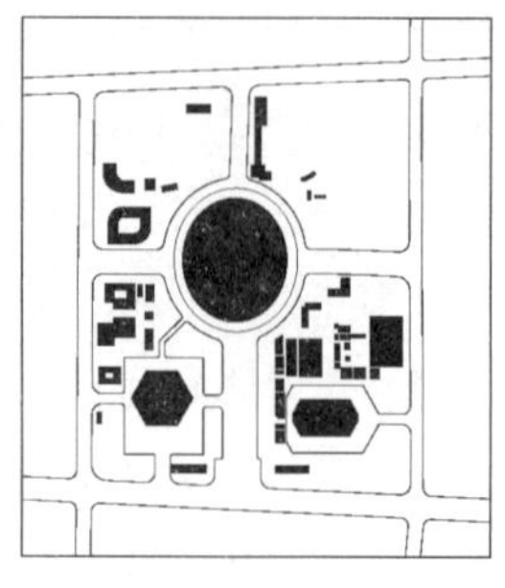

d. 2010 年

图 5–5　天河体育中心发展历程的图底分析

资料来源：根据历年 Google Earth 资料改绘

变化可以看作是其适应土地价值变化的被动的应变反应；从微观上看，原有的规划布局无论从功能设置还是空间形态上都需要应对经营管理需求做出调整，也就产生了这种自下而上的肌理变化。由此可以说明，在城市发展过程中，保持体育设施与外部环境的相对整体性，传统的体育场馆规划布局方式还是具有一定的局限性。

5.1.2　城市设计思想对体育建筑设计的影响

城市设计起源于对现代功能主义规划理论及在其影响下产生的城市现状的反思，因此从诞生之日起便具有其鲜明的价值取向（图 5–6、图 5–7）。从人的感知和使用者的角度重新审视城市的问题，强调城市公共空间的触媒作用，鼓励多样性功能复合的城市发展，提倡提高土地的开发强度、空间布局的紧密性、交通的可及性、形象的可识别性。但回想今天的案例，尤其是这些体育场馆建设产生的城市空间，是否具有这些方面的特质？不难发现，在很多案例中正是这些方面因素的缺失，才在很大程度上制约了这类以体育场馆为重要组成部分的城市中心区的发展。

反观一些发达国家体育设施的建设，基于对狭隘功能主义的反思，国际上近 20 年来体育设施的相关研究已扩大到城市设计研究的范畴。体育场馆建设不仅与大型体育赛事有关，而且与城市的更新改造相呼应，决策者非常重视体育设施对城市的影响。一个体育场馆的落成往往是在审慎的

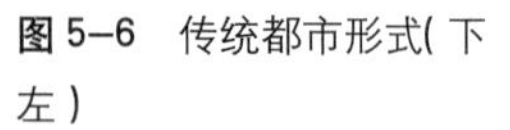

图 5–6　传统都市形式（下左）

资料来源：RogerTrancik. 找寻失落的公共空间.

图 5–7　现代都市形式（下右）

资料来源：RogerTrancik. 找寻失落的公共空间 .

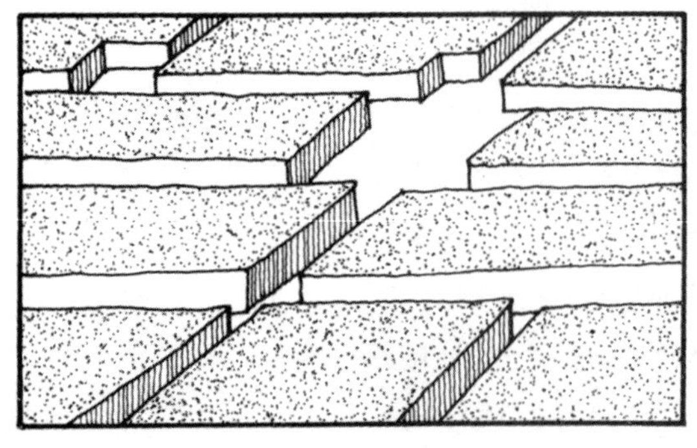

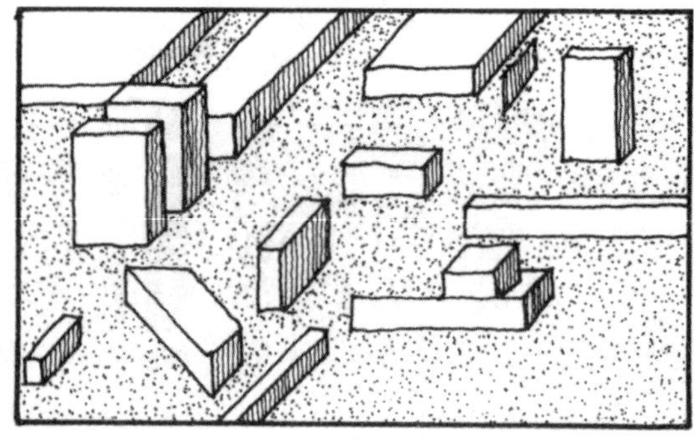

城市设计研究之后，越来越多的体育场馆一改以往坐落于郊区的庞然大物形象，尺度亲切，通过功能配置合理规划正成为城市中有意义的公共活动场所。

最为著名的实例是美国克里夫兰体育中心，其策划、选址与旧城复兴有关，甚至建筑体量的确定都遵从了城市设计的空间组织肌理。无论从功能布局到空间界面处理，都充分考虑了与城市的有机联系：通过降低体育场地的地坪标高的做法，使疏散平面直接与城市街道衔接；将运动和娱乐功能结合引入到市中心的开放空间网络中，使建筑成为城市开放空间的有机组成部分。

另一个例子是美国萨克拉门托国王队新球馆的建设。萨克拉门托国王队新球馆和“铁路广场”项目就是典型的涉及城市中心再发展的项目，项目将体育场馆与城市中心发展相结合，其功能混合形成多业态聚合的思路值得借鉴（图 5-8）。在该项目规划中所提到的体育娱乐区是由于整合了大量不同目的的人流活动，为城市中心区注入了高度的活力。通过形成以国王队主场馆为核心的包含体育娱乐、零售餐饮、文化展览、特色办公等多种设施的城市综合服务区，将使该区域成为城市中最具魅力的场所之一，大部分居民在此都可以找到适合自己的公共活动项目，游客也会纷至沓来。

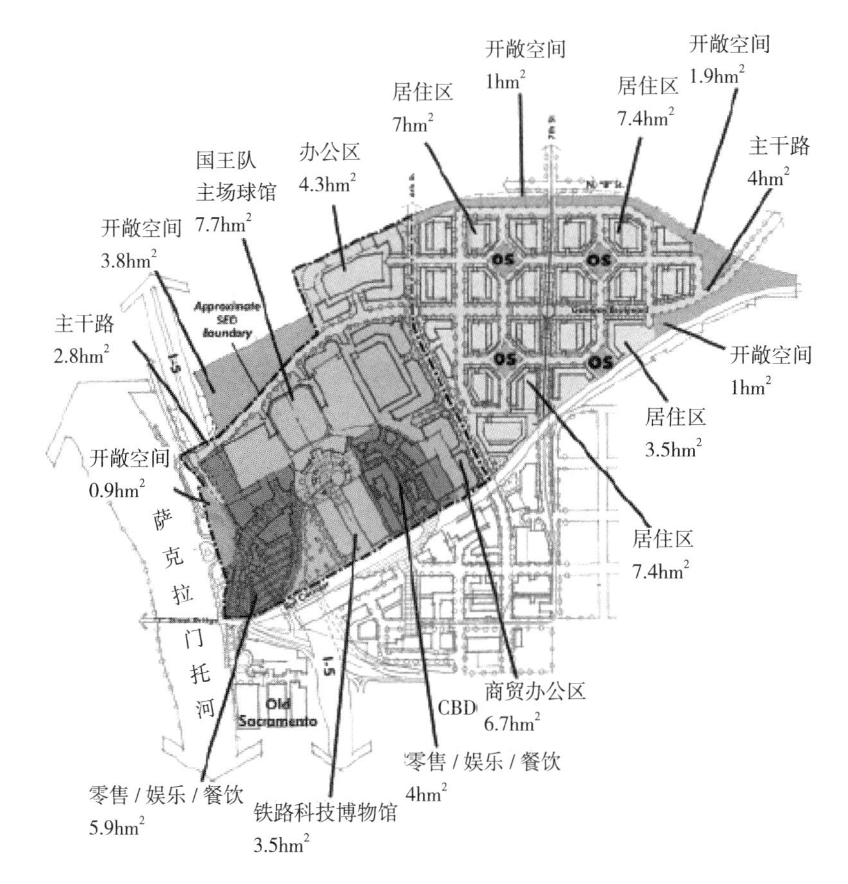

图 5–8 萨克拉门托国王队新球馆和“铁路广场”项目土地使用计划

资料来源：林昆. 体育娱乐区与城市中心再发展——以萨克拉门托国王队新球馆与“铁路广场”项目为例［J］. 城市规划，2010（10）：95

从更大范围的城市看，该区是城市中心几个重要区域的连接带，功能定位上与其他各区形成了差异化定位。从功能内部构成看，以国王队球馆与商业步行街为核心设施的多业态聚合提升了该区域的整体城市活力[3]。

城市设计的方法不但是城市更新过程中公共空间和功能整合的有效手段，而且可以为城市新区与体育场馆建设提供一个有序的发展框架。尽管克里夫兰体育中心和萨克拉门托项目都是关于城市更新的命题，但其设计过程运用城市设计理念的做法同样对城市的新区建设具有启发性，为城市和体育场馆建设的协调发展提供了有益的思路。当我们关注体育场馆内部运营的同时，应该关注外部城市环境的协调发展。从设计策略而言，只有从功能、空间和时间上保证体育场馆与城市发展的协同度，才有可能实现体育场馆长期的可持续发展。现代体育建筑的设计早已突破以往局限于从内到外的单项思维，关注城市整体环境、城市生活需求、从理性实际的城市设计分析入手，应该成为体育建筑可持续发展的基本策略之一。

城市设计作为规划和建筑之间的协调和修正反馈环节，起到非常关键的作用，而这恰恰是当前建设理念和现行建设程序中严重缺失的部分，尤其对于体育场馆这类体量巨大、功能特殊的城市标志物，在规划控制到建筑设计的过程中，与一般城市背景建筑相比，往往具有更大的随意性，而建设决策上也更易受行政长官意识的影响和左右。正因为此，设计者必须跳出过分强调自我、缺乏城市整体性和连续性思考的单体建筑设计思维，以城市设计思想指导未来的体育建筑建设和设计，促进体育建筑的可持续发展。

5.1.3 基于城市设计思想的设计策略探索

城市设计思想为现代体育场馆设计提供了富有启发性的方法和策略。笔者及所在设计团队从 1999 年开始先后参与了多项体育场馆方案设计项目，从可持续发展的理念出发，运用城市设计的方法对体育建筑设计进行了持续的探索。这些设计项目位于城市的不同区位：有的位于尚未开发的城市新区中心，如佛山世纪莲体育中心、江苏淮安体育中心、江门滨江体育中心；有的位于发展成熟的社区或校园内，如中国农业大学体育馆；有的则位于城市公园中，如梅县文体中心。面对不同的城市环境条件，本书提出以下几点设计策略：1. 内外结合，更大范围考虑布局；2. 重视街廓，强化城市空间框架；3. 营造场所，提升城市节点活力；4. 结合自然，实现整体环境协调。

一、内外结合，更大范围考虑布局

体育建筑总体布局应该避免单方面的从内向外或从外向内的设计程序，跳出用地范围，内外结合、从更大范围思考体育场馆总体布局，将奠定体育场馆与城市协调发展的良好基础。

在新疆体育中心方案投标中，为了从更大的范围内体现出本次设计与城市空间的结合，在分析了周边环境之后，笔者所在设计团队在方案中提出了扩大用地规划范围的想法。根据甲方提出的将北部原有的空地作为高新技术区以及居住区建设的思路，将其纳入到整体规划中来，突出了从城市空间结构角度进行设计构思的特点（图 5-9）。从这一做法出发，将这两个部分的空间统一进行了规划，使之具有空间上的连续性和完整性。在设计中，体育中心的场馆建筑由于其独特的体形而具有明显的标志性，而扩大规划的地段主要由居住建筑组成，设计中将它们作为体育建筑的背景来处理，从而建立了这一地段城市空间的清晰性和整体性[4]。该方案跳出用地从更大范围考虑布局的设计方法为体育场馆的总体规划提供了有益的思路。

从以上案例看出，无论是相对空旷的城市新区还是高密度的城市中心，跳出用地范围，站在城市整体发展角度考虑体育场馆布局，不但对上一级城市规划具有很好的反馈作用，而且有利于体育场馆建设与城市发展衔接，从而提升整体环境质量，有利于实现多方位的可持续发展目标。

二、重视街廓，强化城市空间框架

城市新区是当前许多城市体育场馆所处的一种典型环境。由于利用体

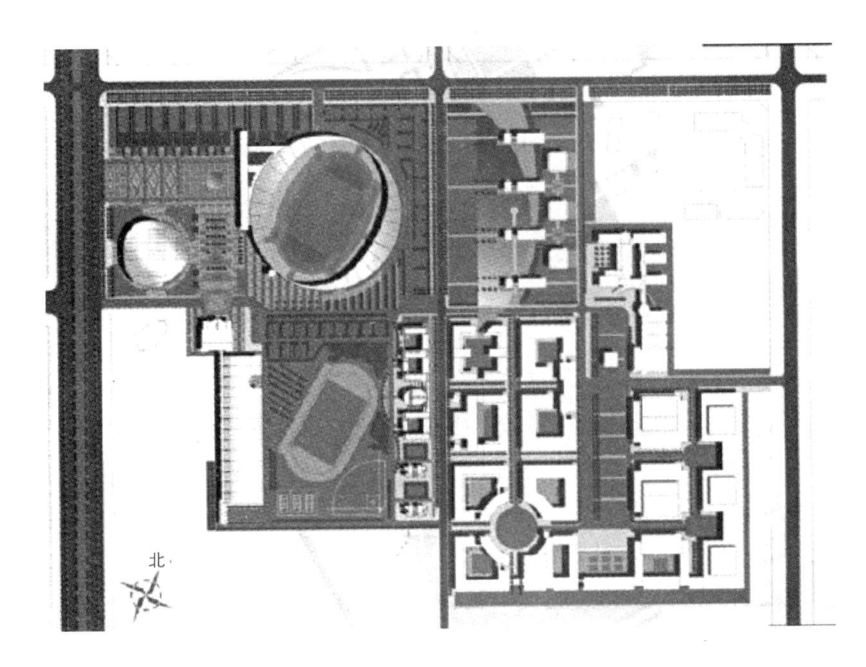

图 5-9　新疆体育中心在更大范围与城市空间结合

资料来源：孙一民，郭湘闽. 从城市的角度看体育建筑构思——谈新疆体育中心方案设计［J］. 建筑学报，2002（9）：28.

育场馆项目建设启动城市新区的做法成为许多城市的常见开发模式，因此在体育场馆建成之初，其外部城市环境往往十分空旷、缺乏人气，随着城市新区的发展逐步使体育场馆成为新区的城市中心。正如第四章所述，建设时机和时序对城市新区与体育场馆协调发展非常关键；另一方面，由于位于新区的体育场馆的外部环境往往需要经历一个较大的变化过程，如果需要在空间和功能上保持城市环境与体育场馆的协调，则意味着体育场馆在规划之初的总体布局需要具备较强的适应性。传统体育场馆布局模式强调突出场馆自身的标志性，将体量置于基地中央，因此许多体育中心形成了经典的“品字形”、“一字形”等布局，然而这种相对单一的布局不利于场馆在一个相对长的时期内适应城市环境的变化。

本书认为城市设计的方法为应对这种外部环境变化较大的项目建设问题提供了很好的解决思路。一方面，城市设计强调城市公共空间的设计，使体育场馆的外部空间与城市公共空间具有很好的整体性，为项目与城市的协调发展提供了良好空间框架；另一方面城市设计的方法强调灵活弹性，使总体布局具备应变能力，为项目与城市的协调发展提供了良好的时间框架。因此，与传统的体育场馆布局模式相比，本书认为从城市环境协调出发，应充分重视城市街廓，结合场馆基地分析和功能运营形成一定的城市界面，积极应对街道、公园等城市公共空间，避免传统布局模式下形成的消极外部空间。

在2002年的佛山体育中心国际竞赛投标设计中，笔者所在设计团队方案打破了常规的体育中心布局模式，将体育中心的规划与佛山新城市中心区的城市设计相结合。宏观上延续了城市的绿化轴（城市公园）；在总体设计当中，将体育中心的外部空间根据具体要求将其功能明确化，体育场西面、南面临街广场，配合建筑内部的一些体育、商业功能，北面入口广场硬质铺装广场，为体育赛事提供了疏散空间，同时满足人们日常的体育锻炼对大的开敞空间的需求，如集体舞蹈、舞剑等活动。体育场东面的体育公园提供了一个景观良好的供人们休憩的空间，东面临街的运动场满足了大众对体育活动的参与。这样的设计并没有牺牲建筑个性的发挥，相反使体育场真正成为人们生活不可或缺的一部分，使体育场融入城市，成为城市空间的积极塑造者。另外，通过体育公园的概念的引入，为体育场馆所处的外部环境创造了很好的灵活适应性。体育场馆的外部环境不再是令人望而却步的毫无趣味单调的广场，而是利于人们在此休息游玩的园林式公共空间，使得体育场馆的内外部环境成为一个可以轻松愉快地比赛和观赏的场所（图5-10、图5-11）。

该方案虽然未被最终采纳，但作为从可持续角度探讨体育中心布局模式的探索，无疑是一次有意义的尝试。相比之下，最终实施方案采用将场

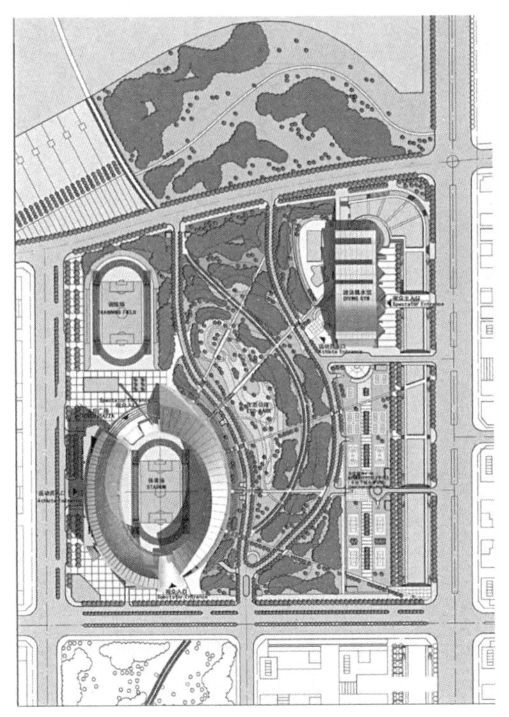

图 5-10 佛山体育中心方案总平面图（左）
资料来源：佛山体育中心方案投标文本

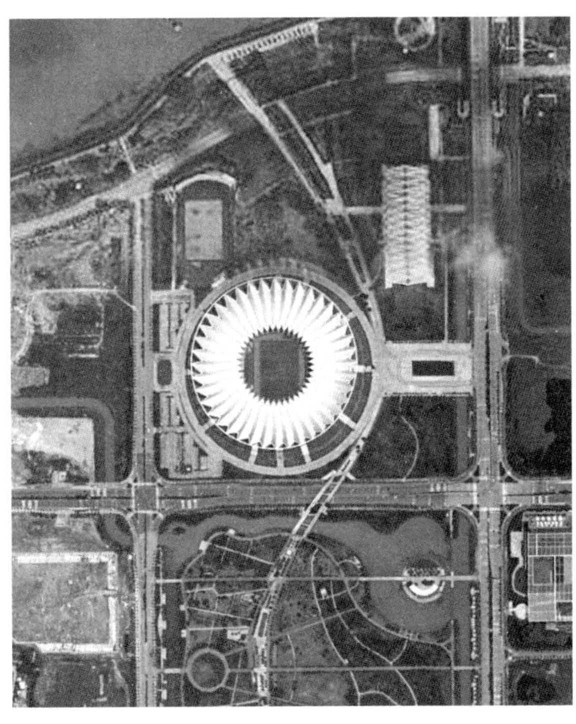

图 5-11 佛山体育中心实施布局（右）
资料来源：Google Earth

馆置于场地中间的常规布局做法，强调场馆标志性的体现。从建成后几年的运营来看，其体育场底部用房由于景观草皮的阻隔，无论从视觉上还是交通上都缺乏与外部空间的良好联系，因此这些用房在平时一直难以利用，成为设计的遗憾。

广东江门滨江新城体育中心总体布局设计是运用城市设计方法，强化城市空间架构的另一个案例。项目位于江门市滨江新城，内容包括体育场、体育馆、游泳馆以及会展中心等设施。和国内许多其他城市一样，城市建设的决策者希望利用体育中心项目的建设启动新城的发展。设计前期概念方案设计由一家国外设计公司完成，与传统的体育中心布局模式相似，体育场、体育馆、游泳馆被作为标志物布置于场地中心。笔者所在团队参与的 2012 年国际竞赛投标过程中，突破了原概念方案的布局方式，尤其在南区体育场和游泳馆的布局上，摒弃了原概念方案中强调以自我为中心的场馆布局方式，体育场游泳馆整体南移，使东侧城市中轴线碧链公园与体育中心西侧天沙河滨江景观带之间的景观通廊更为通达，强化了上级城市规划和概念规划的城市公共空间架构；将游泳馆与扩展经营用房通过紧凑的形体组合沿城市道路布置，形成了有序而富有变化的街道界面，并为建成后的可持续运营奠定了良好的基础。该设计在众多国际设计单位方案中脱颖而出，其基于城市环境的设计理念受到各方认可（图 5-12~ 图 5-14）。

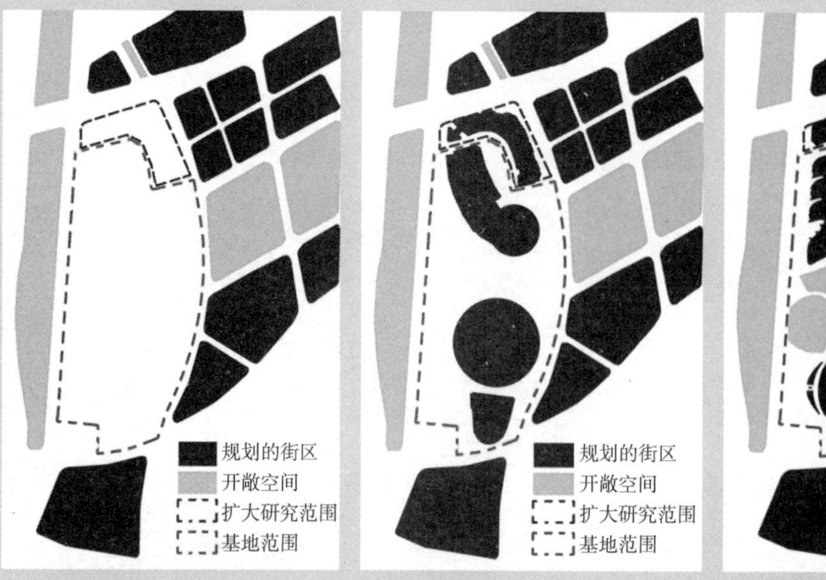

a. 用地街廓分析　　b. 设计前期的原概念方案分析　　c. 优化方案分析

图 5–12　广东江门滨江新城体育中心方案图底分析

资料来源：笔者根据资料自绘

图 5–13　设计前期的概念方案——采用传统模式布局，强调突出场馆标志性

资料来源：概念方案文本

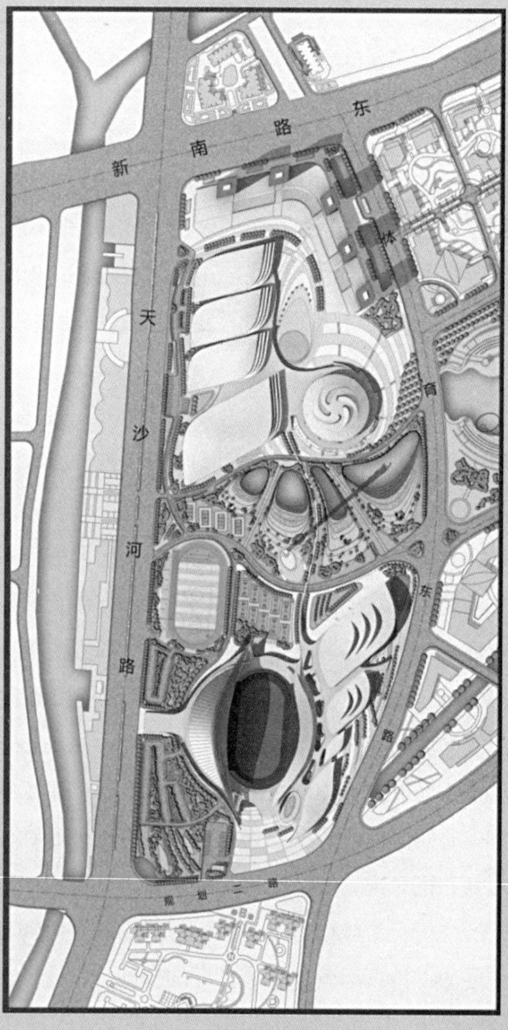

图 5–14　经过设计优化后的总体设计——重视街廓，强化城市空间架构

资料来源：投标文本

三、营造场所，提升城市节点活力

对于体育场馆总体设计而言，发展成熟的城市社区和校园是设计者需要面对另一种典型的城市环境，具有建筑密度高、用地相对局促的特点。这种环境下的体育场馆布局需要充分考虑周边现有建筑的协调性，避免尺度反差造成对城市空间的压迫感；同时应注重城市肌理的呼应，从视觉通达性和交通可达性上，营造体育场馆的外部空间场所感，使体育场馆真正发挥作为城市或社区中心的作用。

以笔者参与的中国农业大学体育馆为例（图 5-15）。为迎接奥运，中国农业大学确定在校园体育活动区内 150m × 200m 的用地上建设体育馆，

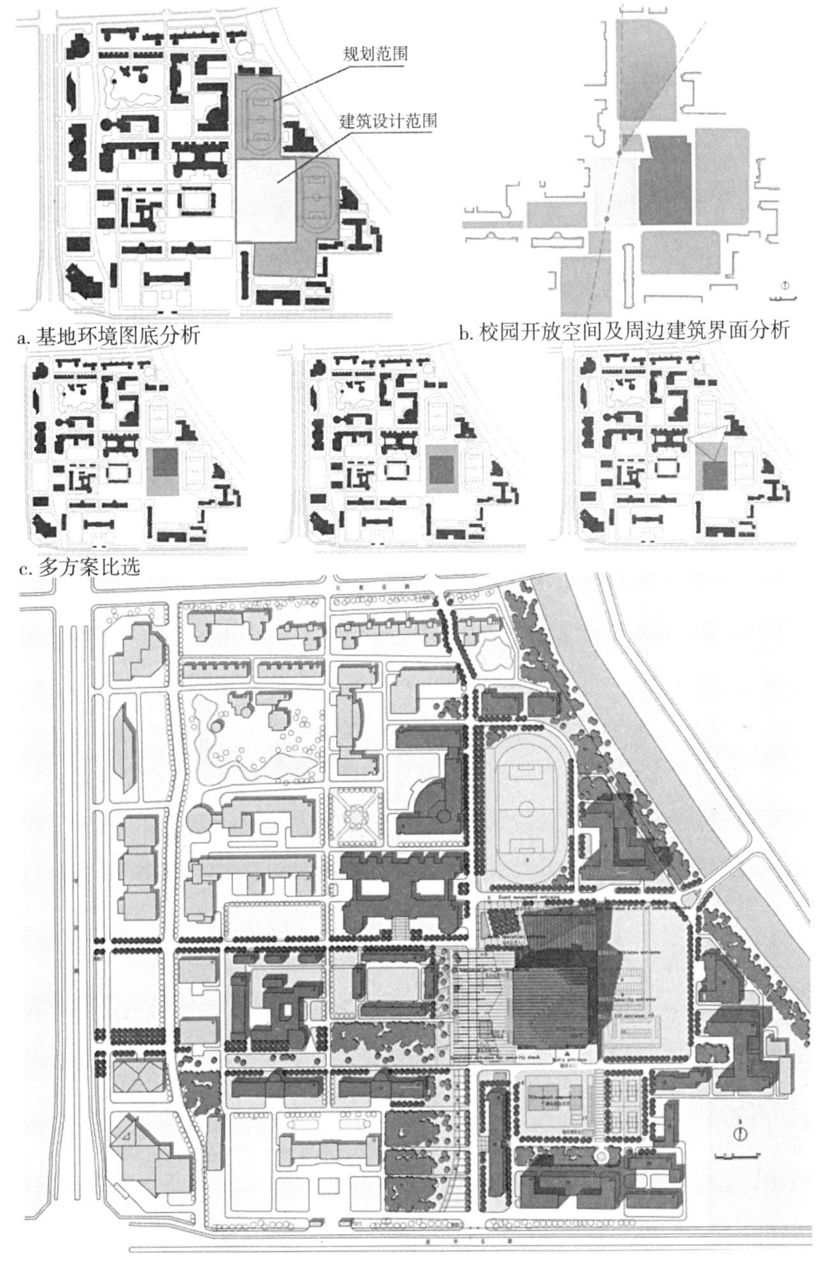

a. 基地环境图底分析

b. 校园开放空间及周边建筑界面分析

c. 多方案比选

d. 形成最终总体布局方案

图 5-15 中国农业大学体育馆项目校园环境分析及总图

资料来源：概念方案文本

用于奥运摔跤比赛馆和赛后学校体育馆。用地尽管局促，却是校园内不可多得的中心地段。在陆续建设的校园新建筑的簇拥下，体育馆成为校园中心区的最为突出的主体建筑。因此在建筑体量处理和景观处理上应突出体育馆主体建筑的标志性作用；另一方面，鉴于校园内建筑的紧凑布局方式，应该采用相应的手法，使体育馆的尺度能够与周边小尺度的建筑相衔接。把握好体育馆与校园环境的协调性和体育馆主体建筑的标志性，是体育馆设计的关键。设计过程中，从校园总体规划的角度考虑体育馆的定位，将建筑单体和景观统一设计，塑造校园中心区。突出大体量体育馆主体比赛馆的标志性形象，将附属用房与周边建筑相协调。

由于用地北面的食品实验楼和三号学生公寓大楼的存在，将体育馆主体建筑布置于用地北部或中部都将使布局较为局促。将体育馆主体建筑布置于用地南端则相对减弱了对周边环境产生不良的压迫感，使原先较为松散的校园开敞空间得以有效地界定和组织，有利于突出体育馆作为校园中心区主体建筑的统筹全局的作用。通过综合优化比较，设计方案将体育馆主体布置在用地南端，游泳训练中心布置在用地北端，西侧形成集散广场，和主校道西侧原有的绿带一起形成校园中心区的主要空间节点。

四、结合自然，实现整体环境协调

体育场馆与城市公园相结合，是一种体育场馆常见的布局模式，因此环境优雅的城市公园属于第三种典型的城市环境。如何处理自然生态环境要素与大体量的体育场馆的关系，成为设计的重点问题。城市公园中山体和水体往往是体育场馆布局的制约因素，运用可持续理念和城市设计方法进行合理的布局谋篇是设计成功与否的关键。

笔者参与设计的梅县文体中心项目就位于这种典型的城市环境中（图5-16）。梅县文体中心项目包括体育馆和体育场，位于梅县梅花山下、人民广场旁，项目建成后与梅花山、人民广场一起成为梅县的城市公园。设计利用地形，沿山体高度从西向东布置体育场和体育馆。和大多数城市体育场馆建设强调自身体量的做法不同，梅县体育场看台设置依山而建，以融入自然山体的手法，最大限度减少建设项目对原有山体的影响，确保城市与梅花山体之间的视线联系。体育场的外墙采用兼顾乡土和现代气息的石笼墙，石笼墙石块取自当地石材，突出了融入自然山体的主题。

梅县体育馆内位于体育场与城市道路之间，拥有一个7000人的多功能体育比赛厅和训练热身馆，可举办体育比赛、文艺汇演以及会展活动。各类人流出入口分布设置于一、二层。由于基地位于山体和城市道路之间的距离并不宽裕，且同时要容纳体育场和文体中心两个公共建筑，按常规的布局和流线安排容易造成集散广场面积不足、散场时集中人流对基地和

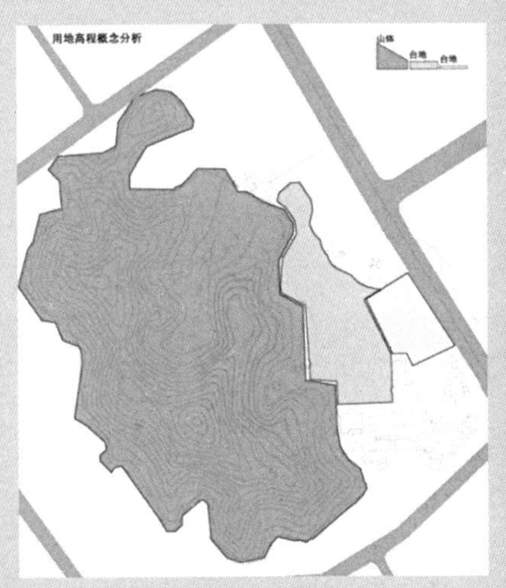

a. 基地高程分析

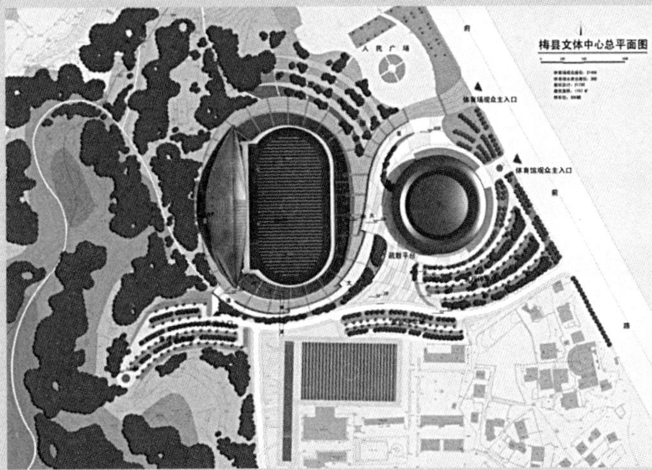

b. 总平面方案

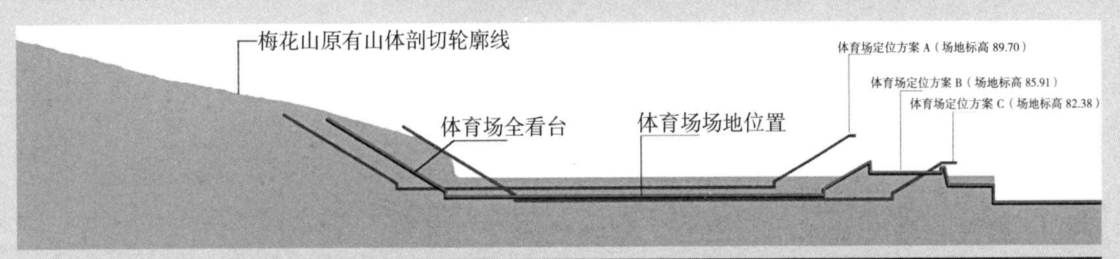

	体育场地高程取值	土方工程量	节约用地效果	场馆体量与山体的协调性	最终采用方案
方案 A	89.70m	较大	最好	不协调	×
方案 B	85.91m	中等	较好	较协调	√
方案 C	82.38m	较小	不佳	协调	×

c. 高程设计多方案比选

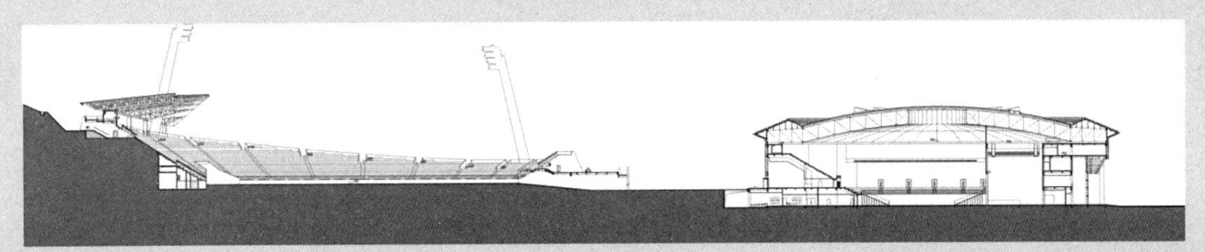

d. 最终确定的剖面

e. 梅县文体中心建成效果

图 5–16　梅县文体中心项目利用山体进行总体布局

资料来源：方案文本

城市形成交通压力过大等问题。方案将大量观众的出入口布置于面向山体的一面，这样一方面可以利用地形高差，将观众人流通过坡道自然带到二层平台，并适当延长了观众散场时的流线长度，保证人员疏散安全的同时减缓了散场时集中人流对城市的交通压力。通过巧妙的看台设置和场地竖向设计，成功处理了山体、场馆和城市的关系，并很好地解决了交通人流疏散的问题，实现了整体环境的协调。

体育场馆利用起伏地形的建设方式在提倡“经济、实用、美观”的时期中曾经得到大量应用，如广州越秀山体育场、南京五台山体育场。本书认为即使在我国经过30年经济高速发展后的今天，提倡场馆节俭建设依然是大多数场馆设计应努力的方向，结合地形条件、因势利导规划的设计策略仍然具有现实意义并值得借鉴，应在具体项目中结合时代的发展进一步研究推广。

5.1.4 基于城市环境的体育建筑设计方法

本书认为，现代体育建筑的设计应突破以往局限于从内到外的单项思维，适当将从内到外、以建筑内部功能为主线的设计方法与从外到内、关注城市整体环境、城市设计分析方法相结合才有可能设计出符合城市活动需求、满足体育运动要求的体育场馆方案。体育场馆方案设计应从基地条件分析入手，对场地内部条件、基地外部环境以及交通条件进行充分分析，并在此基础上形成多个初步方案，运用图底关系等城市设计方法进行城市肌理分析、建筑体量模拟，并对赛时赛后的功能规划、交通组织进行合理的考虑，形成最终规划布局方案（图5–17、图5–18）。

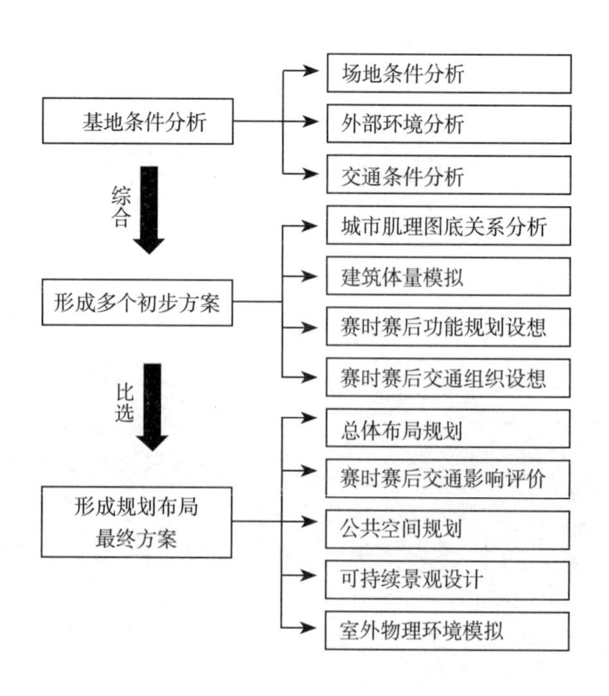

图5–17　基于城市环境的体育建筑设计方法
资料来源：笔者自绘

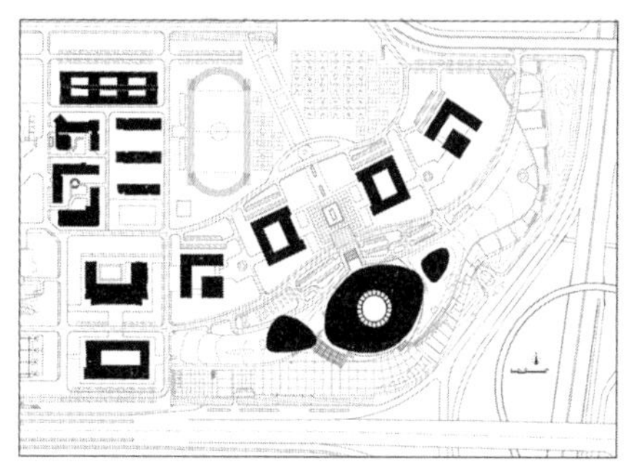
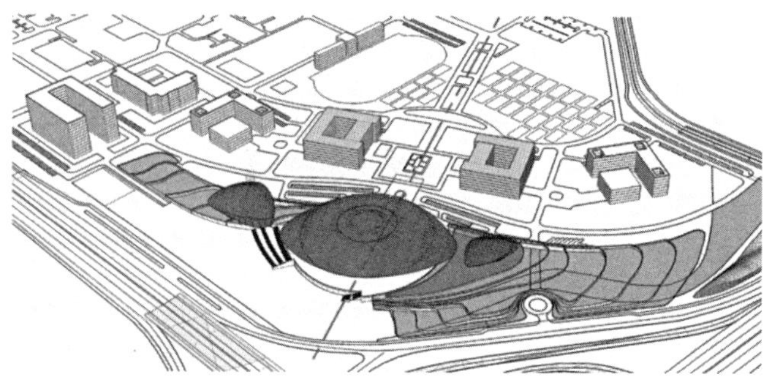

图 5-18 北京工业大学体育馆图底关系分析（北京奥运会羽毛球馆）
资料来源：投标文本

体育建筑作为城市大型公共建筑，其设计应该充分尊重城市空间，以城市设计思想为指导，基于城市的建筑设计是对狭隘功能主义的反思，21世纪的中国城市需要的是对城市空间积极应对的建筑。建筑首先应该服务于城市而不是自我表现，只有当决策规划者和设计者都充分认识到这一点，才会有宜人的新城市空间产生。

5.2 基于灵活适应的设计策略研究

功能单一、使用率低下、场馆空置是国内外体育建筑普遍存在的问题，如何解决这些问题，同时提高场馆设施使用的灵活适应性是设计和运营面临的长期课题，也是关系到体育场馆可持续发展的关键问题之一。

我国学者从 20 世纪 80 年代开始就对体育场馆的多功能设计问题进行了多方面的探索。进入 90 年代，随着可持续发展理念的传播，国内有关学者在原来多功能设计理论的基础上进一步提出了体育建筑的功能可持续发展观、体育建筑功能复合化等观点，进一步延伸了体育场馆灵活适应性方面的探索。

在体育建筑建设活跃的今天，作为大型公共建筑的代表，其投资巨大、运行费用高，建设决策的科学与否不仅关系着重大公共投资的效益评价，对体育建筑全寿命过程的低能耗、高效率运行也有着深远的影响。体育建筑的设计过程不应当仅仅是对“形”的设计过程，更是参与建设决策的过程。分析今天十分活跃的体育建筑创作成果，存在着忽视研究积累、片面迎合、错误导引的倾向。许多花费高昂代价的体育建筑将由于缺乏适应性而使业主和经营者背负长期的负担[5]。

5.2.1 两个变量：功能需求与建造方式

一、动态需求的特征——使用需求的确定性与不确定性

体育场馆的需求从使用活动的类型上，分为体育活动（包括体育比赛、群体活动）以及非体育活动（包括文艺汇演、集会、展览）。由于存在显性和隐性需求（详见本书第四章），因此加大了其策划和设计的难度。

体育场馆的功能使用需求具有不确定性的特征，为了提高场馆的利用率，多种功能的复合利用成为许多场馆使用需求的必然，但在体育场馆设计任务书拟定时，通常都会在缺乏运营需求策划的情况下造成设计功能定位模糊的问题，即便对运营需求的策划，也不能保证准确的预判未来使用需求。从长期看，体育场馆的使用需求还会因为社会经济的发展和体育运动要求的发展而变化。体育设施自身的特点构成了体育建筑与其他类型建筑在使用需求上的不确定性。忽视体育场馆在使用需求上动态和不确定性的特点，将直接导致功能配置单一、使用率低下的问题。用何种建造手段应对功能使用上现在和未来的不确定性，是体育建筑设计的重要课题。

二、建造手段的特征——建造活动的可逆性与不可逆性

相较于其他类型的建筑，大跨度、大空间的特点使体育建筑可供选择的建造手段相对有限。体育场馆采用的混凝土结构、大型钢结构投入高，对施工水平要求高，与普通建筑相比，项目一旦启动建设并完成，则具有很强的不可逆转性。

使用需求的不确定和建造手段的不可逆转，决定了体育建筑建设必须从策划决策开始到设计的过程中充分遵循灵活适应性的原则，才有可能在场馆的全寿命周期内，尽可能实现供需动态平衡，达到提升场馆使用率和资源利用率的可持续目标。本书中，"灵活"是解决动态需求问题的方式，"适应"是通过可操作的建造手段实现供需平衡的目标。基于灵活适应性的设计策略包含体育建筑设计应该从空间利用、灵活化设施利用、结构选型、设备选型及系统设计等四个方面（图 5-19）。

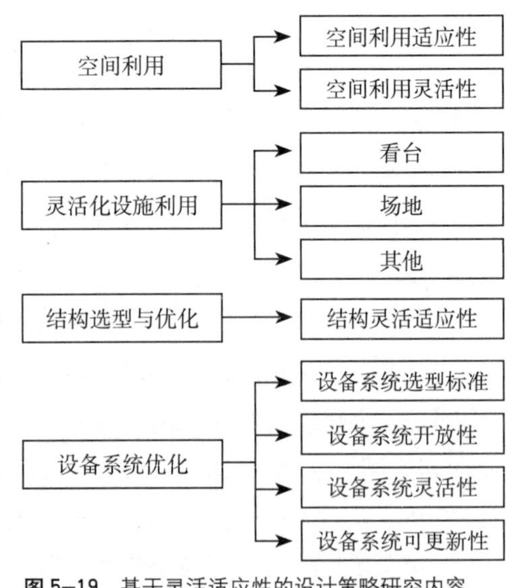

图 5-19 基于灵活适应性的设计策略研究内容

资料来源：笔者自绘

5.2.2 应对思路

体育场馆属于大跨度、大空间结构，与其他类型建筑相比，其建造成本高，技术要求复杂，一旦建成难以拆除，因此其建造方式上存在不可逆的特征。随着现代建筑技术的发展，大量临时建筑技术和灵活化设施设备被广泛应用于场馆建设和大赛组织，大大提高了建造方式的可逆性。合理综合利用不可逆建造和可逆性建造方式成为解决体育场馆功能可持续发展问题最重要的途径。

以体育场馆需求明晰度和建造手段的可逆性为坐标轴，可以区分应对未来动态需求的四种应对思路——灵活性、适应性、通用性、可更新性。四种思路分别对应不同的使用需求，具体如下（表 5-1）：1. 灵活性——以可逆性建造应对多种确定性需求；2. 适应性——以可逆性建造应对不确定性需求；3. 通用性——以不可逆性建造应对确定性需求；4. 可更新性——以不可逆性建造应对不确定性需求。

四种思路的应用分析 **表 5-1**

应对思路	使用需求	建造手段	优点	缺点	应用对象
灵活性方式	确定	可逆	克服功能单一场馆的弊端，利于场馆多功能运营	建设投入成本相对高，对于未来不确定的需求缺乏应变能力	适合多功能定位的场馆设计
通用性方式	确定	不可逆	强调集约紧凑的建设方式	不可逆的建造手段制约其适应性，在付诸实施前的定位要求高	适合强调经济性的场馆设计，通常与灵活性策略配套应用
适应性方式	不确定	可逆	具有开放性的特点，应对未来不确定需求具有较大可塑性	对不确定的需求较难把握，容易陷入笼统而缺乏可操作性	适用于未来需求具有较大不确定性的场馆
可更新性方式	不确定	不可逆	减少设施维护费用，降低未来不确定性带来的风险	更新改造材料的再利用是设计之初的重点之一	适用于赛时赛后规模需求差距大的场馆

资料来源：笔者自绘

下面章节将四种应对思路应用于体育场馆的空间利用、设施利用、结构选型、设备选型与系统设计等设计阶段的几个重要环节中，探讨基于灵活适应的设计策略。

5.2.3 空间利用的设计策略

一、功能构成关系与空间利用

1. 体育场馆空间类型

体育场馆空间组成类型从总体上都可以分为三种：主体空间、辅助空间和扩展空间。

主体空间是体育场馆实现主要功能的核心空间，用以观赏和开展体育、展览、演出、集会等活动的空间场所。主体空间通常包括体育场地和观众座席（对于不带看台的体育设施则以体育场地空间为主）。因其特殊的功能要求，主体空间的屋盖结构跨度要求较一般空间的结构跨度大，工艺要求也较一般空间高，因此主体空间的设计直接涉及体育场馆建设的经济性等问题。对于大中型体育场馆，主体空间普遍存在使用率偏低的问题。如何提高大型体育设施主体空间的使用效率，是体育建筑设计在过去、现在和将来都要面对的重要问题（图 5–20）。

辅助空间是配合主体空间、实现建筑使用功能的配套空间。具体而言，对于竞技类体育设施，其辅助空间一般包括：热身训练、运动员、贵宾、裁判、媒体等各类人员的用房；对于大众体育设施，其辅助空间则一般包括更衣淋浴、场馆管理等辅助性房间。辅助空间是为主体空间服务的必不可少的功能空间，与主体空间组成整体共同实现比赛训练和群众锻炼等体育运动功能。从组织竞技比赛的角度，辅助空间的面积要求较大；而从开展群众体育锻炼的角度，辅助空间的面积要求则相对较小。如何协调兼顾不同性质体育活动的要求，充分发挥辅助空间的灵活性是可持续运营的需要。

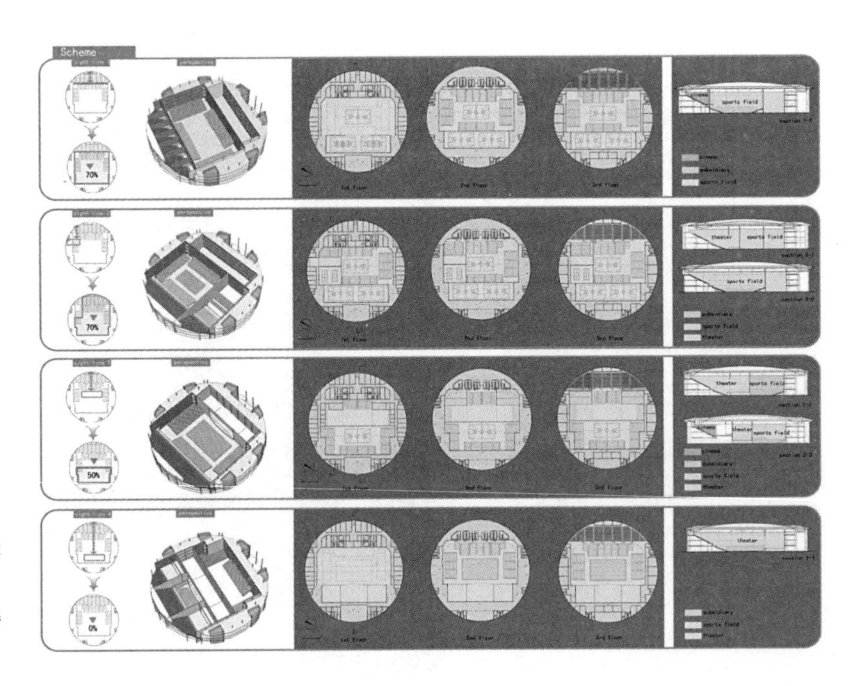

图 5–20 梅县体育馆主体空间利用研究

资料来源：开放式建筑国际竞赛参赛文本

扩展空间是顺应体育场馆功能复合化的发展趋势，实现商业经营、旅馆、娱乐等扩展功能的附加空间。对于一些小型体育设施，此空间类型也可能不另设置。一些研究将其称为“附属空间”，但考虑到未来体育场馆功能复合化的趋势，新型体育建筑在体育功能与非体育功能的比例关系上可能出现逆转，该空间类型与主体空间是否为从属关系难以一概而论，所以本书认为将此类空间称为“扩展空间”更为恰当。在一定条件下扩展空间可以与主体空间和辅助空间实现相互转化，是解决大中型体育场馆赛后利用问题的有效方式，也是体育建筑功能多元化的有效手段。

主体空间、辅助空间与扩展空间三者不是机械的叠加，而是相辅相成，发挥综合效益，共同构成有机的整体，实现体育建筑功能上“质”的提升。

2. 体育场馆功能构成关系

从使用需求的角度，体育场馆内部功能组成的类型可细分为体育比赛、体育教学训练、群众体育活动、文艺汇演甚至会展、酒店等服务功能类型。

不同类型的体育建筑功能千差万别，功能实现的方式也纷繁复杂。由于不同的功能在实现过程中时空维度的差异，不同种类功能之间呈现出多种关系，归纳起来可以有以下四种功能构成关系：功能叠加、功能转换、功能并置和功能替换。

功能叠加是指不同种类的功能在同一空间下同时实现的关系。例如很多群体活动场馆或训练场馆在同一空间下可以同时实现多种体育活动。当然很多情况下，在这一空间里，体育活动的场地也可以重新布置转换功能，也就出现了本书提到的第二种功能关系类型。

功能转换是指不同种类的功能在同一空间下通过技术手段的转换可交替实现的关系。例如美国洛杉矶湖人队的斯坦博尔斯体育中心（Staples Center）的场地设计考虑了包括篮球、棒球和曲棍球在内的多种体育比赛，同时还可以举办音乐会和格莱梅之类的大型活动。由于该体育馆是洛杉矶湖人队、快船队和职业冰球联盟的洛杉矶国王队的主场，因此，体育馆比赛厅通过一定的技术手段实现曲棍球、篮球和冰球比赛的功能转换关系。

功能并置是指不同种类的功能在不同空间中同时实现，从而有机组合整体提升体育设施效益的功能关系。如上海 8 万人体育场和广东奥林匹克体育中心都结合看台设置了宾馆，从而体育功能和酒店服务功能形成功能并置的关系。

功能替换是指通过一定的改造措施以新功能替换旧功能的功能关系。如亚特兰大奥运会主体育场在奥运会期间按满足奥运田径比赛功能定位，赛后通过改造措施将原来的田径功能替换为棒球比赛功能。

在一座多功能的现代体育设施中，可能同时出现四种功能关系。功能是依靠具体的空间来实现的，是空间作用于环境的外显效应。由于空间的局限和时间的变化，功能需求的实现给空间利用带来了难度，正因为此，多种功能的实现依靠空间利用策略的合理制定，从而达到灵活空间利用、适应未来变化的目的。

3. 空间利用策略类型

如上所述，体育内部功能关系归纳起来主要是功能叠加、功能转换、功能并置和功能替换四种类型。正是由于体育场馆不同功能之间存在复杂的关系，给建筑空间的利用带来了不定因素，缺乏灵活弹性的空间利用方案将直接导致空间利用率低下的问题。具有灵活适应性的空间利用策略正是基于应对多功能复合化的体育场馆发展趋势的可持续设计策略之一（图5-21）。本书提出通用性空间、灵活化空间、复合型空间、易改造空间四种空间利用策略，具体如表5-2。

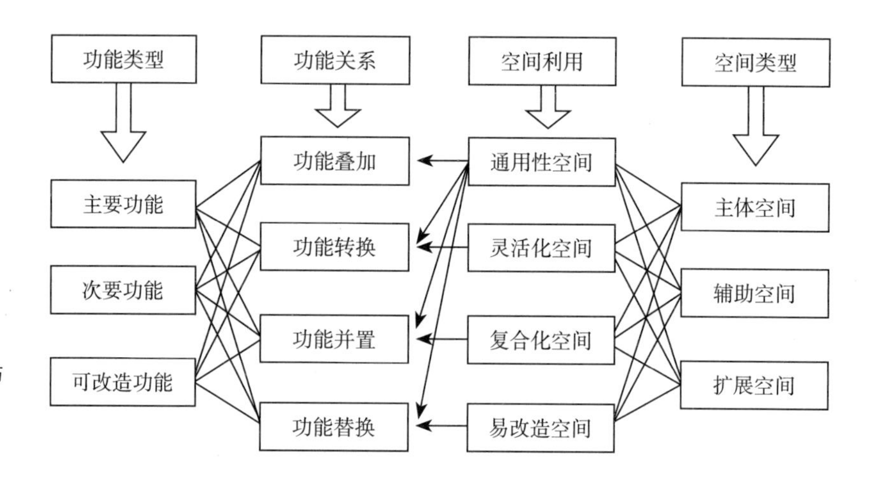

图5–21 功能构成方式与空间利用策略基本类型
资料来源：笔者自绘

三大类型体育设施功能空间利用与设计策略组合 **表5–2**

		体育比赛	体育训练	群众体育	文艺演出	会议集会	展览	商业经营	策略组合可能性
体育场	比赛空间	√	√		√	√	√		灵活性
	训练场地	√	√	√					灵活性、适应性
	辅助空间	√		√			√	√	适应性、通用性
	非体育空间						√	√	复合性、适应性
体育馆	比赛空间	√	√	√		√	√		灵活性
	训练场地	√	√	√			√		灵活性、适应性
	辅助空间	√		√				√	适应性、通用性
	非体育空间							√	复合性、适应性
游泳馆	比赛空间	√	√	√					通用性
	训练场地	√	√	√					适应性
	辅助空间	√		√					适应性、通用性
	非体育空间							√	复合性、适应性

资料来源：笔者自绘

二、通用性空间利用策略

通用性空间利用策略对物理条件上不可变的空间部分采取的兼容各种使用可能性的空间设计策略，适用于体育场馆基本空间架构的配置以及单一空间的设计。由于体育场馆大空间、大跨度、初始投入高的特点，在现有的技术条件下绝大部分场馆的基本空间架构建设都存在不可逆的特点，不恰当的设计策略直接导致投入的浪费和未来使用过程中空间利用率的低下。因此，基本空间架构的合理性和兼容性对于体育场馆未来空间的使用至关重要。通用性空间利用策略是四个空间利用策略的基本策略，它与后面提到的三个策略结合运用、相辅相成。

以德国汉堡体育馆为例。该体育馆的比赛厅空间平面为矩形，设计利用 3 条纵向活动隔断，将比赛厅划分为 4 块，使用时可以进行多种组合，如四个小馆、两个中等场馆、一大一小两个场馆，从而在同一个通用空间框架下可以同时进行不同规模和性质的活动，实现功能叠加的效果[6]。

三、灵活化空间利用策略

灵活化空间利用策略是利用灵活机动的活动设施设备等技术手段，提高空间适应性的设计策略，适用于主体空间尤其是运动场地（包括干场地和湿场地）和看台区域。灵活化空间利用策略是现代体育建筑设计中应对多种功能之间的转换要求、提高空间利用率的重要手段。灵活化空间利用策略可分为两种情况：第一种是利用灵活机动的技术手段实现同一空间架构下的使用功能转换。德国汉堡体育馆通过活动隔断的设置实现同一空间下同时容纳不同的活动，改变活动隔断可以使不同的活动组合方式发生改变，实现功能的转换作用。第二种是利用灵活机动的技术手段使空间体量伸缩变化以适应不同使用功能间的转换。日本琦玉县体育馆利用包括 9200 个观众席和部分辅助用房在内的“移动式”楼座的水平移动来达到空间体量伸缩变化的效果，从而实现体育、商业、音乐和会展的多功能转换[7]（图 5–22）。

图 5–22 日本琦玉县体育场空间伸缩模型

资料来源：体育建筑创作新发展［M］. 北京：中国建筑工业出版社，2011：21.

四、复合型空间利用策略

复合型空间利用策略是应对体育设施多种经营的趋势下，通过不同建筑空间的合理布局多元功能实现功能并置的空间策略，适用于辅助空间和扩展空间。相对于受到体育功能限制的主体空间，辅助空间和扩展空间的空间组织具有更大的可塑性。然而，传统的体育设施往往围绕竞技体育功能布置辅助空间和扩展空间，忽视了挖掘辅助空间和扩展空间的潜力。如何结合城市需求和多功能配置，探索更多的空间组合形式是复合型空间利用策略的研究方向。

以笔者参与设计的江门滨江新城体育中心方案为例，作为城市新区未来的活力中心，江门滨江新城体育中心容纳体育、会展以及商业配套服务多种功能，方案通过复合性空间利用策略，在北区将体育馆与会展中心结合起来，考虑到两者空间都属于大跨度，空间利用上考虑体育赛事和会展活动互相借用空间的做法进行设计；南区则将游泳馆与扩展经营用房沿城市规划路布置，两类功能用房通过有机的公共空间架构组织在一起，形成复合功能的整体空间（图5-23、图5-24）。在有限的空间和规模下实现多功能并置的可能性，为中小型城市体育设施综合利用提供了有益的思路。

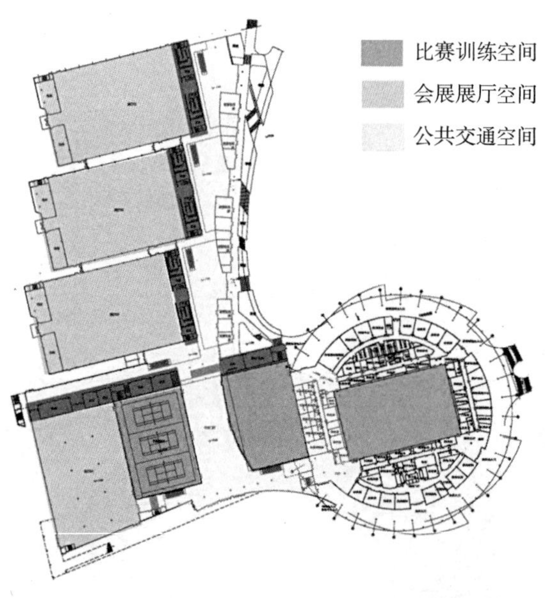

图 5–23 江门滨江体育中心北区场馆内各空间的复合型空间利用

资料来源：投标文本

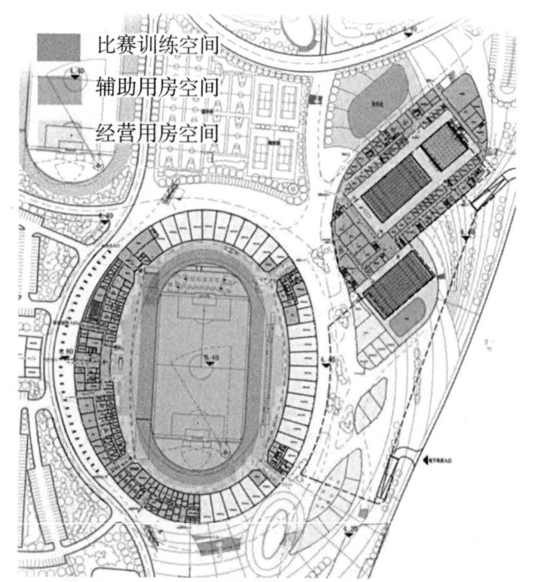

图 5–24 江门滨江体育中心南区场馆空间与城市空间结合形成复合型空间利用

资料来源：投标文本

五、易改造空间利用策略

易改造空间利用策略是为解决近期和远期不同功能给体育建筑空间带来的矛盾冲突，考虑空间的可更新性，采取临时设施等建设手段实现未来以较小代价实现功能转换的空间设计策略。该策略适用于以上三种空间利用策略均无法满足建设要求的情况下，赛时赛后使用需求存在巨大矛盾冲突的空间，也适用于功能定位难以明确，出于经营考虑存在改造可能性的空间。易改造空间利用策略所包含的临时建设手段可分为两个层次：第一，建筑整体为临时设施，例如大型体育赛事一些特殊运动项目的场馆设施采用了整体为临时建筑的做法；第二，场馆的主要空间和辅助空间采用临时座席、临时隔断以及相应的临时设施设备，未来通过拆除改造实现该空间的功能替换。恰当选择临时设施，能够有效减少持续维护的费用，从而避免赛后利用不确定性带来的风险。利用临时座位及设施作为永久设施的重要补充，可填补使用上的缺口，提高空间利用率，充分体现可持续发展的目标与要求。许多体育比赛需要一定数量的附属用房供赛时使用，目前主要的临时用房形式有帐篷、雨篷、可移动的构筑物、可以租借的运输容器、单层盒子间以及轻钢结构建筑等等。如何根据用房功能合理地选择各种构造形式，尽可能地适应附属用房灵活多变的空间需求是设计的重点。

笔者参与设计的奥运摔跤馆在内部设施设计上充分考虑到奥运会摔跤比赛——残奥会坐式排球比赛——赛后学校使用的功能转换。例如，主馆内的运动员休息室“可变大小”。在奥运会摔跤比赛时，运动员的休息室约为20m^{2}的小间，而在残奥会坐式排球比赛期间，残奥会运动员休息则要求更大的空间。为满足不同的使用要求，体育馆事先把休息室建成有多个门的大间，之后在中间进行相应的改装修建，变成每间约20m^{2}的小间，以满足奥运摔跤比赛要求；残奥会前通过短时间的改造，拆建成大间休息室；残奥会后再通过较少的改造，转换为师生活动用房。这样既节约了改建的成本和转换时间，也满足了残奥会的需要及赛后体育馆的日常运营使用。

六、案例：梅县文体中心空间利用策略的综合应用

梅县体育馆建筑布局采用圆形的平面形式，综合应用了上述的通用、灵活、复合和易改造的空间策略，较好地满足了场馆功能叠加、转换、适应以及扩展的需要。场地座席采用不对称方式布置，辅助用房布置于比赛厅以外的圆形平面区域内。采用不对称看台的布局是出于兼顾未来举办演出和会议、提高场馆空间利用率的考虑。训练馆和比赛厅的使用可分可合，体育比赛时，通过临时隔断将训练区和比赛厅分为两个区域；文艺演出时，训练馆可作为演出的舞台或后台；举办会展活动时，两个空间区域可合二

为一，体现了对场地利用灵活性原则的尊重。

区别于一般场馆将主要辅助用房布置于观众平台底部，梅县体育馆的辅助用房主要集中于训练馆南侧的圆形平面内，共四层。在方案平面确定后，该部分用房的功能定位经过了几次大的变化，包括从最初的城市展览馆、青少年活动中心，到建成后经改造作为行政服务大厅使用，基本空间框架均能满足不同定位的要求。靠山体一侧虽然有观众平台，但底部为架空层，可作为该场馆举办更高级别赛事搭建临时辅助用房的区域。辅助用房的相对集中布置使其具有良好的适应性和灵活性。这种平面形式既是设计者应对特殊建筑形式的回应，也是突破一般体育场馆传统布局模式的尝试（图 5-25、图 5-26）。

从建成后的使用反馈看，其功能及系统配置基本满足了城市举办大型活动的需要。另一方面，设计过程中体育馆辅助用房对业主各类用途要求的满足，充分说明该方案的布局模式本身具有较好的灵活适应性。

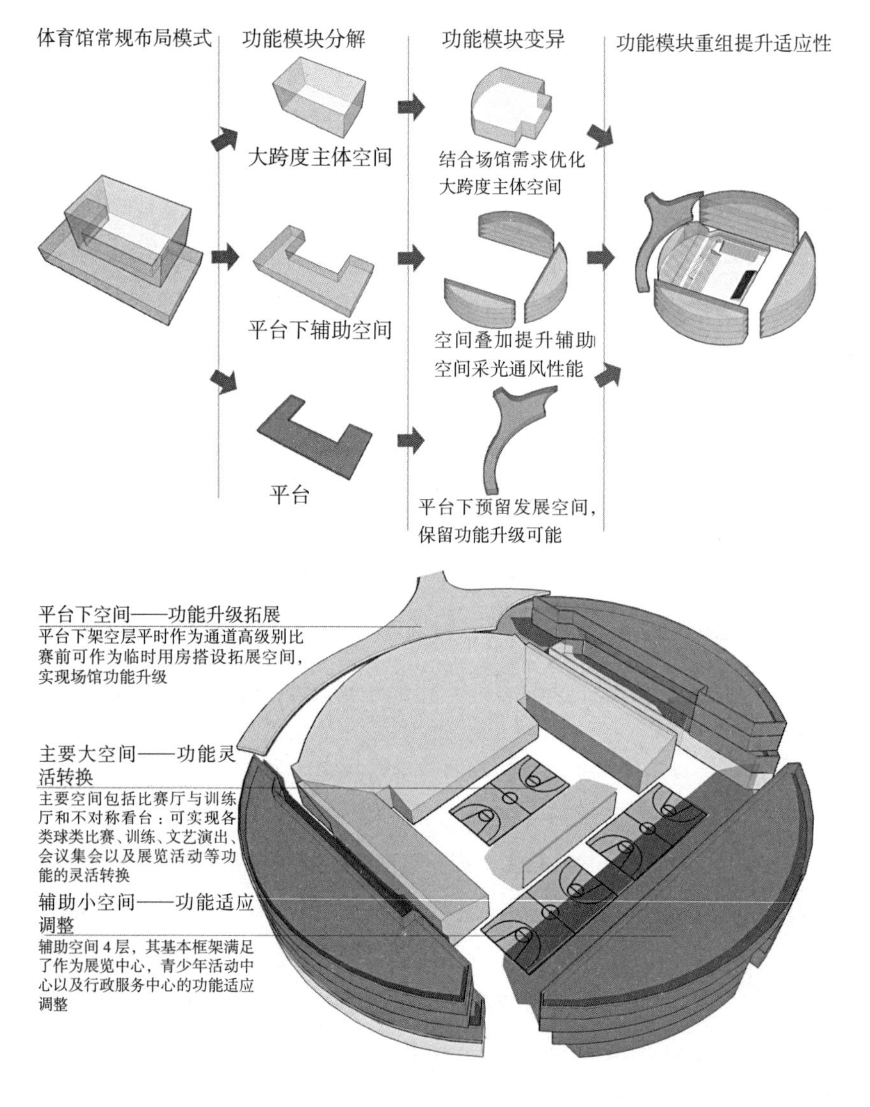

图 5-25　体育馆功能模块分解\变异\重组
资料来源：笔者自绘

图 5-26　体育馆各功能模块的灵活适应性策略
资料来源：笔者自绘

5.2.4 灵活化设施利用策略

一、看台设施

1. 活动座席设置

对于体育场馆的平时使用，场地的使用率远远高于看台。活动座席作为现代体育场馆中应用最为广泛的灵活化设施之一，是提高场馆场地利用率的重要技术手段（图 5-27）。

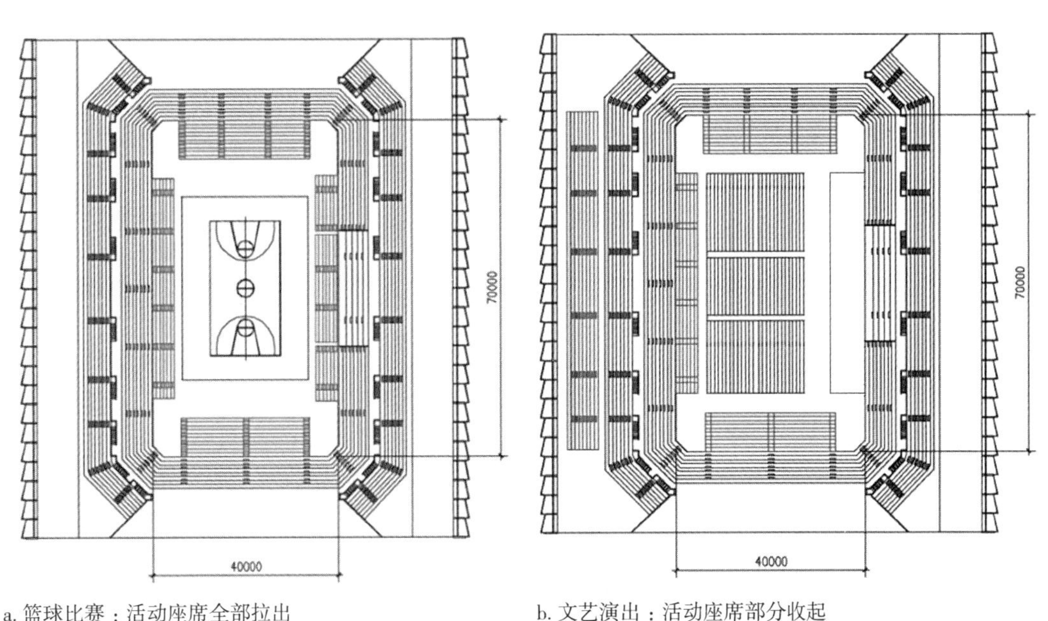

a. 篮球比赛：活动座席全部拉出

b. 文艺演出：活动座席部分收起

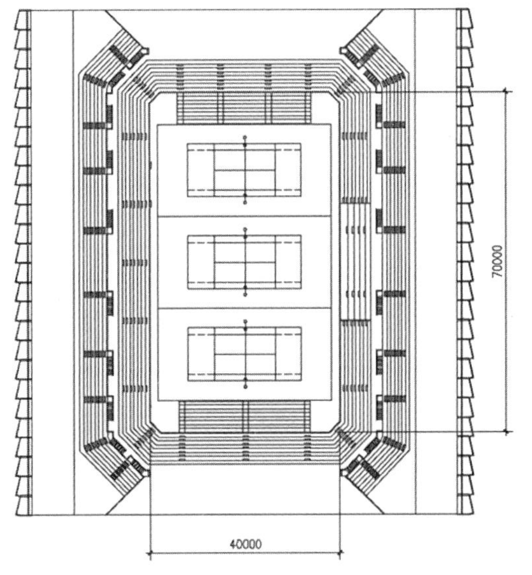

c. 羽毛球训练：活动座席部分收起

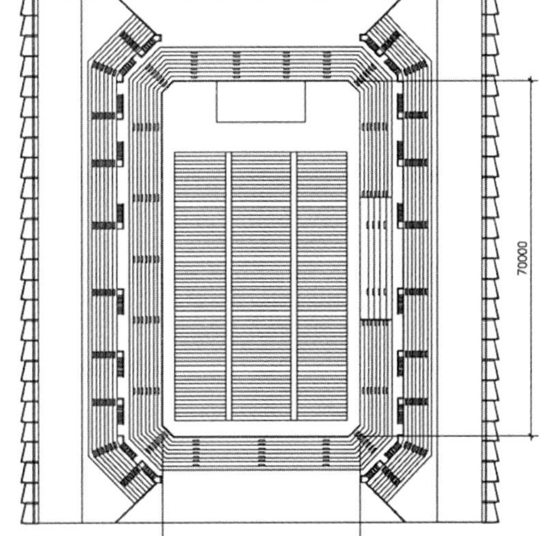

d. 报告会：活动座席全部收起

图 5-27 北京奥运摔跤馆设置活动座席提高利用率

资料来源：投标文本

从活动座席的转换方式分类，可分为：推拉折叠式、拆分组合式、整体移动式、升降式以及综合式几种类型[8]（表 5-3）。应用最为广泛的是推拉折叠式和拆分组合式活动座席，其他类型的活动座席由于对场地和土建设计有一定要求，加上技术工艺上不成熟，其应用范围不及前两者。

各类活动座席类型优缺点比较 **表 5-3**

	特点	土建设计要求	应用对象
推拉折叠式	利用排间高差把看台折叠成一个排距宽度。技术成熟，实现国产化，应用广泛	收起后需要占用1m左右宽度的空间；场地地面构造有一定要求	大量应用于大中型体育场馆场地，实现不同体育运动之间的转换
拆分组合式	可将看台拆分为若干组合单元，分单元移动储存	需要一定的储藏空间	适合兼顾文艺演出集会功能的比赛场地
整体移动式	可整体移动的方式，分为平行移动和旋转移动	实现转化时间较长，对土建要求高	适合大型体育场体育场馆，在国外应用较多，如法兰西体育场和日本札幌穹顶
其他	升降、翻转、悬吊方式实现转换，技术相对不成熟	需要土建配合程度高	国内外应用较少

资料来源：作者根据资料整体绘制。

活动座席占总座席数量的比例成为衡量场馆利用灵活性的重要指标之一，有些规模不大的体育场馆甚至以活动座席全部取代固定座席。对于大型体育场馆，场地扩大化的趋势也使活动座席的应用得以推广。但活动座席的应用还受到一定的技术工艺方面的限制，以应用最广泛的推拉折叠式活动座席为例，超过一定排数的活动座席仍然存在一定的生产难度，且存在使用上的安全隐患。随着技术的改良和革新，活动座席在技术工艺方面的局限性必然逐渐放宽，设计师应根据项目的实际情况，结合适宜的活动座席技术选择合理的活动座席配置方案，实现场地空间使用灵活性最大化。

2. 临时座席应用

临时座席是提高场馆利用的灵活适应性的重要技术手段。从应用角度，可将其分为两种类型：一种是结合临时支撑结构，形成临时看台，解决举办赛事与平时使用之间的规模冲突；另一种是结合场地利用要求，布置临时座席，满足多功能需求。

对于举办大型体育赛事的体育场馆，赛时与赛后座席规模往往存在巨大的差距。赛时利用临时座席配合支撑体系，设置临时看台，赛后拆除循环利用，成为解决这一矛盾的有效途径。

对于多功能体育场馆，除了举办体育比赛外，通常还兼顾文艺演出、会议等功能，舞台或主席台以外场地区域往往成为观赏演出或报告的最佳区域，一般以布置临时座席的办法满足使用需求。这种类型的应用方式，通常还需要配合设置一定面积的库房以储存撤换下来的临时座席。

大型比赛的游泳馆在赛时赛后看台容量存在巨大的差异，因此采用临时座席、赛后拆除的做法被许多为赛事兴建的游泳馆所采用。从悉尼、北京、伦敦等近几届的奥运会可以看出这一趋势。

以悉尼奥运会场馆为例。悉尼奥运会利用达令港的悉尼展览中心展厅，将其改造成摔跤、举重、击剑等比赛场地；在奥林匹克公园，利用皇家农业协会的展馆改造成篮球、手球、排球、羽毛球等比赛场地，均使用了大量临时座席（图 5-28）。悉尼奥运会的水上中心使用了大规模的临时看台，在比赛之后拆除，同时缩减场馆的体量，使其符合赛后运营需求（图 5-29）。

北京奥运会国家游泳中心的设计中也借鉴了悉尼奥运会的成功经验（图 5-30、图 5-31）。在比赛池两侧分布着 1.7 万个座位，但赛后作为日常赛馆，只保留 4000 到 6000 座即可满足要求。因此，设计师将靠近游泳池的 4000 到 6000 个座席做成永久座席，后面高处则搭建近 1.1 万张临时座席，赛后拆除并改建为其他运营场所[9]。

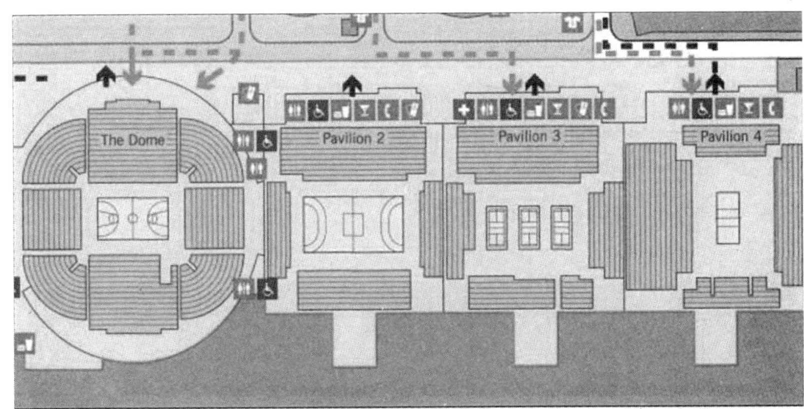

图 5-28　悉尼奥林匹克公园内皇家农业协会展馆赛时改造为篮球等比赛场地
资料来源：Official Report. Sydney Organizing Committee for the Olympic Games. 2001：391.

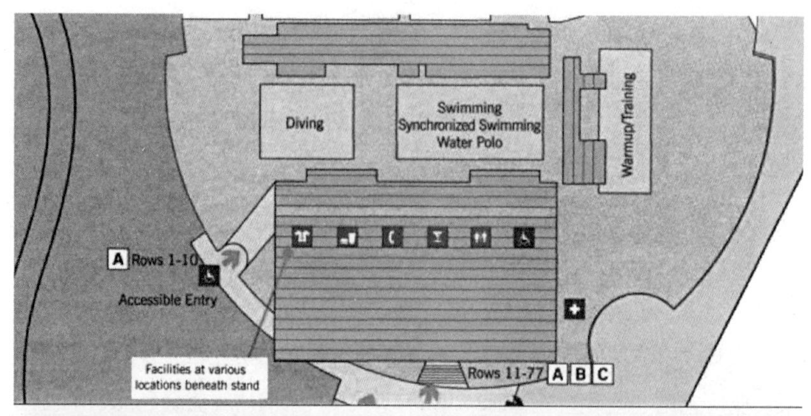

图 5–29 向公众开放的悉尼水上中心赛时为游泳跳水比赛场地，赛后向公众开放

资料来源：Official Report. Sydney Organizing Committee for the Olympic Games. 2001：386.

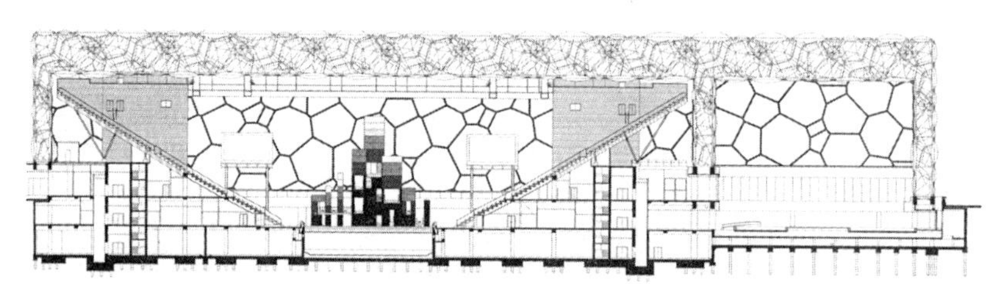

图 5–30 北京国家游泳中心奥运会赛时剖面

资料来源：世界建筑［J］. 北京，2013（08）：53.

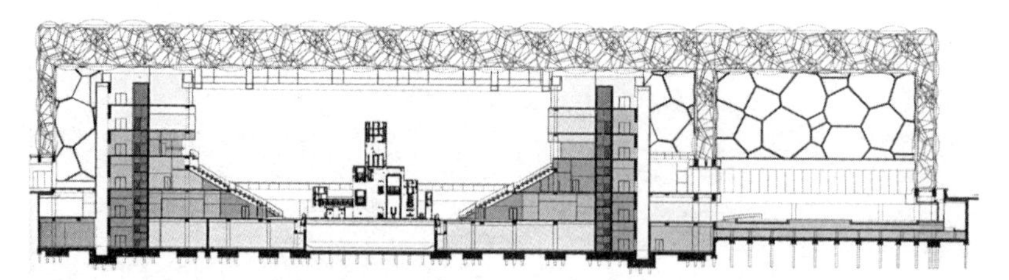

图 5–31 北京国家游泳中心奥运会赛后剖面

资料来源：世界建筑［J］. 北京，2013（08）：53.

伦敦奥运水上中心奥运期间规模 1.75 万人，其中包括 1.5 万人的临时座席，这部分座椅赛后将被拆除，规模降为 2500 人，使其贴近赛后使用要求（图 5–32~ 图 5–35）。

图 5-32 2012 年伦敦奥运水上中心建设中的临时看台

资料来源：http://blog.qqwwr.com

图 5-33 2012 年伦敦奥运水上中心赛时照片

资料来源：http:// www.sinovision.net

图 5-34 主体空间与临时看台一体化设计

资料来源：http://icpress.cn

图 5-35　赛后将拆除临时看台

资料来源：http://jst-cn.com

图 5-36　三个奥运场馆赛时剖面临时座席方式比较

资料来源：章艺昕. 游泳馆设计研究［D］. 2013：76

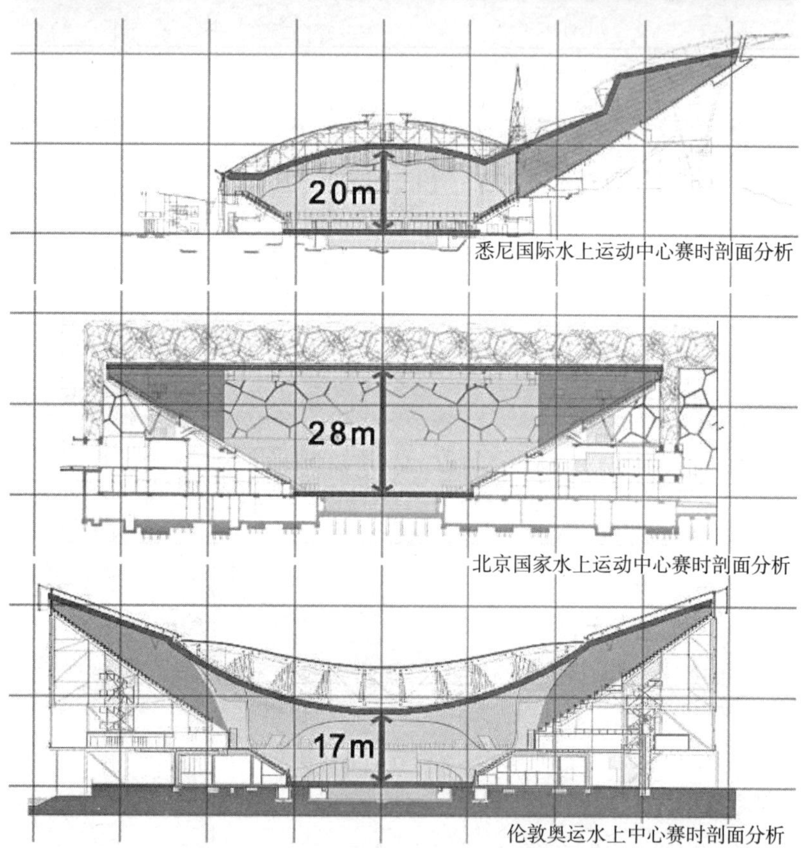

值得注意的一点是，三届奥运会游泳馆虽然都采用了临时座席的方式，但是临时座席与主体建筑衔接的方式存在不同（图 5-36）。悉尼与伦敦奥运会的临时座席是在主体建筑之外，赛后完全拆除，体量得以缩小，使其符合赛后要求；北京奥运会的临时座席则布置于主体建筑之内，赛后临时座席拆除根据需求进行改造。因此，两种方式在赛时的场馆形象存在差异，体现了不同的建设理念：前者造型设计是以赛后为目标，赛时以满足功能为主，临时座席的加建相对牺牲了赛时的场馆形象；后者则保证了赛时赛后场馆形象的完整性，但如何充分发挥其带来的大跨度空间的作用则有待探讨。

3. 场地设施

场地是现代多功能体育场馆体现灵活适应性的核心空间，场地的灵活化利用技术对体育场馆多功能需求的实现起着至关重要的作用。罗鹏的《大型体育场馆动态适应性设计研究》曾指出，不同的类型体育场馆具有不同的使用需求，相应发展出不同的核心技术：对于体育场和足球场而言，草地的养护、移动、转换是技术的重点；对于一般球类馆而言，多种比赛之间的转换则更为重要[10]。

（1）室内场地灵活化技术应用策略

多功能的综合体育馆往往兼顾篮球、排球、羽毛球、乒乓球等各类球类运动要求，甚至要布置冰球比赛的专业冰场；有的还要满足文艺汇演和会展等功能，功能切换要求高。这就给场地地面构造带来了灵活性的设置要求。活动木地板、PVC 活动卷材地面、拼装式木地板以及活动冰场、临时舞台为这一要求提供了重要的技术手段（图 5-37）。

（2）室外场地灵活化技术应用

对于举办足球等室外球类运动的体育场，对草皮场地具有一定的要求。例如举办高规格的足球比赛要求天然草皮，而一般性足球运动或国外较流行的棒球、橄榄球、曲棍球等项目则可以应用人工草皮。由于天然草皮的养护存在较高要求，因此为提高场地的使用率，国外体育设施通常采用整体移动技术。例如：日本札幌穹顶为满足足球棒球的转换功能，采用气垫技术实现天然草皮场地整体移动，当天然草皮在室外生长期间，可同时进行训练和非正式球类比赛；而室内可以利用人工草皮场地举办棒球比赛（图 5-38）。

整体移动技术属于比较前沿的技术，技术复杂，成本较高，日本札幌穹顶场地每转换一次历时 30 分钟，花费 5000 元[11]。因此，即使在国外其应用范围也不太广泛，仅局限于少数体育场采用。相对而言，人工草皮场地的收卷技术则相对简便，可采用整体收卷或分单元收卷的方式。日本大阪穹顶便是应用整体收卷技术的案例，65m × 117m 的场地借助埋设在草皮贮沟中的芯棒将草皮卷起、储藏。为加快转换速度，还采用了机械辅助方式，在收卷时场地下方送风口开启送入空气，使人工草皮从地面浮起后更方便收卷。当铺设人工草皮时，则利用了卷扬机方式进行铺设。

图 5-37 临时舞台为场地灵活化使用提供了技术支持
资料来源：专业厂家提供

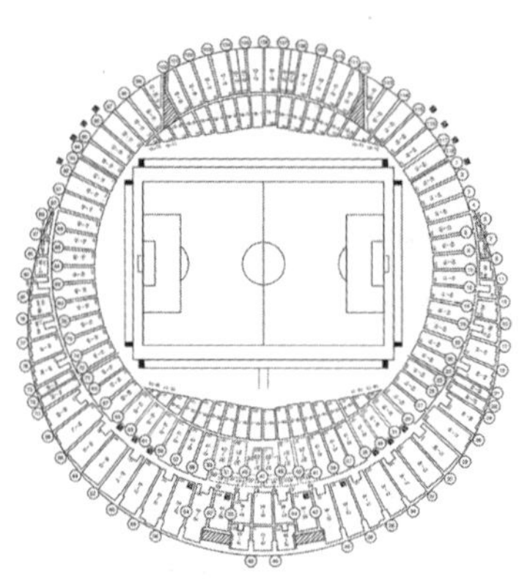

图 5–38 日本札幌体育馆采用整体移动草坪

资料来源：http://image.baidu.com

4. 泳池设施

泳池多功能使用面对的矛盾与其他体育场馆类似，体现为两方面：第一，不同水上运动之间的体育工艺要求的差异造成的矛盾。例如游泳、花样游泳和水球比赛对比赛场地的平面尺寸和泳池深度要求不同，即使同时举行的游泳比赛，对泳池工艺也可能存在不同的要求。第二，竞技体育与群众体育使用要求的差异造成的矛盾。例如，举办国际比赛和面向群众开放对泳池深度存在不同的使用要求。由于这些使用中存在的矛盾，才使得泳池设施的灵活化利用策略得以应用。目前国内外较常见的泳池设施灵活化利用策略包括：活动池岸、活动池底、沉箱以及临时泳池等技术。

（1）移动池岸、活动池底

移动池岸是调节泳池长度的灵活化泳池设施。为提高泳池使用灵活性，移动池岸是国内外游泳馆大量采用的常用技术手段。移动池岸宽度1m，考虑设置移动池岸的泳池通常土建尺寸应达到25m × 51m。当移动池岸移至泳池端部，泳池可作为25m × 50m的标准泳池，满足游泳比赛要求；当移动池岸设置于泳池中央，可作为短池赛或训练使用。

活动池底和沉箱是调节泳池深度的灵活化泳池设施。活动池底是在水量保持不变的情况下，升降池底平板来改变泳池水深，从而满足不同使用需求的目的。不同的水上运动对水深要求不同[12]：水深为3.8m时，可作为5m跳台跳水训练；水深为3.4m时，可作为1m跳板跳水训练；水深1.8m时，可满足游泳、水球训练用途；水深1.25m时，可满足成人游泳学习用途；水深0.3~0.6m时，则可满足儿童游泳池的要求；池底升至顶部与地面取平，还可作为陆地体育运动使用场地，甚至将池底高出舞台可以作为演出使用。值得注意的是，活动池底应用应注意场馆土建条件问题。例如花样游泳比赛对场地尺寸和深度都有严格要求：必须提供两个10m × 3m的场地为自选动作比赛场地，分别不小于3m和2.5m深；必须提供一个至少12m × 25m固定动作比赛场地，其中12m × 12m场地必须至少2.5m深，其余部分至少 1.8m；奥运会比赛和世界锦标赛对于规定动作比赛最小必须提供 20m×30m 的场地，其中 12m×12m 的场地深度必须在 3m 以上，其他的深度必须在 2.5m 以上，从 2.5m 到 3m 的倾斜区必须不少于 8m[13]。因此实际建设游泳馆的时候，泳池的使用定位决定了深度和平面尺寸。只有结合使用定位充分考虑泳池尺寸的通用性，才有可能发挥活动池底和沉箱技术的灵活性。

活动池底在国外应用较多，如蒙特利尔奥运会游泳馆、悉尼国际水上运动中心、日本东京辰巳国际游泳馆等都采用了活动池底技术实现多功能转换。国内设置活动池岸较少，且使用效果不理想。上海浦东游泳馆较早采用活动池底技术，但造价和日常维护成本较高，给场馆经营带来一定压力。有的游泳馆装设了活动池底，建成以来使用次数极少，而且存在渗漏带来维护问题，经过改造封存不再使用。

相对而言，通过沉箱技术使泳池深满足不同使用要求需要的技术策略是目前国内游泳场馆较多采用的做法。由 PVC 工程塑料制成的箱体安装于泳池底部，减小泳池深度，技术相对简单、成本低廉，但对水质有一定影响，灵活性相对较差。广州天河游泳馆和上海市游泳馆等都采用了此项技术措施。

（2）临时泳池

与传统的泳池建设方式相比，临时泳池技术是一种全新的泳池建造技术，临时泳池技术为大型游泳场馆的建设带来了全新的建设理念。由于采用工业生产，所以工期短、成本低、易于保养。国际泳联执行主席科・马库勒斯库说，“现在国际泳联更愿意把游泳比赛放在那些多用途的场馆内进行，因为传统的游泳馆已经满足不了电视转播和记者工作的需要”。2001 年日本福冈举办的第 9 届世界游泳锦标赛，运用了雅马哈公司研制的 FRP（玻璃纤维加强塑料）搭建特制的临时泳池设施，福冈的比赛需使用 50 天，泳池的安装用 2 周时间，拆除用1 周时间，泳池赛后可以拆除移至别处多次重复使用。2004 年第 7 届短池世锦赛在美国印第安纳波利斯举行，临时比赛泳池就搭建在当地的一个 NBA 赛场内；2007 年国际泳联重要赛事在澳大利亚墨尔本进行，临时泳池搭建在网球场上；2011 年上海举办第 14 届国际泳联世界锦标赛，东方体育中心综合馆采用临时泳池技术配合综合馆的观众座席规模，较好地满足了世界游泳锦标赛要求（图 5-39、图 5-40）。

由于临时泳池技术的产生，使大型游泳比赛必须在专门游泳场馆中进行的定式得以突破，利用体育场或体育馆原有看台搭设临时泳池或利用展览馆的大空间结合临时看台和临时泳池搭设，成为举办大型游泳比赛的选择之一，提高了经济不发达地区和中小城市举办大型体育比赛的可行性。

图 5–39 东方体育中心综合馆设置临时泳池举办世锦赛开幕式

资料来源：http://image.baidu.com

图 5–40 采用临时泳池技术举办世界游泳锦标赛

资料来源：http://image.baidu.com

从长远来看，临时泳池技术是解决大型游泳馆赛后维护问题的有效方法，为提高泳池和场馆使用的灵活性提供了可选择的技术手段，已经成为世界大型游泳比赛设施建设的重要技术发展方向之一。

值得注意的是，临时泳池技术应用对场馆土建条件有要求。2006 年 4 月在上海举办的第 8 届世界短池游泳锦标赛，原计划在上海体育馆搭建比赛的泳池，但上海体育馆是木地板，承受不了这个重量，所以最终在国际泳联专家的建议下，于一个月内在新落成的旗忠网球中心搭建了临时泳池并成功地举办了赛事[14]。由此说明场馆灵活化设施的使用应结合使用需求，充分考虑场馆土建、设备系统的配合应用条件。

5. 其他设施技术

（1）开合屋盖

开合屋盖结构是一种在短时间内可以把部分或全部屋面移动或开合的结构形式，建筑物在可动屋面开启或关闭的两个状态下都可以使用。开合屋盖技术实现了室内空间与室外空间的动态融合，提高了体育场馆的灵活适应性。一方面可以使场馆内的活动避免恶劣气候影响，为使用者提供全天候服务；另一方面可以将自然引入室内，有利于场馆维护和节能降耗。开合屋盖技术为体育场馆提供全天候的使用条件，从而使场馆的功能使用范围大大扩展，有利于提升空间利用率。尤其对于作为城市多功能中心的体育场馆而言，需涵盖足球、田径等需要阳光空气的体育运动和更需要室内空间的音乐会、展览、集会等活动，通过开合屋盖技术可使场馆实现空间环境的控制，充分满足多种活动的不同要求。

开合屋盖技术的研究以及实践，在国外开始较早，国内起步较晚。现代建筑发展过程中，应用这一技术的规模较大者应属1961年美国建设的匹兹堡公民体育馆，将原来直径127m拥有13600座席的室外圆形歌剧场改造成一个拥有可开启屋盖的体育馆。它屋顶高33m，主要用途为冰球兼顾篮球、演出等其他项目。此后欧美日等国家将开合屋盖结构技术充分应用到诸多场馆建设中，其中包括1972年蒙特利尔奥运会主体育场、1984年加拿大多伦多天拱巨馆、1987日本东京有明网球中心（图5–41）、1991年日本福冈巨馆（图5–42）、2000年澳大利亚墨尔本殖民体育场、2006年世界杯的格尔森之星体育场、法兰克福商业银行竞技场、英国新温布尔顿大球场等。我国在近年随着经济水平的提高也相继建成了多个开合屋盖体育场馆，其中包括浙江黄龙体育中心网球馆、江苏南通体育场以及上海旗忠网球中心（图5–43、图5–44）。

图5–41 1987年日本东京有明网球中心（上左）

资料来源：马国馨. 第三代体育场的开发和建设[J]. 建筑学报，1995（5）：51.

图5–42 1991年日本福冈巨馆（上右）

资料来源：马国馨. 第三代体育场的开发和建设[J]. 建筑学报，1995（5）：51.

图5–43 2006年南通体育会展中心体育场（下左）

资料来源：中国江苏体育建筑[M]. 中国建筑工业出版社，2007：95.

图5–44 2005年上海旗忠网球中心（下右）

资料来源：http://www.myxlc.com

对于是否应该应用开合屋盖技术或什么条件下应采用开合屋盖技术，是在项目建设前期应充分论证的问题。开合屋盖技术无疑为提高空间利用率、提升体育场馆使用的灵活适应性提供了有效的手段，但同时应注意到开合屋盖技术也存在对设计施工技术要求高，维护管理和造价昂贵等问题。

本书认为，应当反对那种“为了技术而技术”的建设倾向。虽然开合屋盖大大提升了场馆使用的灵活性，但如果脱离实际使用需求，在缺乏科学论证的情况下，以采用开合屋盖一类技术达到突出标志性的做法，与可持续发展的理念不符，毕竟开合屋盖技术的采用将大大增加项目整体造价。有研究指出，一个开合屋盖棒球场的造价等于建造一个室外设施和一个室内场馆的总和。日本东京后乐园带充气屋顶的棒球场建成后，由于可以全天候的使用和举办音乐会和车展等活动，比加建屋顶前的使用效率大大提高，其年均总收入提高了42%，使建设投资很快得以回收，创造了可观的经济效益[15]。相比较国外，国内体育产业方兴未艾，娱乐演出市场也并不发达，对于大多数场馆而言造价高昂的开合屋盖技术直接面临投入难以回收的问题。从近年体育场馆发展趋势看，昂贵复杂的开合屋盖技术所幸并没有成为体育场馆设计的主流。所以，前期科学的项目定位以及策划论证，综合考虑功能使用需求、技术实施难度、经济效益的可行性，是开合屋盖技术应用的前提条件。

（2）活动隔断

活动隔断作为建筑空间组合分隔的重要技术，是提高体育场馆空间利用灵活性的必要手段。通过活动隔断的合理设置，可以使体育场馆的大空间能够满足在不同场合的不同使用功能甚至是不同规模的要求（图5–45）。

以悉尼国际水上运动中心为例。游泳馆的一侧看台区利用屋盖结构的一条135m的轻钢结构桁架拱悬挂活动墙壁隔断，奥运期间拆除隔断，在外侧空间增设临时看台，将其纳入比赛厅空间，赛后拆除临时看台，悬挂活动隔断，恢复原有功能，通过活动隔断配合空间设计实现了赛时12500座和赛后5000座的不同规模的双向式转换。另外，广州华南理工大学西区体育馆顶层的活动大厅，也通过柔性活动隔断将空间分割为羽毛球和网球场地，在功能需求发生变化时，活动隔断可以调整重新对空间进行分隔。

活动隔断除了起到空间灵活分隔作用，还可以起到节能降耗甚至调节声学要求的作用。罗杰斯为日本大宫市体育馆所作的方案，在比赛厅内设

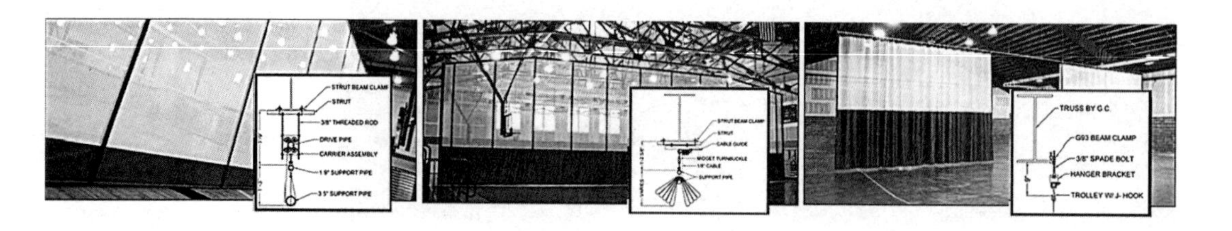

图5–45 不同构造的活动隔断满足不同空间组合需求
资料来源：专业厂家提供

计了具有可变化反射声波的活动隔断，使得体育馆能够满足不同规模和活动性质的要求[16]。

（3）活动天花

由于不同性质的活动对空间的尺寸、容积、采光声学特性要求不同，因此多功能空间利用不仅仅是空间分隔的问题，活动天花也是空间灵活性利用策略的辅助手段。日本大阪穹顶为适应不同项目的使用要求，比赛厅顶棚采用了活动天花系统。该系统由 7 片 9m 宽的环状构件组成，通过卷扬机控制升降，达到调节顶棚高度，控制空间容积，调节采光和声学特性的作用。顶棚位于低位时，馆内处于完全遮光状态，比赛厅空间容积变小，缩短了混响时间，适合举办音乐会和文艺演出活动；天花处于高位时，可实现自然采光，适合进行体育运动。

5.2.5 结构选型的灵活适应性策略

结构选型设计是体育建筑创作的重要环节。合理的结构选型设计是体育建筑实现可持续发展的基础。但同时应认识到，结构技术只是建筑表达的手段而不是建筑表达的目的。作为手段的选择，其灵活适应性原则十分重要。好的结构选型，往往更注重立足于场馆本身整体的灵活适应性。脱离使用需求、不顾施工水平、片面追求所谓“结构的先进性”、脱离国情不顾施工难度的设计与可持续发展的理念相悖。

一方面，结构设计要充分考虑功能使用的灵活性。以体育馆的多功能设计为例，为提高使用率，大中型体育建筑的赛后使用要求存在着相当大的不确定性，体育馆比赛厅除了进行体育比赛外，多数还兼顾文艺演出功能。香港红磡体育馆的文艺娱乐演出使用率占全年使用率 80% 以上，远大于体育比赛的使用场次。从国内大量体育场馆运营来看，文艺演出的功能需求是体育场馆重要的功能构成之一。随着文艺演出形式的多样化，演出舞台的设置方式也日趋丰富，这就给设计条件带来不确定性因素。正因为此，屋盖在预留荷载与灵活悬吊等方面对结构形式的选择提出新的要求。比赛厅大跨度屋盖结构所承担的荷载除了应考虑自重及相应照明音响等设备的重量外，还应具备一定的弹性余量，以满足运营过程中进行文艺演出搭设舞台吊挂相关设备的可能性。某体育馆在设计初期结构设计未能充分预计未来文艺演出的功能需求，在荷载计算时未留余量，建设过程中运营团队提出屋盖吊挂舞台设备要求时已无法做出调整，大大制约了场馆未来使用的灵活性。

另一方面，权衡技术条件、施工水平、工期要求、造价投资等方面的因素，结构选型构思上要充分考虑适应性和可选择性。以笔者参与设计的奥运羽毛球馆为例。根据规模和奥运设计大纲的要求，设计确定了圆形的建筑基本体量，并努力形成飘逸轻盈的外观。作为由高校投资建设的奥运场馆，造价的控制极其严格，因此羽毛球馆方案在投标阶段确定了采用球网壳的结构形式。在方案深化阶段，业主对结构技术的先进性特别强调，提出了采用预应力张悬结构设想，使羽毛球馆屋盖结构成为2008北京奥运场馆中较为先进的结构形式。但由于复杂性的相应增加，工期有所延长，张悬结构本身对屋顶设悬吊有所限制，赛后演出舞台搭设等活动受到限制，导致其使用灵活性受到制约。因此，结构技术的先进性、适用性之间存在着辩证关系，不同场馆应该实事求是地分析选用，强化结构选型设计的灵活适应性应该是基本的原则[17]。

5.2.6　设备选型与系统设计灵活适应性策略

电气、给排水、空调、智能化等专业为体育场馆空间利用提供了必需的配套设备系统和设施，无论从建设投入还是从日常运营角度，合理的设备选型和系统设计都对场馆的可持续发展起到至关重要的作用。因此，灵活适应性的策略离不开对设备选型和系统设计的灵活适应性考虑。

一、设备系统设置的灵活性策略

国际比赛对场馆温度、湿度、通风和采光等要求都较一般体育活动严格，按照这些要求定位兴建的场馆往往容易设计标准过高而难以维持长期的运营。单一模式的设备选型和系统设计无法满足体育场馆赛时赛后、比赛训练锻炼、不同球类运动等不同使用的要求。对场馆的人工环境采用多级设计和控制，成为体育场馆建设的重要发展方向。

《体育建筑设计规范》10.3.4明确指出“体育建筑和设施的照明设计，应满足不同运动项目和观众观看的要求以及多功能照明要求；在有电视转播时，应满足电视转播的照明技术要求；同时应做到减少阴影和眩光，节约能源、技术先进、经济合理、使用安全、维护方便”[18]。该条款体现了对多功能使用体育场馆照明设计的灵活性要求。《规范》对空调系统设置的规定同样体现了对灵活性设计的需求，“比赛大厅有多功能活动要求时，空调系统的负荷应以最大负荷的情况计算，并满足其他工作情况时调节的可能性”[19]、“大型体育馆比赛厅可按观众区与比赛区、观众区与观众区分区设置空调系统”[20]、“乙级以上游泳馆池区和观众区也应分别设置空调系统”[21]、“体育馆比赛大厅当采用侧送喷口时，宜采用可调节角度及可变风速的喷口。特级、甲级体育馆大厅的气流组织，应满足不同比赛时进行调节的可能性”[22]。

以北京工业大学体育馆为例。该体育馆为2008年北京奥运羽毛球比赛而兴建，赛后作为学校的体育设施和专业训练队的运动基地，奥运比赛对气流风速有控制于0.2m/s以下的严格要求，同时由于要满足电视转播，需要场馆的水平照度和垂直照度都达到1200lx、色温大于5000K，赛后的训练以及师生体育活动对空调和照明的要求却存在较大不同。工程师根据不同情况的要求，按比赛模式和训练模式设置主比赛厅照明系统，并按上下分层分区设置了空调系统，成功地化解了赛时赛后的使用需求矛盾（图5–46）。

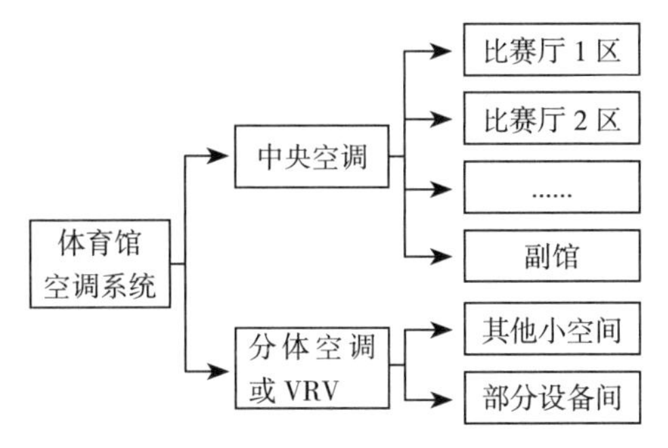

图5–46 大中型体育馆空调系统选型及分级配置策略
资料来源：笔者整理

此外，灵活可变的设备安装条件是实现设备专业灵活性设计的必要手段。为满足比赛厅空间的多功能使用要求，体育场馆的灯光及音响设备应根据不同功能要求灵活调整。通过在屋盖结构上设置可动式设备器材吊挂系统是实现这一要求的常见做法。通过灵活可变的吊挂系统，设备设施可以上下升降，甚至水平移动，使场馆比赛厅空间的灯光音响设备可以根据使用功能灵活更换，从而创造符合功能使用需求的声光电条件。该系统对于场馆的多功能使用，尤其是有文艺演出要求的场馆具有很大作用。日本横滨室内比赛场在顶棚就设置了600个吊点，每个吊点可承担1~9t的负荷，可以根据不同使用情况随时布置不同的灯光音响设备，大大增强了该场地使用的灵活性。

二、设备选型与系统设计的适应性策略

随着现代体育运动的发展，体育赛事对设备技术的要求越来越高，举办国际级别的比赛对设备的要求有严格的控制。但从现状情况来看，大多数体育场馆缺乏举办大型体育比赛的机会。为了一两次大赛而配置价格昂贵的设备设施，带来的可能是常年的设备闲置和资源浪费；另一方面，体育场馆为了适应未来发展，势必存在功能需要调整但设备更新跟不上的矛盾。这就带来了设备选型和系统设计的适应性课题。

通过采用临时设备租赁的方式是化解赛时赛后设备需求矛盾、减轻运营负担、提高设备利用率的有效办法。专用灯具、活动计时记分牌以及临时电源等临时设备是体育场馆举办比赛时可供选择的设备使用方式。北京首都体育馆在举办2005年苏迪曼杯羽毛球比赛时，租赁了广州举办汤尤杯羽毛球赛使用的专用灯具，从而满足了苏迪曼杯的比赛要求，又节省了

设备更新的改造成本。

当然，为了配合临时设备的使用，需要在初期建设时采用相应的潜伏设计策略，从系统设计的角度保留适当的开放性，合理地设置容量参数，预留临时设备的接口，充分考虑设施设备的可更新性。为2008年奥运摔跤比赛兴建的中国农业大学体育馆，在设计之初已考虑到将附馆部分办公用房改造为游泳馆的可能性，为达到未来改造的便利性，在地下预留泳池和水处理机房，并预先敷设相关设备管线，赛后只需通过较小代价的改造即可实现前期设想（图5–47）。

在动辄以国际标准定位建造的大批体育场馆中，设备选型和系统设计的适应性策略为项目的合理定位提供了必要的保证和有益的思路。2009年广东梅县体育馆项目设计中，建设方提出以“国际标准”建设。设计方结合使用方实际需求，考虑到近期当地举办高规格国际比赛概率不大，确定了“按乙级场馆定位，未来通过较小代价改造实现甲级场馆功能”的原则，并据此合理制定了设备选型的标准，合理配合设备系统参数，从而避免了主观决策和定位笼统造成盲目提高建设标准和资源浪费的问题。

立足灵活适应性的设计策略作为可持续设计基本策略之一，是实现体育场馆功能布局多元化、空间利用灵活化的基本手段，也是体育场馆实现可持续目标的必由之路。社会进步、民众需求的提高以及体育产业化、职业化的发展，给体育场馆的使用需求带来不断的变化，新的问题也将不断的涌现。正因为如此，灵活适应性的研究课题必将是一个长期的开放式的课题，实现场馆空间布局和设施利用的灵活适应性是未来体育建筑可持续发展的重要方向。

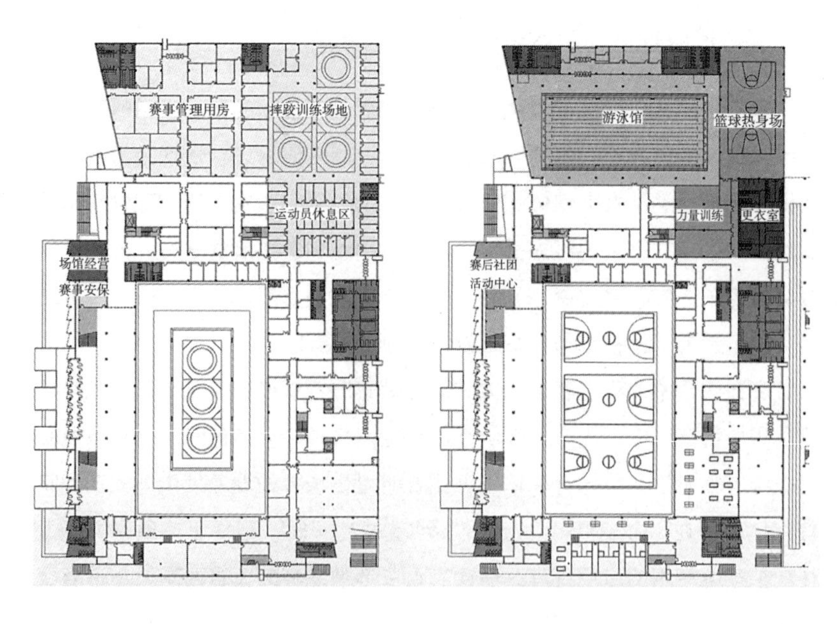

图5–47 中国农业大学体育馆（2008年奥运会摔跤馆）的潜伏设计策略

资料来源：方案文本

5.3 基于集约适宜的设计策略研究

随着体育场馆的维护与运营受到越来越广泛的关注，"赛后运营"、"以馆养馆" 甚至成为决策、管理和设计者的口头禅。然而我国的体育产业发展尚在初级阶段，体育职业联赛的社会基础薄弱，无法形成规模市场；文艺演出的市场同样不乐观，文化场所互相竞争，进入体育场馆的演出数量有限；商业、会展也同样面临专业场所的竞争。实事求是地说，目前我国的社会发展根本无法解决体育场馆真正意义上的商业运营和养馆问题。短时期内，政府补贴与支持仍将是体育场馆的主要经费来源，这一状况也决定了体育场馆应以公益服务为主的地位。另一方面，场馆使用费用多、维护成本高又客观上造成体育场馆公共服务的强度与质量下降。其中，由于建筑设计原因造成的建造与使用成本高的现象不断出现。从国情实际出发，从集约适宜技术观的角度探讨体育建筑设计策略已成为当务之急。

5.3.1 立足全寿命周期

研究表明，体育建筑建设初始投资仅占全寿命周期（暂以建筑使用年限 50 年计）成本的 20%~25% 左右。相较于其他类型建筑而言，在全寿命周期中体育建筑的更新成本占有更大比重，大量的花费消耗在体育建筑长期的设施维护、折旧以及更新上[23]（图 5-48）。

相对于其他类型的公共建筑，体育场馆具有投资高、公益性的特点，但在大型比赛举办频率不高，体育产业尚不发达，演艺市场尚未成型的状况下，现阶段体育场馆普遍面临经营生存压力问题。单一的从建设投入角度控制成本，短期内可能节约资金的投入，但从长期来看，并不符合成本

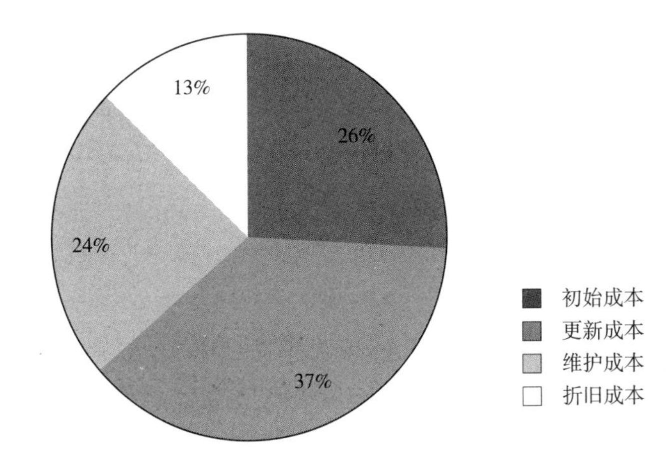

图 5-48 体育建筑全寿命周期成本构成及比例
资料来源：笔者根据资料自绘

控制的初衷，甚至可能起到适得其反的效果。因此应从决策和建设阶段入手，从全寿命周期考虑体育建筑的成本费用和资源消耗，对其经济性进行充分考虑。

重视“全过程”尤其建设初始环节的成本控制，策划可研、方案设计阶段的科学性对全寿命周期的成本控制尤其重要。基于全寿命周期的成本控制原则应该贯穿于策划可研、任务书编制、方案投标评审、方案深化设计、初步设计、施工图设计、预算编制、施工招投标、施工阶段、运营阶段全过程（图 5-49）。

另一方面，我国当前所处的发展阶段决定了在技术应用时，应结合国情优先考虑适宜技术的应用，力争在适宜技术条件下实现节能、节水、节材、环保的目标。可持续设计策略以节俭集约建设为基本原则，关注体育场馆作为城市重要的公共服务设施，其规模定位、建设标准、建造技术等方面所体现出的高效性，包括合理的建设规模、科学的建造技术、务实的体育工艺标准等。

在体育产业化处于初级阶段的大背景下，体育场馆尤其是大中型公共体育场馆设计应立足于集约适宜的原则。“集约”是指场馆设计应追求资源节约利用、生态节能降耗、建设投资控制、运营成本控制等可持续目标，既不是铺张浪费追求标志性和高标准，也不是一味压缩建设投资，而且从全寿命周期的角度综合考虑场馆的可持续性能；“适宜”是指在技术手段的采用上应充分考虑国情现实和体育事业、体育产业发展阶段，结合地域条件，被动、主动技术相结合，优先利用适宜性技术作为提升场馆可持续性能的手段和方式。

本节从节能降耗、结构优化选型、节水节材技术等方面探讨体育场馆基于集约适宜原则的可持续设计策略（图 5-50）。

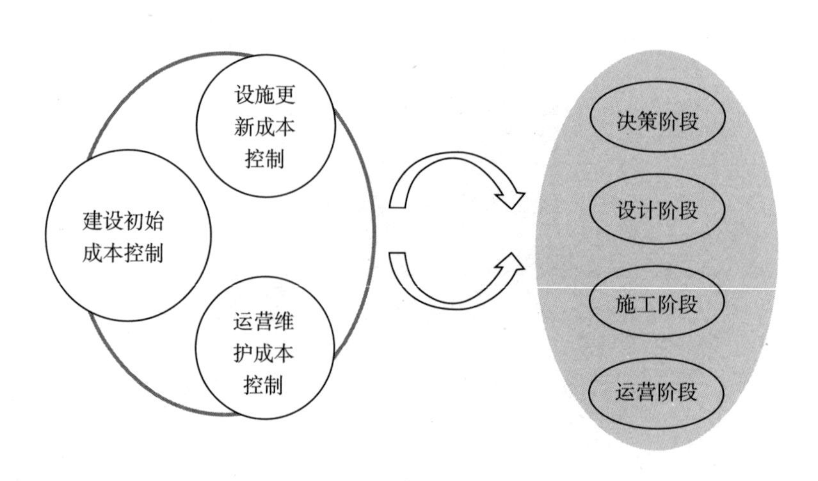

图 5-49 全寿命周期成本控制原则应贯彻各个环节
资料来源：笔者自绘

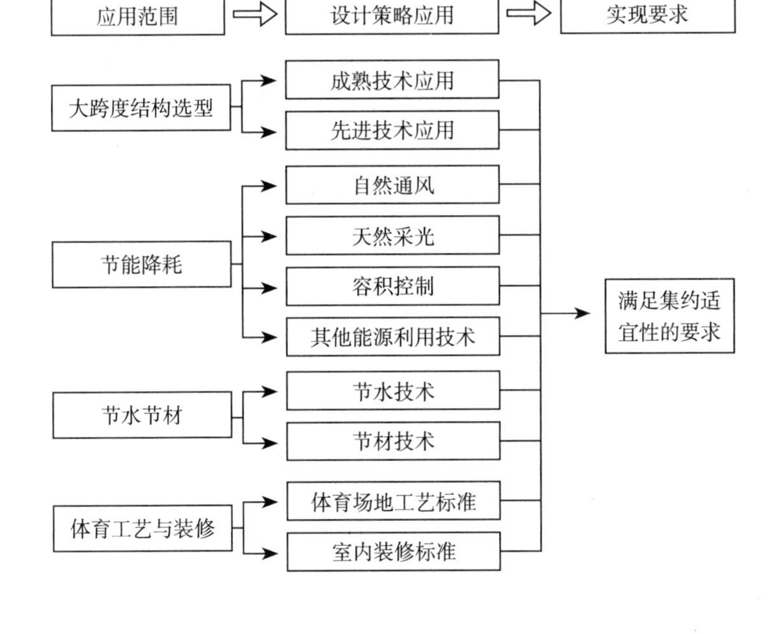

图 5-50　基于集约适宜的设计策略研究框架
资料来源：笔者自绘

5.3.2　容积控制策略

容积体量是与体育场馆的可持续性能相关的重要指标。合理控制容积体量，有利于节约建设投入和平时运营成本，有利于降低单座容积从而达到降低声学处理的目的，是通过降低投入实现节能降耗可持续目标的重要策略之一（图 5-51）。相较于其他依靠增加建设投入而获得运营收益的设计策略，容积控制既降低了建设投入，又降低了运营成本，因此是设计者在方案构思初期到设计深化优化阶段必须经过充分考虑的设计因素。

体育建筑的主体空间构成是大跨度、大空间，虽只有一至二层，却不同于一般民用建筑，即是高度超过 24m 也不属于高层建筑。因此，对建筑空间处理应遵守体育建筑设计的基本要求，对大跨度的“斤斤计较”和大空间的“量体裁衣”是应该始终坚持的设计理念，其重要性在体育投资不断增加的新时期具有特别意义。

以笔者参与设计的两个北京奥运场馆为例。北京奥运摔跤馆独特造型

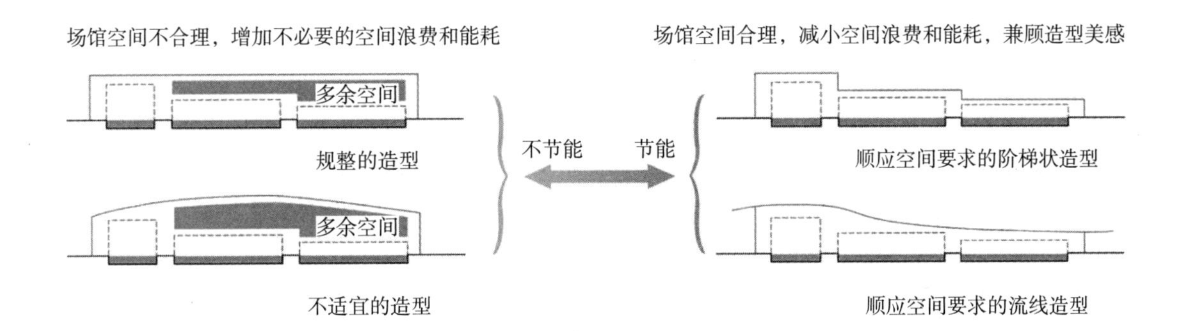

图 5-51　容积控制策略分析（以游泳跳水馆为例）
资料来源：章艺昕．游泳馆建筑设计研究［D］：72.

的产生和优化并没有牺牲理性的设计原则，相反在优化过程中不断精细化，不仅减少了空间体积，更丰富了建筑造型。由于空间体积控制得当，摔跤馆节省了声学处理材料，无需作特殊的吸声处理，使用效果依然符合要求（图 5–52）。北京奥运羽毛球馆建于北京工业大学校内，其招标要求主要包括三部分内容：10000 座主比赛馆、作为羽毛球训练基地的训练馆和赛时热身馆。在分析地形及功能使用后，设计确定三部分各成体量，以一大带两小为体量组合的基本策略，使得每个馆的体量能够结合使用要求得到有效的控制。

容积控制是建筑方案阶段尤其是方案深化阶段重要的一环，在早期确定方案造型后，在方案优化阶段应结合剖面设计、造型设计、结构选型以及体育工艺要求等方面的因素对体育场馆容积做尽可能的压缩，从而达到节约建设和运营成本的目的。

图 5–52 北京奥运摔跤馆造型优化过程中的空间体积控制
资料来源：投标文本

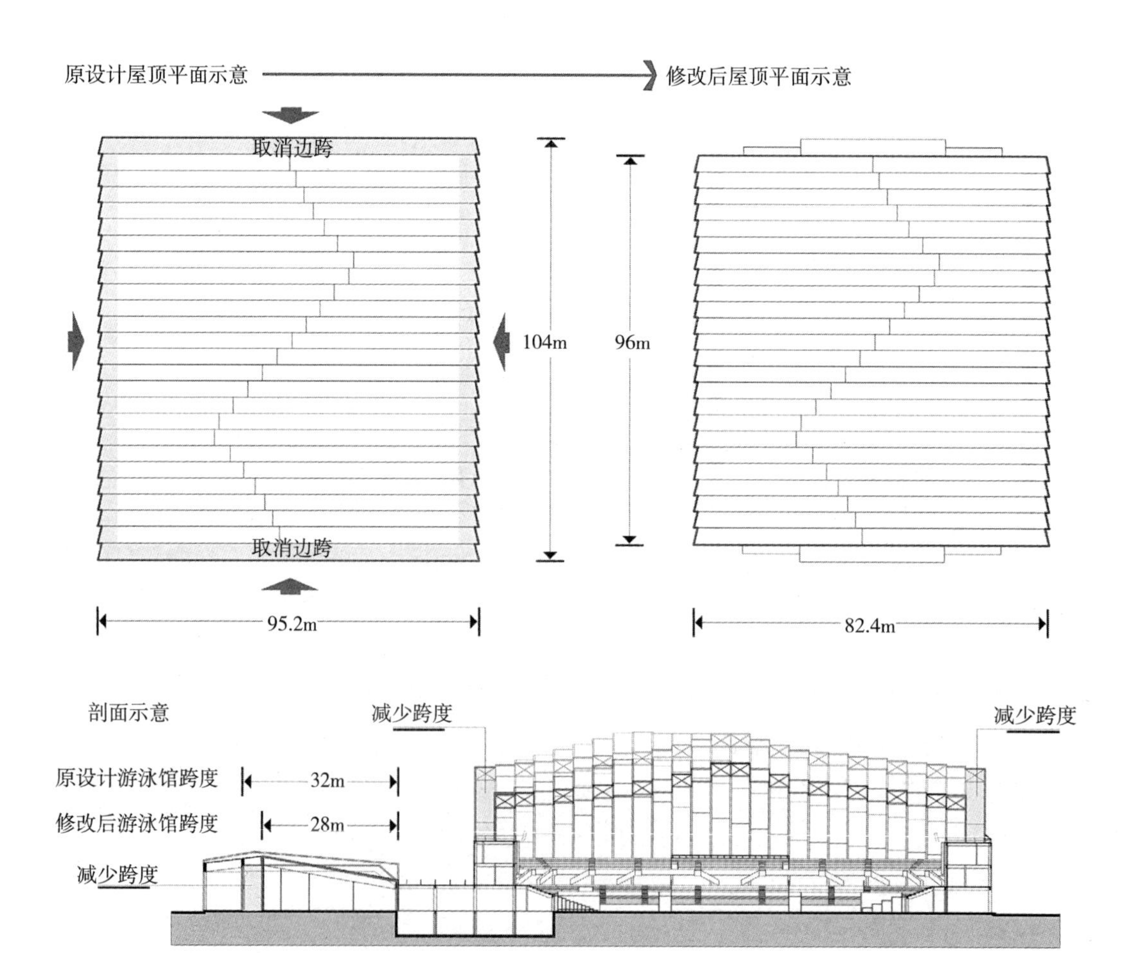

5.3.3 自然采光策略

随着体育运动进入室内，体育建筑室内空间的照明问题成为体育建筑设计的重要问题之一。大量的人工照明产生的消耗成为体育建筑日常运行成本的主要组成项。充分利用自然光线，改善体育场馆空间的光环境，提高空间利用率，降低能耗仍然是未来体育场馆设计的主要方向。

一、主体空间自然采光

20 世纪 50 年代新中国兴建的第一批体育馆大多考虑了比赛大厅的自然采光，但由于设计、材料、工艺等原因，天窗大多被封盖，没有起到应有的作用。此后兴建的大批体育场馆成为黑盒子，包括首都体育馆、上海体育馆以及 20 世纪 70 年代修建的许多省级场馆。80 年代开始，天窗采光重新得到重视和应用，吉林冰球馆是当时采光面积较大的场馆之一。但时至今日，还有相当多的体育场馆无视主体空间的自然采光需求。另一方面，有些场馆对自然采光的运用不当又存在眩光和能耗问题，深深地困扰着体育场馆馆的日常运营。例如：采用了全透光顶棚设计的广州新体育馆，其屋顶材料是透光率为 10% 的双层半透明乳白色聚碳酸酯板材，营造了整体大空间漫射的光照效果，建成之后一度受到了社会各界的一致好评。然而，实际的运行结果显示：在岭南湿热的气候下，不设遮阳的大面积屋顶采光所带来的辐射热非常大，尤其是靠近屋盖处的观众席区温度过高（送风管道的保温设施不足造成的冷量损失也是原因之一），这大大地增加了体育馆空调的能耗。在平时训练中，乳白色的天光也出现尴尬的状况：使用者发现由于羽毛球的白色和乳白色的天光颜色接近，白天进行羽毛球比赛时必须将羽毛球涂上荧光色才能在击球时准确地判断球的位置，这一缺陷在一定程度上影响了广州新体育馆作为 2010 年亚运会比赛馆的使用。

由此可见，忽略自然采光或者一味追求自然采光都不是最好的解决方式。在营造自由、开朗的体育馆室内比赛大厅环境中，适当的引入自然光，通过必要的遮光和滤光装置，根据不同规模体育馆的不同使用情况，选择不同的自然采光方式和不同的采光构造，才能满足不同规模体育馆中不同的功能需要，这样才可以在体育馆建筑设计中营造出令人舒适比赛大厅环境的问题，创造出真正适宜的体育馆室内自然光环境[24]（表 5-4、表 5-5）。

各类运动对自然光线的要求 **表 5–4**

运动项目	空间利用特征	对光环境要求
篮球	利用空间为主，视线经常向上，需考虑避免眩光	照度、均匀度提出了较高要求的同时，也要求顶棚反射率不小于60%，最好达到 80%
排球	利用空间为主，视线经常向上，需考虑避免眩光	在场地上方的一段空间内也应有一定的亮度和较高的均匀度；在场地球网的上空不应有高亮度的光源
羽毛球	利用空间为主，视线经常向上，需考虑避免眩光	球网上空至少 7m 高度内不应产生明暗光斑。羽毛球运动场所的墙面和顶棚的反射率应满足下列要求：后墙为 20%，侧墙为 40% ~60%，顶棚为 60% ~70%，墙面不应有花纹和图案
乒乓球	在 3m 以内的空间进行，视线以向下为主，应注意避免反射眩光	要求光线柔和，四周要有强烈的对比度，场地不得有明显的反光，要求在背景的衬托下能够看清球的整个飞行途径，要有较高的垂直照度和水平照度
台球	在 3m 以内的空间进行，视线以向下为主，应注意避免反射眩光	光线应使球有立体感，但不应有生硬的阴影，应避免反射眩光和光源的频闪现象。台球比赛时，因球的颜色为彩色，对光源显色性的要求要高于其他运动项目

资料来源：笔者根据资料整理汇编（参见体育建筑照明，148~149；151~155）

自然采光方式与采光策略的适用分析 **表 5–5**

自然采光方式	自然采光策略	适用条件	优缺点	案例
顶界面采光	直接在屋盖围护系统上设置采光窗、采光带	适用于进深大的空间	效率高、光线明亮、照度均匀，应注意天窗节点的防水处理	江苏盐城市体育中心 北京工业大学体育馆 华南理工大学西区体育馆
	结合屋盖结构变化错落，形成采光口	适用于进深大的空间	效率高，采光设计结合结构和造型，但应注意光线均匀度问题	代代木体育馆 北京朝阳体育馆 江苏吴江体育馆 中国农业大学体育馆 华南理工大学南校区体育馆 广东奥林匹克游泳跳水馆
	利用阳光板、膜结构新型材料形成屋盖整体采光效果	适用于游泳馆、中小型体育场馆、训练馆	光线照度均匀但容易形成眩光，能耗较大，应结合遮阳装置	广州新体育馆 佛山世纪莲游泳馆
侧界面采光	利用高侧窗、地脚窗采光	适用于小进深空间采光	容易形成眩光，需通过遮光设施来避免阳光直照	广东药学院体育馆 广州大学体育馆
	开放单侧界面，设置落地玻璃	适用于大众体育和训练活动的小进深空间采光	有利于将室外景观引入室内	慕尼黑奥林匹克中心游泳馆

资料来源：笔者根据资料整理汇编

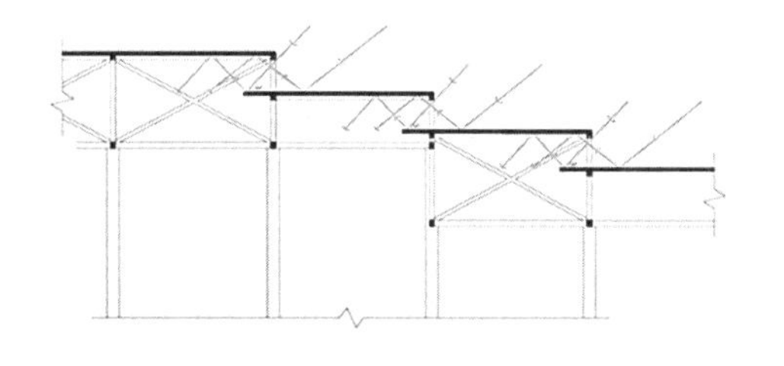

屋顶采光示意图

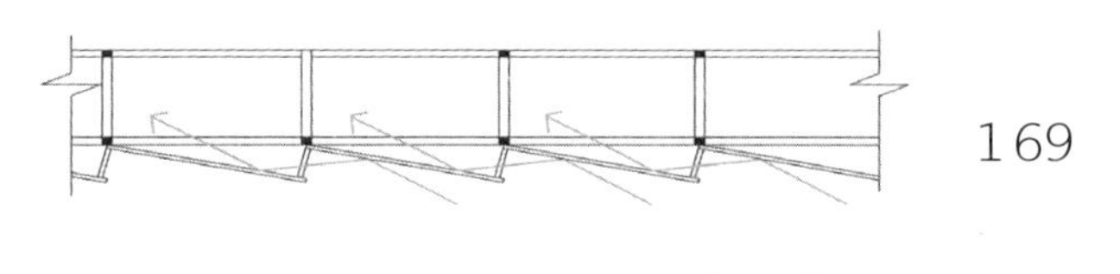

墙面采光示意图

图 5–53　北京奥运摔跤馆自然采光天窗构造

资料来源：杨超英拍摄 / 华南理工大学建筑设计院内部资料

以北京奥运摔跤馆为例。该体育馆赛后以学生使用为主，节能降耗、减少维护成本就成为确保体育场馆真正为学生服务的关键。设计将自然采光、通风的可能性作为重要的原则来遵守，使建筑造型与自然通风、自然采光很好地结合起来。层层错开的屋面与外墙便于引入自然光，为学校日常的体育课、运动队体育训练和师生体育活动创造了良好的室内光环境条件（图 5–53）。

二、辅助空间自然采光

利用平台作为疏散平台，平台底部作为辅助用房是体育场馆常见的布局模式，平台下的辅助用房赛时作为运动员、贵宾、赛事管理的使用用房，平时则作为运营管理、活动甚至经营性用房。由于平台的进深往往较大，因此平台底部的空间采光问题成为体育场馆需要解决的迫切问题。

有些场馆由于未重视平台底部辅助空间的采光问题，直接影响了用房平时的使用功能，大量人工照明的应用导致平时运营的能耗上升。例如佛山世纪莲体育场底部平台由草坡环绕，以形成体育公园内统一的景观效果，但忽视了底部用房的自然采光，造成底部用房使用率低，影响了辅助空间平时的利用（图 5–54）。

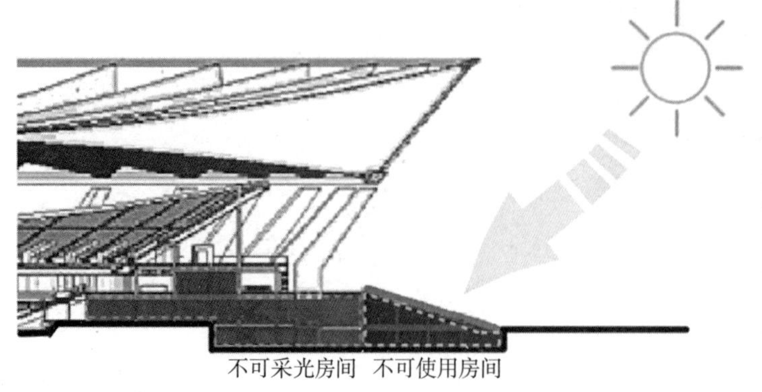

图 5–54 佛山世纪莲体育场平台下空间自然采光不足
资料来源：江门滨江新城体育中心投标专题研究

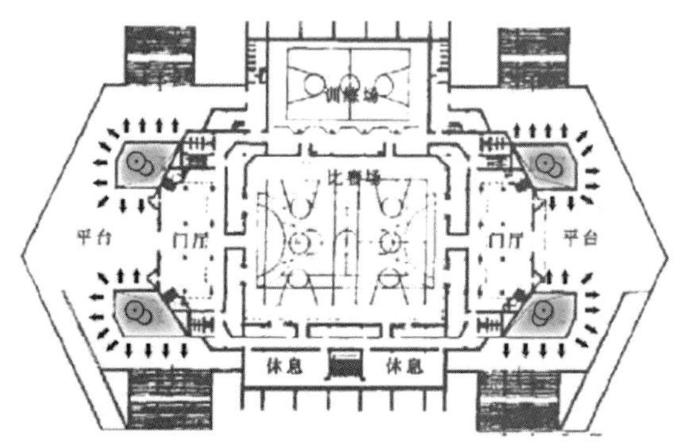

图 5–55 中山市体育馆利用天井实现自然采光
资料来源：江门滨江新城体育中心投标专题研究

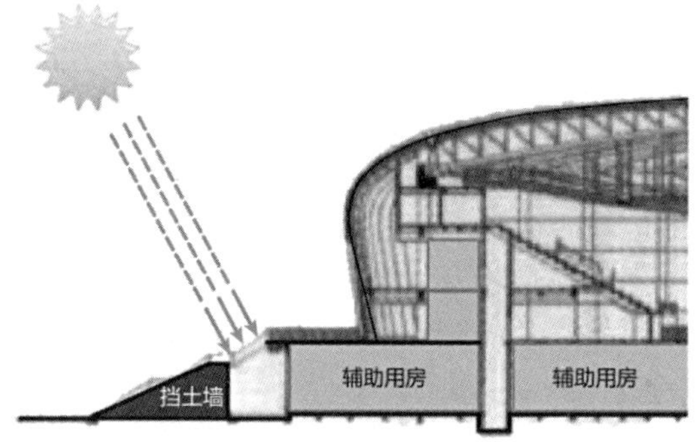

图 5–56 南沙体育馆利用高侧窗采光
资料来源：江门滨江新城体育中心投标专题研究

平台下辅助空间的自然采光可采用以下几种方式解决。对于进深较大的平台，可利用天井庭院改善平台下用房的光环境，如中山市体育馆（图 5-55）；也可利用平台上的天窗解决底部用房的自然采光问题；对于进深较小的平台，可利用平台边缘的高侧窗实现自然采光，如南沙体育馆底部出于景观效果的考虑，与佛山世纪莲体育场一样采用了草坡的手法，但在草坡顶部形成高侧窗的采光带，解决了平台底部用房的自然采光问题（图 5-56）。江门滨江体育中心在方案设计阶段重视平台底部空间的自然采光，通过合理设置平台平面，使大部分辅助用房实现了自然采光（图 5-57）。

作为一项重要的可持续设计策略，体育建筑的自然采光策略仍将是未来体育建筑设计策略研究的重要方向之一。随着科技的进步，新的结构技术和新材料的不断出现，建筑形式与自然采光结合的探索必然会继续下去。

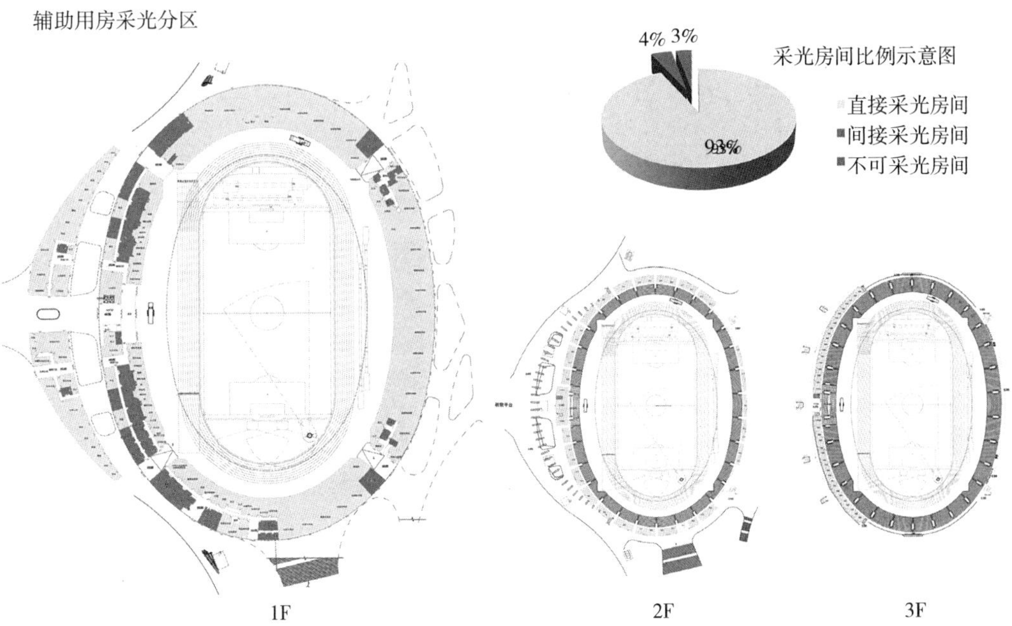

图 5–57 江门滨江新城体育中心体育场采光分析

资料来源：江门滨江新城体育中心投标文本

5.3.4 自然通风策略

一、自然通风的意义

自然通风与自然采光一样，是加强人与自然触觉上联系的有效方式，自然通风可以大大减少空调的能耗，减少二氧化碳排放，并为室内提供新鲜空气，创造舒适、健康的室内环境。对于体育场馆而言，合理利用自然通风效果节能降耗改善室内环境空气质量是体育建筑可持续设计策略的重要方面。

二、自然通风的原理方式、方法及使用条件

自然通风的基本类型包括风力通风和浮力通风，加上两者间的组合以及与机械设备的配合，另外发展出混合式通风和机械辅助通风两种方式。不同地域、气候背景下，自然通风方式的潜力往往各不一样，场地的风环境也与特定的地形有关（比如山谷风、海陆风），在选择自然通风方式的时候，要以气候影响的通风方式潜力为前提，综合其他因素（如基地环境、建筑规模等），选择组织和诱导自然通风的最佳方式。

风力通风的原理是利用水平方向的风力压差引导通风。当风吹向建筑时，会在迎风面产生正压，在背风面产生负压，建筑的形式、建筑与风的夹角以及建筑周围的环境都会影响压力差的大小。外部风环境是其中重要的因素，理想的“平均风速一般不小于 3~4m/s”[25]，全球风力通风潜力最好的地区是湿热气候地区。运用风力通风的建筑，应沿风向采用浅进深

平面，“一般以小于 14m 为宜”[26]，如果是单侧通风，进深不宜大于层高的两倍，最好控制在 6m 左右。“排风口面积不应小于进风口，但也不应大于 3 倍”[27]。

浮力通风的原理是利用室内空气在垂直方向上的温度压差引导空气的流动，形成“烟囱效应”。室内空气通常会形成密度分层，温度较低的高密度空气会在底部形成正压，热空气则在顶部形成负压，压差带动空气由下往上运动，不断将室外新风从底部吸入室内。这是浮力通风的基本原理，但并不代表利用温差形成的风只能从下往上运动，也可能是相反的方向，甚至出现类似风力通风的流动方式，从建筑的一端流向另一端，但其原理都是热空气上升引起负压，吸收冷空气进行补充。与风力通风相比，浮力通风可以不考虑室外主导风向，因为它是利用吸力从各个方向的进风口引进新风。浮力通风的潜力与室内外的温差有关，室内外的温差越大，越利于浮力通风，空气干爽也有助于减小通风所需的动力，因此，干热气候地区与温和气候地区都具有较好的浮力通风潜力。

在自然通风设计中，风力通风与浮力通风往往可以相互补充，通过建筑平面布局的分区，在浅进深的部分利用风力通风，而在大进深、大空间的部分利用浮力通风。当然，在某些气候条件下，浮力通风与风力通风也可以同时运用在建筑之中。

当单纯的风力通风或者浮力通风无法满足通风量的需求，或者由于室外环境的噪声、空气污染程度等因素，无法直接开窗引入自然风，机械辅助通风便成为必要。最简单的机械辅助通风是安装吊扇，吊扇的转动在顶部形成负压，不断将上部的空气往下吹送。大进深、大空间的公共建筑采用得较多的是机械辅助浮力通风，要求气流组织形成完整的系统，通过机械送风与机械排风增强浮力通风的效果，使之达到建筑的需求。

三、设计策略应用

在笔者和团队参与的多个体育场馆设计中，设计过程重视自然采光、自然通风设计策略的应用，利用计算机参数化技术等辅助手段，为场馆平时的可持续运营奠定良好基础。

以广州亚运游泳跳水馆为例。该设计利用计算机参数化技术，通过室内自然通风等多种措施策略，实现室内良好的声光热物理条件（图 5-58）。在北向突出部位设置可以随时遮蔽与开合的采光窗，在避免阳光直射的同时最大限度降低室内照明能耗，同时又能及时将泳池蒸发的水分排出室外，有效改善室内湿度分布，创造良好的室内环境。为了保证开窗面积，在参数化过程中加入对可开启面积的监测模块，保证形体修改过程中的高窗可开启面积，保证了自然通风效果。

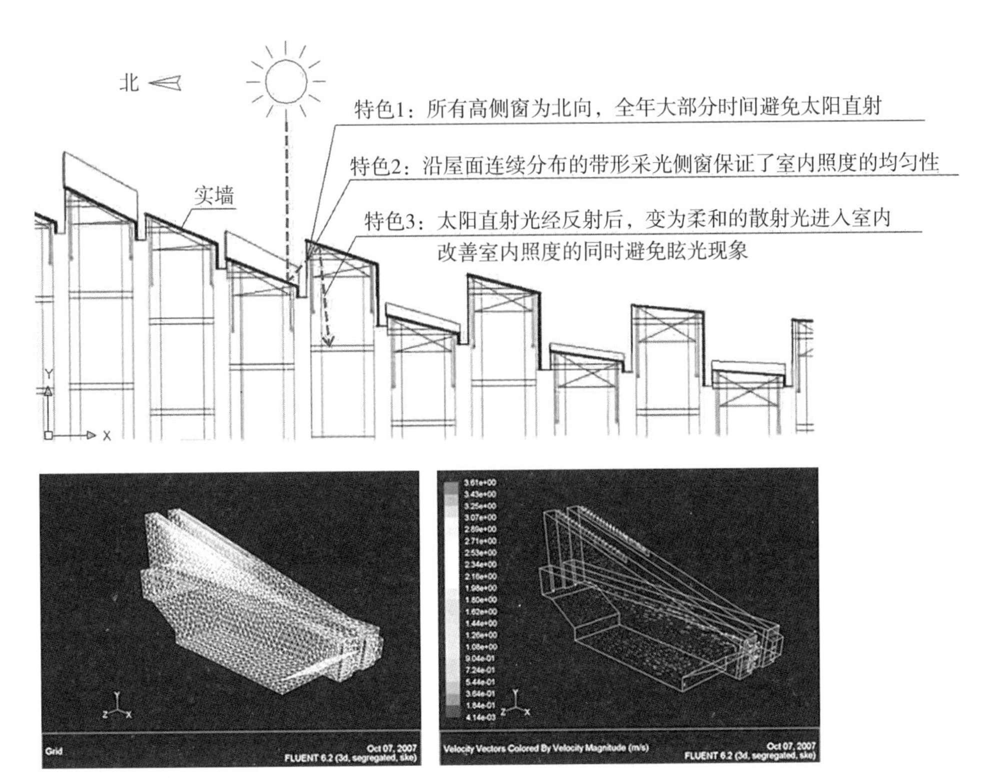

图 5–58 广州亚运游泳跳水馆利用参数化技术监测自然采光

资料来源：投标文本

再以广州大学城华南理工大学体育馆（广州亚运摔跤馆）为例。该设计根据项目所处的亚热带湿热气候特点，运用机械辅助自然通风设计策略实现室内光热环境的舒适性目标（图 5–59）。结合地域气候特征，创新性地在顶部拔风口设置排风机，大大增强体育馆大空间浮力通风的能力。利用基地的地形高差，将首层功能用房埋入地下，为浮力通风创造了底层温度较低的空气源，从而产生了约 2℃的自然冷却效应。体育馆平面呈六边形，长轴 97m，短轴 67m，比赛大厅由四片混凝土扭壳组合而成的反曲屋面所覆盖。这样的建筑造型形成了由四边向中部升起的室内大空间造型，比赛场地与屋盖顶部的高差达 32m，为浮力通风创造了优良的气流高差条件。机械辅助浮力通风系统包括进风口、风道组织、风扇送风及屋顶排风，是一个完整而科学的通风体系。新风通过地下室的冷却，经由风道引向赛场，再通过设于活动座席后方辅助用房内的风扇，将新风送往赛场，辅助用房靠走廊的一面均设百叶墙，以利于风的流通。冷空气送入赛场后，吸收内部的热量，温度升高，往顶部上升，位于屋顶拔风构件中的 8 台风机将上空的热空气排出室外，形成负压，继而吸引下部的热空气持续上升，从而达到通风的效果。另外，在自然采光设计策略方面，通过四个梯形的天窗以及东西屋檐下的高侧窗形成自然光照明。天窗的遮阳板与支撑结构

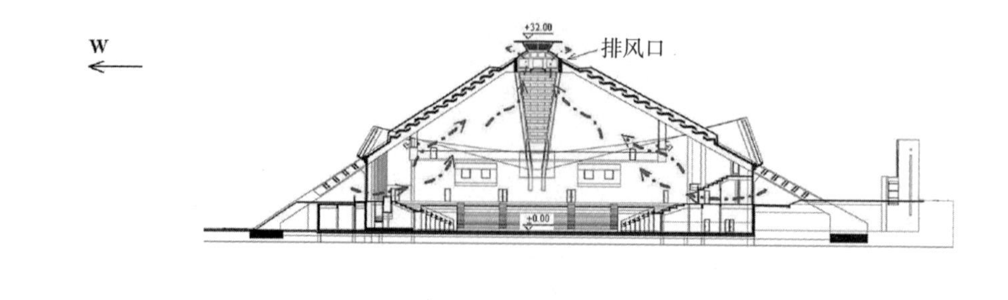

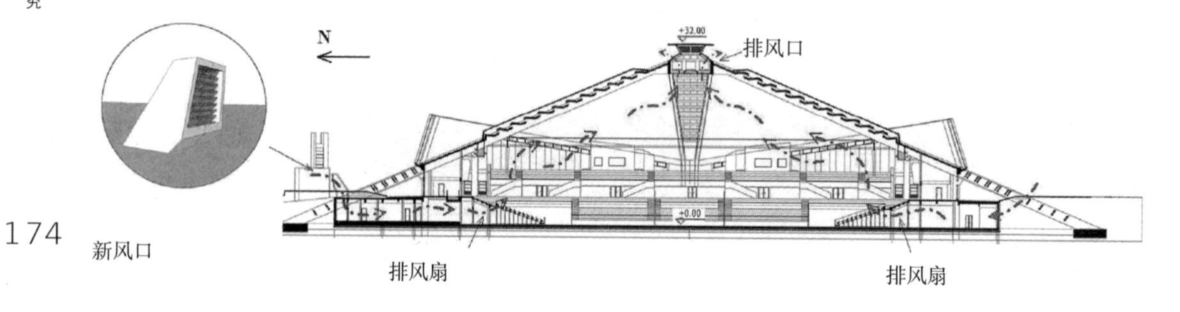

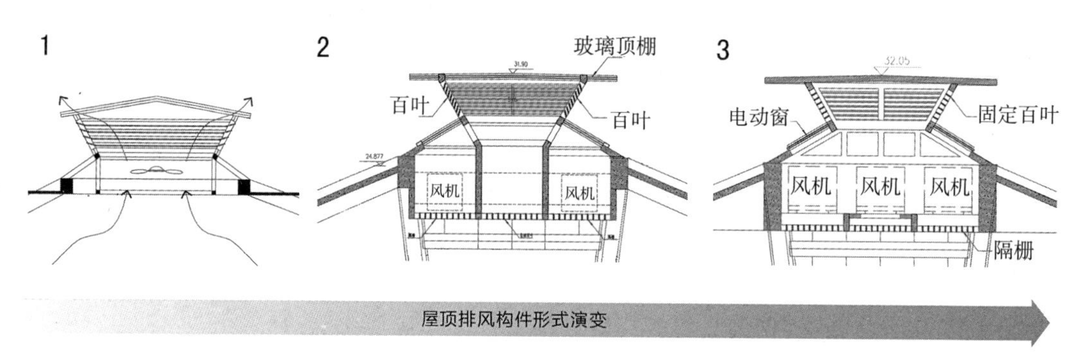

图 5-59 广州大学城华南理工大学体育馆自然通风设计

资料来源：邓芳. 广州大学城华工体育馆可持续设计创作实践[J]. 建筑创作.

的连接件结合于一体，并且四个朝向的遮阳板尺寸及遮阳角度，通过模拟太阳的运行轨迹，根据各自的日照时间及方位而各不相同，从而完全避免直射光进入赛场空间。在设计过程中，采用先进技术手段辅助设计。通过进行计算流体力学 CFD（Computational Fluid Dynamics）模拟，确定进风口的面积和位置、顶部排风口风机的总功率、台数（与噪声限制有关）以及安装风机需要占用的面积。

5.3.5 结构选型优化

从体育建筑发展的历史来看，体育运动从室外转入室内，正是大跨度结构技术革新促成的，在技术手段相对有限的初期，技术理性、追求形式逻辑的一致性一直是主导体育建筑形式与结构选型的基本原则。近年来，结构施工技术水平的提高进步、计算机辅助设计技术的迅速普及使建筑设计创作逐渐具有了更广阔的空间，然而在行政意识、形象工程等因素的影响下，违背结构逻辑的怪异建筑方案屡屡出现。近年来，国内结构技术及材料的应用与国际接轨日渐迅速，新结构体系和材料的创造性运用也为中国设计师所掌握。然而对于体育建筑来说，应该引起注意的是，由于“表皮建筑”在体育建筑中的泛滥，许多设计为了在效果上先声夺人而将注意力集中于表皮材料的新奇，导致不符合国情、超标准、超常规材料的大量应用，体育建筑建造材料畸形使用情况普遍。更有甚者，将大跨建筑结构曲解为表皮元素的构成手段，结构设计先天缺陷明显，而用钢量等经济技术指标却节节攀升，导致体育建筑造价水涨船高。这些所谓的“高科技”材料，甚至造成体育建筑的维护成本大幅增加，成为“可持续的贻害”[28]。孙一民教授曾指出：多年来在公共建筑设计领域特别是大空间公共建筑上坚持的理性原则，被许多建筑师，特别是国外建筑师以创新的名义所抛弃。在将建筑创作退化为美丽叙事的气氛之下，表皮建筑泛滥正深刻影响着体育建筑的健康发展。忽略体育建筑的功能内涵，将体育建筑创作退化为“表皮 + 基本几何形体”的操作过程，导致雷同方案频繁出现。直接导致大空间公共建筑普遍存在跨度浪费、荷载分布畸形的弊端，也成为体育场馆造价不断上涨的根源。

作为建筑物构成的重要组成部分，建筑结构和材料是不可或缺的营造手段。对于大空间公共建筑而言，大跨度结构技术尤其重要，往往成为结构技术创新的里程碑。建筑材料对体育建筑同样重要，新材料的出现赋予建筑创作不断更新的可能。然而，技术进步和材料更新的目的不是为了求异，而在于更好地服务于建造的本质目的——满足人的需求。

合理选用成熟的结构体系是设计师的基本素养与职业要求，普通材料的创新运用也是建筑师面临的挑战。以笔者参与设计的北京奥运摔跤馆为例，在设计时没有追求结构技术的先进性，而是采用技术成熟的门式钢架结构保证了较低的用钢量，同时通过门式钢架的组合形成标志性的形象（图 5-60）。其独特的外形不仅成为学校校园内的标志性建筑，更被国际摔跤联合会主席拉斐尔・马丁内蒂评价为“最漂亮的摔跤场馆”。再以广州亚运游泳跳水馆为例，该设计结合项目实际情况，充分考虑钢结构施工的易建造性，采用了与建筑造型相协调的空间钢管桁架结构体系，既节约造价又方便机械化施工，从而大大缩短钢结构施工工期。利用计算机参数化技术，与建筑外观配合建立关联的参数化模型，能即时保证与结构分析软件的对接。让结构设计和建筑设计时刻保持密切关联，提高专业间设计的协同度。

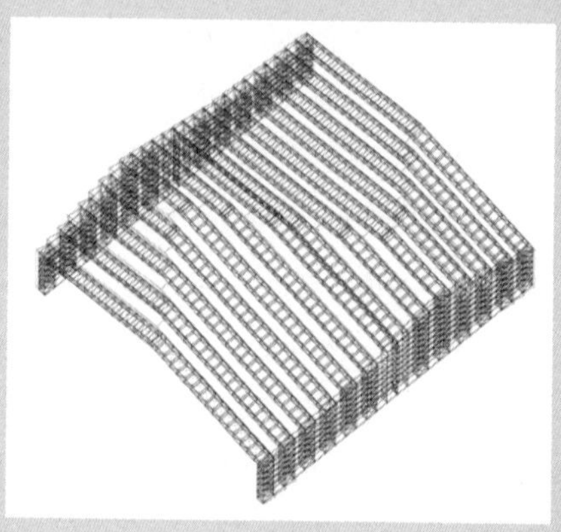

图 5–60　北京奥运摔跤馆采用成熟门式钢架结构技术实现设计创新
资料来源：投标文本

这两个案例中利用成熟结构技术实现建筑形式创新，是未来大多数场馆设计需要继续探索的方向。另一方面，结合项目实际情况，寻求技术先进性和适宜性的平衡点同样是未来体育建筑场馆建筑与结构设计结合的研究方向。北京奥运羽毛球馆结合造价、施工技术条件、学校使用要求等方面因素，其屋盖主结构选择新型预应力弦支穹顶结构体系，建成后是世界上已经建成的跨度最大的弦支穹顶结构，工程用钢量 62kg/m^2。笔者参与设计的南沙体育馆从建筑造型和体育功能的需求出发，结合南沙体育馆荷载条件复杂（比如较大的风荷载和其他不均匀活荷载等）的特点，采用了天然具有的优良整体结构稳定性的新型双重肋环 – 辐射形张弦梁结构，从而取得了较好的经济效益和社会效益（图 5–61）。

图 5–61　南沙体育馆的新型结构体系
资料来源：张广源拍摄

5.3.6 其他节能环保技术策略

一、可再生能源利用策略

从全寿命周期的角度，体育场馆能源系统的使用将贯穿于其整个寿命期。相比较而言，能源在体育场馆寿命期内的成本投入中占有相当大的比重，选用何种形式的绿色能源关乎场馆长远的运营效率。

新能源和可再生能源的利用是目前国际大型体育场馆建设中应用较为广泛的一项生态技术，拥有广阔的发展前景。我国人均能源资源占有量很低，是一个资源贫乏的大国，因此新能源和可再生能源的开发利用是可持续发展的重要趋势。大型体育场馆建设要根据各地不同的实际情况积极开发新的能源利用和节能技术。2008 年北京奥运会在体育场馆和运动员村等建筑中广泛采用了太阳能、地热能等可再生能源，为城市未来能源利用的可持续发展奠定了良好的基础。

1. 太阳能

与其他能源形式相比，太阳能是一种取之不尽、用之不竭的清洁能源。建筑对太阳能的利用存在直接和间接利用两种方式。直接利用是直接利用太阳光线的光热效应进行采光和采暖；间接利用是应用特殊的技术设备将太阳能转换成电能、热能等其他能源形式加以储存和利用。目前成熟的太阳能技术设备有太阳能反射装置、太阳能光伏板和太阳能加热器等几种。日本太阳之乡体育乐园室内游泳馆采用耐用、隔热、便于维修保养的光伏建筑一体化技术，综合性太阳能系统是由与 300m^2 屋面为一体的太阳能集热器的低温集热型主动式太阳能系统和可分别对室内光能与热能进行分配、控制的被动式太阳能系统组成（图 5-62）。该设施通过两眼井的井水蓄热、水墙和水地板的敷设供暖系统，以及对流循环系统方式，实现了年节能 72%，即使在严冬季节，晴天时也能达到 100% 的节能效果。1996 年亚特兰大奥运会游泳馆佐治亚科技学院水上运动中心是一座颇具争议的场馆：其大胆的开放式空间和省略立面边界的做法给一部分人带来的简陋的视觉感觉，与此形成鲜明对比的是其屋顶大量采用的先进太阳能光伏板技术，这种成本投入上的“厚此薄彼”体现了赛事组织者和建设者重视长短期结合的综合效益，注重场馆长期的可持续运营的建设价值取向。2000 年悉尼奥运会在体育场馆及奥运村的 665 栋别墅屋顶上安装了太阳能热水器和太阳能光伏发电系统。体育场馆及奥运村的细雨热水都是有太阳能热水器提供。超级穹顶体育馆屋顶上的 70kW 太阳能发电设别是澳大利亚最大的屋顶发电系统。同时奥运所有的照明店里也都来自太阳能，是世界上最大的太阳能供电社区。其太阳能年发电量超过百万千瓦，由此可减少每年 7000t 的二氧化碳排放量[29]（图 5-63）。

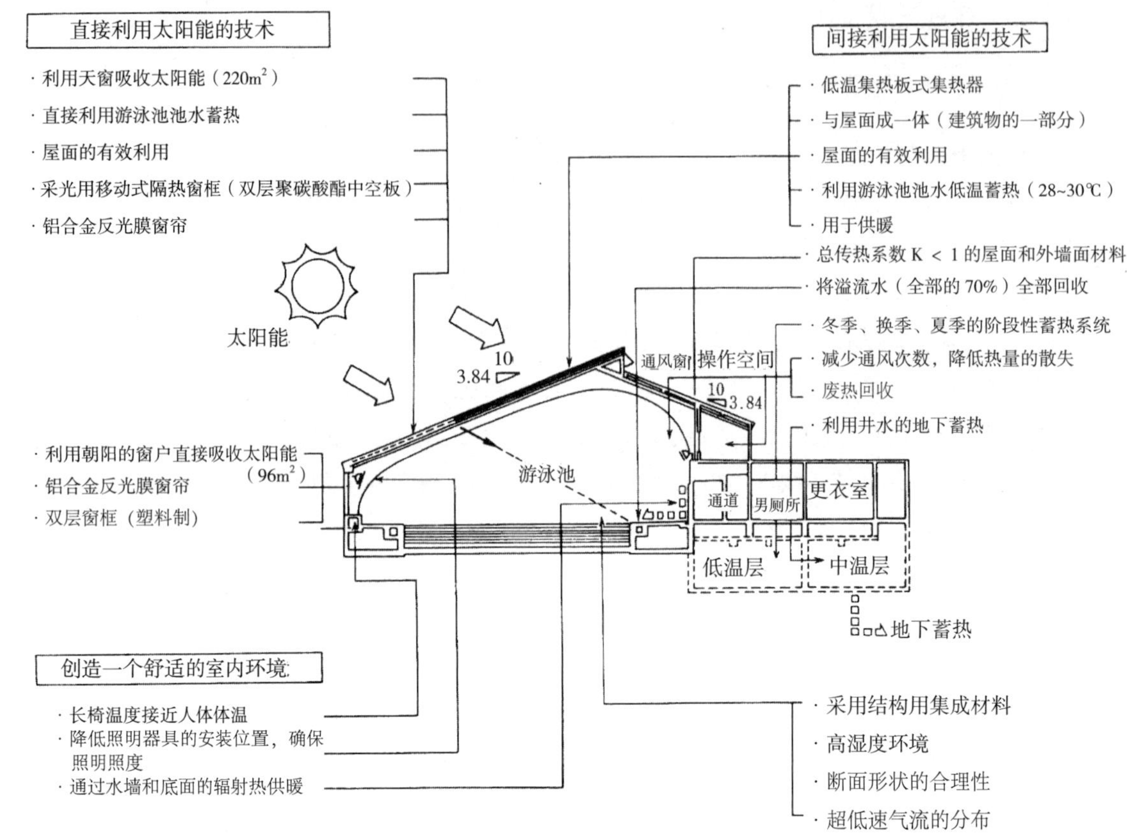

图 5-62　太阳之乡体育乐园游泳馆太阳能利用示意图

资料来源：谷口汎邦. 体育设施［M］. 北京：中国建筑工业出版社，1998：64.

随着太阳能技术在国内的推广以及并网政策的调整，国内场馆对太阳能的利用已逐步从光热能转换扩展至光电能转换的阶段。以笔者参与设计的江门滨江体育中心项目为例。该设计采用“屋面光伏离网发电 + 地下车库 BIPV-LED 系统”，以减少地下车库照明用电，离网发电系统可根据业主需求选择用电范围及是否采用蓄电池。深化方案在体育会展中心屋面布置约 2000m² 的光伏板，年发电量约 26 万 kWh，占全年用电量的 2.9%。通过经济分析，综合考虑总成本、增量成本回收期和国家光伏发电补贴的因素，比较无蓄电池离网发电 +BIPV-LED 的方案与有蓄电池离网发电 + BIPV-LED 方案，为业主单位决策提供了决策依据。目前该项目的太阳能利用方案正在顺利实施过程中（图 5-64）。

2. 地热能

在众多的清洁环保可再生绿色能源中，地热能的利用是体育场馆可持续设计策略的重要组成。地热利用根据能量的来源不同可分为两种：直接利用地下深层热水和地源热泵技术。其中地源热泵技术包括土壤源热泵，地表水热泵以及地下水热泵。地源热泵技术可在消耗 1kW 电能的情况下得到 3~6kW 的热量或冷量，比直接利用电采暖的能源转换效率高得多[30]。

图 5–63 2000 年悉尼奥运会广泛使用太阳能技术

资料来源：Official Report. Sydney Organizing Committee for the Olympic Games. 2001：364

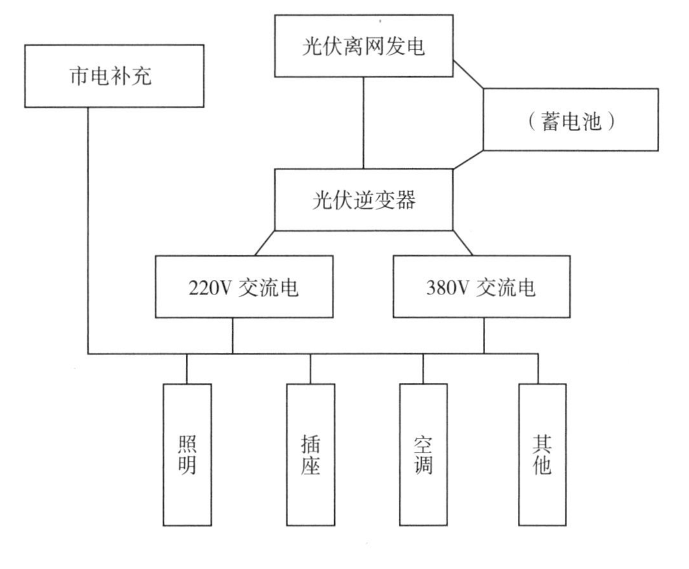

图 5–64 光伏离网发电系统应用示意图

资料来源：江门体育中心太阳能利用策划方案文件

2008 北京奥运会充分利用了城市地热资源，在北京奥运场馆建设大量采用了地热能利用技术。北京工业大学选用了深层地热资源和浅层地热资源相结合的形式，配以热泵技术以满足体育馆供暖和制冷要求。北京工业大学体育馆供暖、制冷系统采用地热技术后的经济效益是非常显著的，该套系统的初期投资与常规暖通系统的初期投资基本相同，但运行费用远远少于常规暖通系统。以 1 年为计算周期，采用地热供暖、制冷系统较采用其他常规暖通系统年节省运行费用 100~400 万元；按系统使用寿命期为 15 年计算，采用地热供暖、制冷系统较采用其他常规暖通系统共计节省费用约 1300~5800 万元。实际上，地热井的使用寿命将超过 30 年，如将此前提计算入内，节省的费用将更多。

二、节水策略

体育建筑尤其是大规模观众容量的体育场馆对用水量的巨大需求主要来自几个方面：第一，大量观众人数的厕所用水量巨大；第二，对于游泳和水上运动设施用水需求量巨大；第三，室外大面积绿化的浇灌用水量巨大。日本学者的研究表明，采用综合节水技术的场馆比没有采用任何节水技术的场馆每年可以节约大量用水[31]。因此，采取必要的节水技术措施，是体育建筑可持续设计策略的重要部分。体育建筑的节水策略包括节水技术、雨水收集技术以及中水处理技术。

1. 雨水收集技术

为了节约用水并减少城市市政设施的压力，在年降雨量较大的地区，采取技术措施使雨水得以被回收利用。雨水的收集利用不仅局限于厕所冲刷、景观用水以及绿化浇灌用水，还可以用于建筑制冷。日本和歌山巨鲸体育馆将收集处理的雨水从地下泵送到屋顶喷出，对屋顶进行冷却从而降低传入馆内比赛场的热量，喷洒的水经由檐沟重新汇集与贮水槽，实现良好的循环利用[32]。

2. 中水利用技术

中水处理技术系统是指利用净水设备和在再生水设备将建筑中的污水深度处理后形成中水，作为低杂质用水进行循环再利用，使污水尽量在原使用场所范围内消化，达到少排或不排污水，从而减轻排水设施的负担和水域污染的闭合型污水循环利用系统。中水处理技术不但可以节约大量的水资源，又可减轻对环境的污染，同时还可收获经济效益，可为一举多得。东京体育馆采用了雨水收集、中水利用等综合的节水策略，有效利用水资源并保护了周边的环境（图 5-65）。

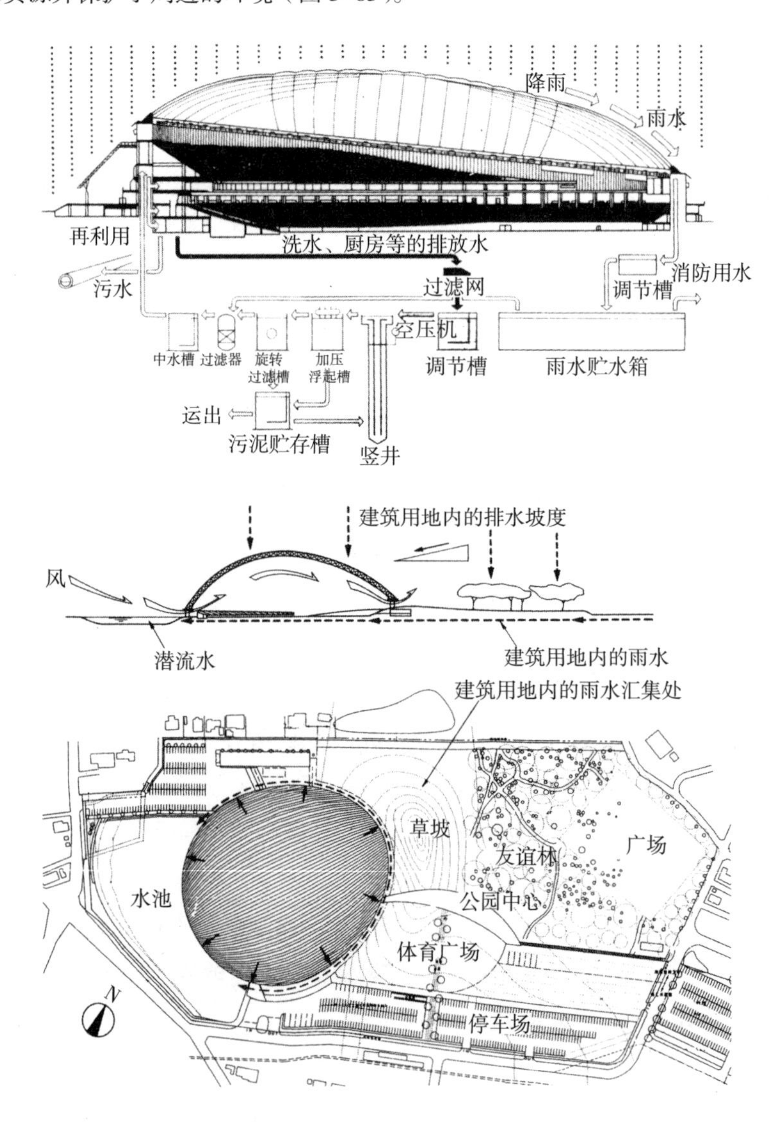

图 5-65 东京体育馆与大馆树海体育馆雨水收集中水利用示意图

资料来源：谷口汎邦. 体育设施［M］. 北京：中国建筑工业出版社，1998：63.

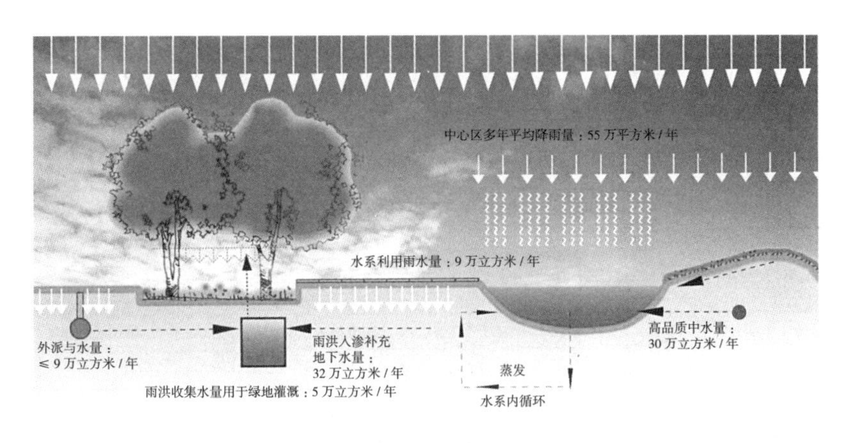

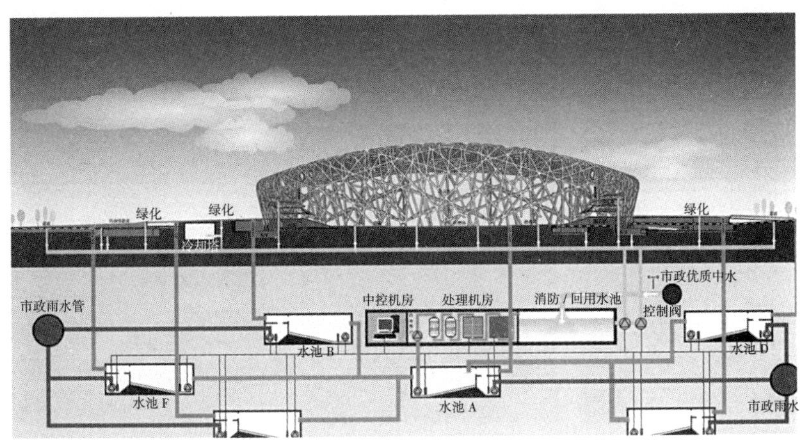

图 5-66 2008 年北京奥运会场馆及场地的节水技术策略

资料来源：北京市规划委员会. 2008 奥运城市［M］. 北京：中国建筑工业出版社，2008：219

2008 年北京奥运会的场馆建设大量应用了雨水收集和中水处理等节水技术策略，有效地改善了奥运场馆周围生态环境，为城市乃至国家实现水资源的可持续发展和利用起到良好的示范作用（图 5-66）。北京国家体育场“鸟巢”的雨洪利用系统收集面积达 22ha。为了收集和使用雨水，在地下建了 6 个储水池，平均每年可提供 5 万多立方米中水用于室外绿化、卫生间冲厕、赛场草坪灌溉等［33］。而深圳世界大学生运动会的大运中心也采用了中水处理技术，每年中水利用量约 70 万 m^3［34］。

需要指出的是，节水策略不是孤立的设计策略，节水技术措施的应用意味着建筑物管道长度的增加。结合建筑所在城市的水资源特点，结合场馆的实际使用和运营情况，综合平衡节水和节材原则，努力寻求综合效益最大化，是正确应用节水策略的前提和目的所在。

三、建筑资源再利用策略

近年我国城市建设迅猛发展的同时暴露出建筑使用寿命过短、材料资源短缺、循环利用率低以及建筑垃圾难以处理等问题，现行的建设方式蕴藏着巨大的资源浪费现象。一方面，城市建设大拆大建现象严重，城市改

图 5-67 1936 年奥运会柏林体育场
资料来源：http://image.baidu.com

图 5-68 1936 年奥运会柏林体育场内景
资料来源：http://image.baidu.com

图 5-69 改造后柏林体育场
资料来源：http://image.baidu.com

图 5-70 改造后柏林体育场内景
资料来源：http://image.baidu.com

造过程中所拆除的大量建筑使用年限不到 30 年。2007 年沈阳五里河体育场创造了“中国第一爆”，这座建筑建成于 1998 年，建筑面积超过 5 万 m^2 的大型综合体育建筑使用不到 10 年便成为废墟，对城市资源来说造成了极大的浪费。另一方面，大型体育赛事的举办催生了大批高标准的新体育场馆，加剧了城市老场馆日益恶劣的生存困境，缺乏整体规划考虑使老场馆使用率降低，客观上造成了社会资源的浪费。

建筑资源再利用策略要求体育建筑场馆建设坚持节约高效的原则，在项目决策阶段从城市体育设施布局的角度对新旧体育场馆合理定位；项目设计和实施阶段采用资源消耗小的建筑材料，采用可再生和可再利用的建筑材料，合理利用既存的永久性建筑，对需要拆除的建筑和临时建筑的材料进行有效再利用。建筑资源再利用策略可分为既存建筑再利用策略和建筑材料循环利用策略。

1. 既存建筑再利用

对既存建筑的再利用具有巨大的生态价值。在满足同样使用功能的前提下，适应性再利用和拆除重建相比在减少资源消耗、环境污染方面具有重要生态意义。另一方面，延长既存建筑的建筑使用寿命，可以提供视觉、地区性、特征和文化等多方面价值。当建筑的物质寿命期还未结束，但机能寿命已经结束时，建筑原有的机能无法满足新的社会发展需要，应当在建筑的物质寿命期内，通过恰当的改造措施调整机能使其适应时代的发展，符合新的使用需求目的，最大限度发挥建筑全寿命周期内的资源利用效益，体现其生态价值和人文价值。因此，既存建筑再利用策略是基于集约高效原则的重要策略。

既存建筑再利用策略包括两种方式。第一种是改造利用旧体育场馆，使其跟随社会发展符合新的功能要求。例如，作为奥运会场馆的柏林体育场建于 1936 年，经过近 70 年的时间，其功能已无法满足现代体育运动的要求，2000 年柏林奥林匹克体育场重建工程开始，动用了 70000m^3 的混凝土及 20000m^3 的预制强化混凝土，场馆原有的 12000m^3 混凝土被拆卸，30000m^3 的石块被重新打磨。工程新建了长逾 68m、面积达 37000m^3、全面覆盖观众席的天幕，并由 20 条钢制支柱支撑重达 3500t 的屋顶结构。天幕以透光物料制造，能够使阳光透入场馆。为使观众有更佳的视觉效果，球场被降低 2.65m，并利用 90000m^3 的沙粒重新铺设。重建工程亦相当重视柏林奥林匹克体育场的史迹元素，特别是复修原有的天然石材结构，奥林匹克钟楼及马拉松之门等主要建筑被保留。场馆也改善了人工照明及音响设施，加设 113 个贵宾席、餐厅及两个停车场，共提供 630 个停车格。经过重建的柏林奥林匹克体育场通过改造延续了使用寿命，重建后的体育场重新恢复了场馆功能，成为当时德国第二大体育场（图 5-67~ 图 5-70）。

第二种再利用的方式是通过改造其他类型的大空间建筑，赋予体育建筑的功能以满足现代体育运动的要求。例如柏林汉斯伯格富图体育馆（Hausburgviertel Sports Hall）利用工业区废旧屠宰场建筑，改造赋予体育运动功能，重建的围护结构与旧建筑原有外墙很好的结合到一起，天然采光效果为体育运动提供了良好室内环境，成为将功能置换与旧建筑保护完美结合的典范（图 5-71）。

既存建筑再利用的理论已开始为我国业主和建筑师所接受，并逐步在

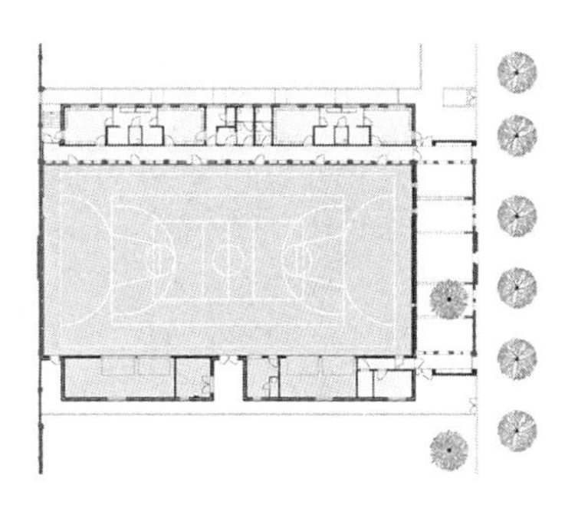

图 5–71 柏林汉斯伯格富图体育馆改造项目
资料来源：SB 杂志 2009（5）

体育建筑领域得到应用。2011 深圳世界大运会以节俭办会原则进行场馆建设。赛事共使用 63 个体育场馆，其中比赛场馆 41 个、训练场馆 19 个、备用场馆 3 个。在满足大运会标准的前提下，场馆建设和设施设备力求低碳、环保、节俭，坚持“能改的不建、能修的不换、能租的不买、能借的不租”的原则，充分兼顾赛时需要和赛后长期使用[35]。总体来说，如何充分利用既有建筑资源同时满足现代体育需求，体现可持续理念，是当前我国建筑师需要努力的方向之一。

2. 建筑材料循环利用

从节约资源和能源减少环境污染的角度，采用可循环利用材料已成为体育场馆建设的未来趋势之一。作为生态环境的一个重要分支，生态材料在生产、使用、废弃和再生环境过程中与生态环境相协调，能够实现最少的资源和能源消耗。可循环利用的材料包括传统建筑材料中的木材和砖瓦，以及新型材料如钢材、铝材以及膜材。

建筑钢结构与混凝土、木结构相比，具有轻质、高强、受力均匀、易于工业化、能耗小、绿色环保、可循环使用、符合可持续发展等诸多优点，作为一种新型可循环利用建筑材料，是目前国内外大空间体育场馆建筑应用最为广泛的结构材料。近年，可拆卸式钢结构在我国临时性公共建筑得到广泛应用，如大型比赛大量采用的临时性座席看台以及辅助设施。

木材作为传统的建筑材料，从生态、健康以及安全的角度是良好的大空间屋面结构主材。作为一种可供选择的循环利用材料，木材除了良好的吸声、隔声性能，从能源利用、空气及水污染等方面来看，木结构较其他结构对环境的不利影响最小。近年木结构在发达国家如日本和欧洲一些国家中重新得到发展，经过特殊处理的胶合木不但具有耐火性能，还获得构造尺寸的稳定性，能够制作大跨度的直线、曲线或共性构件，因此被应用到大空间建筑中，成为有利于环保的新型建材。日本长野奥林匹克纪念体育馆位于茂密的林地之中，其维护材料采用地产木材，与周围环境融为一体。日本大馆树海穹顶、挪威利勒哈默尔冬奥会速滑馆、德国慕尼黑奥林匹克公园内的滑冰馆等场馆的主体维护结构也都采用了当地生产的木材，无论对环境还是建筑本身都具有积极的生态意义[36]。我国由于森林覆盖率低，不宜在体育建筑中大规模使用木材，在现实国情下木材短期内只能作为主流建材的补充。

膜材作为膜结构材料不仅可以减少建筑自重、加快施工速度、降低成本，而且可以重复利用，较为环保。2008 年北京奥林匹克国家游泳馆采用 ETFE 充气薄膜，产生了令人耳目一新的视觉效果，同时还具有保温、采光等优点，但充气薄膜需要相应设备支持才能维持充气效果，其对于国内体育建筑的推广应用意义有待斟酌。

此外还有一些特殊材料被应用到体育建筑中。如 2012 年伦敦奥运会体育场设计者使用一种用纺织品做成的遮阳棚，纺织品上画马赛克和与奥运会相关图像。在 2012 年伦敦奥运和 2012 年夏季残奥会结束之后，遮阳棚被拆下，做成袋子出售[37]。

除了以上提到的设计策略，为了实现节能环保的长远目标，在空调、电气、智能化等相关设备专业采用相应的技术措施十分必要。空调作为体育场馆的能耗重要支出项，应谨慎选择冷热源方式，兼顾不同规模、不同性质的功能使用要求，采用分区、分层等空调形式，合理设计气流组织，利用CFD模拟气流组织优化设计实现节能。目前国内在这方面的研究较多，在此不作为本文论述重点进行赘述。

5.3.7 策略应用实证

笔者参与设计的两个奥运场馆：北京奥运摔跤馆和北京奥运羽毛球与艺术体操馆均采用了基于集约适宜的设计方法，收到了显著的成效。本节对两个项目进行总结，作为设计策略应用的反馈研究。

从应用意义上看，两个场馆是具有代表性的体育场馆。第一，两个场馆均为大型赛事举办而兴建，赛后均作为高校体育馆使用，与众多国内正在兴建和即将兴建的大中型体育场馆一样，存在赛时赛后使用需求的巨大落差。第二，两个场馆投资主体均为学校，建设总投资受到严格控制，面临在低投入前提下追求高效益目标的普遍课题。如何结合城市设计，实现体育建筑赛后融入城市可持续运行；如何运用灵活适应性的设计手段与技术措施为赛时机能转换和赛后功能应变获得最大的灵活效能；如何在适宜技术条件下，实现低投入高效率的节能降耗和结构选型技术目标，成为设计过程中项目组面临的巨大挑战。针对以上问题，总结两个项目采取的设计方法和应对策略，对指导同类型的体育场馆建设，实现我国体育建筑可持续发展具有较高的参考价值和较大的示范意义。

设计策略在项目中的应用具体体现在以下几个方面：（1）结构选型优先适宜技术，避免片面追求结构先进性；（2）被动主动技术结合，实现节能降耗，降低运营维护成本；（3）消除冗余空间，实现节材节能，降低建设初始成本和运营成本；（4）土建装修一体化设计施工，最大限度减少二次装修；（5）最小代价改造实现赛后功能转换；（6）合理确定设备标准，综合考虑建设初始成本和运营更新成本；（7）设备控制结合不同规模活动要求，采用分区分级控制策略，降低日常运营成本。

此外，通过对建设标准的合理把握，对建设初始成本控制、运营能耗控制效果显著。（1）初始成本控制效果显著。摔跤馆以 6600 元 /m^2 建成，成为北京奥运会上"最省钱"的奥运场馆（表 5–6）。（2）使用后运营反馈良好。采用自然采光通风等适宜技术，在不额外增加建设成本的同时，为平时低能耗的赛后运营奠定了良好基础，据北京奥运会摔跤馆使用方反馈，每年节约 100 万元运营电费。相关研究成果《北京奥运摔跤馆和羽毛球馆可持续设计策略与技术应用》经专家评审获得 2012 年华夏建设科学技术奖。另一方面，根据业主反馈意见，该场馆的设备控制应加强灵活性考虑，强弱电分区应更加灵活，设计初期对其使用多样性估计不足，副馆办公用房分区控制管理计量也存在不足。这些说明场馆在提升可持续性能的方面仍有空间和余地。

四所高校奥运场馆工程造价比较 表 5–6

	建筑总面积（m^2）	固定 + 活动座席（座）	工程造价、单价
北京奥运会羽毛球馆	24000	5800+1700	2.15 亿元、8859 元 /m^2
北京奥运会摔跤馆	23959	6000+2500	1.58 亿元、6600 元 /m^2
北京奥运会乒乓球馆	26900	6000+2000	2.6 亿元、9665 元 /m^2
北京奥运会柔道馆	24000	4000+4000	2.2 亿元、8943 元 /m^2

资料来源：笔者根据资料自绘

本章小结

本章将体育建筑可持续设计的三大原则（整体协调、灵活适应、集约适宜）应用于设计阶段中，包括规划总体布局、空间利用优化、设施选择与利用、结构选型优化、设备系统配置等重要环节，并展开相关研究，提出由基于城市环境的总体设计策略、基于灵活适应的设计策略、基于集约适宜的设计策略三部分组成的设计阶段可持续策略体系。这三组策略是针对体育建筑可持续发展问题，在设计阶段策略方法的总结和集成。

基于城市环境的总体设计策略：结合整体协调原则，针对总体设计环节的问题，本书认为现代体育建筑的设计应突破以往局限于从内到外的单项思维，只有将从内到外、以建筑内部功能为主线的设计方法与从外到内、关注城市整体环境、城市设计分析方法相结合才有可能设计出符合城市功能需求的体育场馆；提出从基地条件分析入手，对场地内部条件、基地外部环境以及交通条件进行充分分析，运用图底关系等城市设计方法进行城市肌理分析和建筑体量模拟，对赛时、平时的功能规划和交通组织进行合理的考虑，形成最终规划布局方案的方法。

基于灵活适应的设计策略：结合灵活适应原则，针对体育建筑功能需求的不确定性和建造方式存在不可逆性的特点，提出灵活性、适应性、通用性、可更新性的四种解决思路，对空间利用、灵活化设施利用、结构选型、设备选型与系统设计等方案设计阶段的环节展开研究。

基于集约适宜的设计策略：结合集约适宜原则，立足场馆运营现状等国情实际，对空间设计优化、采光通风设计、结构选型、设备选型与系统设计等深化设计阶段的环节展开研究，在现有国情下对低技术高效率的场馆设计策略进行探索，实现对初始成本、维护成本和更新成本的控制以及降低全寿命周期成本的目标。

本章以笔者参与设计的奥运场馆项目为例，结合其设计过程和使用后状况，对设计策略研究进行跟踪、评价与反馈。

参考文献

[1] 吴良镛 . 面向二十一世纪的建筑学 [M]. 北京：第 20 届 UIA 大会会议资料.

[2] 孙一民，郭湘闽. 从城市的角度看体育建筑构思——谈新疆体育中心方案设计 [J]. 建筑学报，2002（9）：27~29.

[3] 林昆. 体育娱乐区与城市中心再发展——以萨克拉门托国王队新球馆与“铁路广场”项目为例 [J]. 城市规划，2010（10）：93~96.

[4] 孙一民，郭湘闽. 从城市的角度看体育建筑构思——谈新疆体育中心方案设计 [J]. 建筑学报，2002（9）：27~29.

[5] 孙一民. 体育场馆适应性研究——北京工业大学体育馆 [J]. 建筑学报，2008（1）.

[6] 樊可. 多元视角下的体育建筑设计研究 [D]. 上海：同济大学博士学位论文，2007：143.

[7] 罗鹏，李玲玲 . “事件性”大型体育设施应变设计研究 [A] // 李玲玲. 体育建筑创作新发展 [M]. 北京：中国建筑工业出版社，2011：20.

[8] 罗鹏，李玲玲 . “事件性”大型体育设施应变设计研究 [A] // 李玲玲. 体育建筑创作新发展 [M]. 北京：中国建筑工业出版社，2011：20.

[9] 罗鹏. 大型体育场馆动态适应性设计研究 [D]. 哈尔滨：哈尔滨工业大学博士论文，2006.

[10] 罗鹏. 大型体育场馆动态适应性设计研究 [D]. 哈尔滨：哈尔滨工业大学博士论文，2006.

[11] 罗鹏. 大型体育场馆动态适应性设计研究 [D]. 哈尔滨：哈尔滨工业大学博士论文，2006.

[12] 国家体育总局游泳运动管理中心 & 中国游泳运动协会 & 中国游泳运动协会装备委员会. 国际游泳联合会：游泳、跳水、水球、花样游泳设备设施规范 [S]. 2004：28.

[13] 国家体育总局游泳运动管理中心 & 中国游泳运动协会 & 中国游泳运动协会装备委员会. 国际游泳联合会：游泳、跳水、水球、花样游泳设备设施规范 [S]. 2004：19~20.

[14] 樊可. 多元视角下的体育建筑设计研究 [D]. 上海：同济大学博士学位论文，2007：145.

[15] 马国馨. 第三代体育场的开发和建设 [J]. 建筑学报，1995（5）：51.

[16] 罗鹏. 大型体育场馆动态适应性设计研究 [D]. 哈尔滨：哈尔滨工业大学博士论文，2006：180.

[17] 孙一民. 体育场馆适应性研究——北京工业大学体育馆 [J]. 建筑学报，2008（1）.

[18] 中华人民共和国建设部 JGJ 31—2003，体育建筑设计规范 [S]. 北京：中国建筑工业出版社，2003：10.3.4.

[19] 中华人民共和国建设部 JGJ 31—2003，体育建筑设计规范 [S]. 北京：中国建筑工业出版社，2003：10.2.5.

[20] 中华人民共和国建设部 JGJ 31—2003，体育建筑设计规范 [S]. 北京：中国建筑工业出版社，2003：10.2.6.

[21] 中华人民共和国建设部 JGJ 31—2003，体育建筑设计规范 [S]. 北京：中国建筑工业出版社，2003：10.2.6.

[22] 中华人民共和国建设部 JGJ 31—2003，体育建筑设计规范 [S]. 北京：中国建筑工业出版社，2003：10.2.7.

[23] Sports Council. Handbook of Sports & Recreational Building Design：Vol 1[M]. Architectural Press，1993.

[24] 张荣富. 体育馆室内自然光环境研究 [D]. 广州：华南理工大学硕士学位论文，2008：2.

[25] 王鹏，谭刚. 生态建筑中的自然通风 [J]. 世界建筑，2000（4）：62.

[26] 王鹏，谭刚. 生态建筑中的自然通风 [J]. 世界建筑，2000（4）：62.

[27] 汤国华. 岭南传统建筑适应湿热气候的经验和理论 [D]. 广州：华南理工大学博士学位论文，2002：164.

[28] 孙一民，汪奋强. 体育建筑设计的理性原则 [A] // 李玲玲. 体育建筑创

作新发展［M］. 北京：中国建筑工业出版社，2011：13.

［29］罗鹏. 大型体育场馆动态适应性设计研究［D］. 哈尔滨：哈尔滨工业大学博士论文，2006：183.

［30］罗鹏. 大型体育场馆动态适应性设计研究［D］. 哈尔滨：哈尔滨工业大学博士论文，2006：184.

［31］罗鹏. 大型体育场馆动态适应性设计研究［D］. 哈尔滨：哈尔滨工业大学博士论文，2006：189.

［32］陆施亮，李玲玲 . 技术契合环境的当代体育建筑设计研究［A］// 李玲玲. 体育建筑创作新发展［M］. 北京：中国建筑工业出版社，2011：25~26.

［33］2008 绿色奥运：环保与节能成双亮色［EB/OL］. http://wenku.baidu.com/.

［34］深圳市长:大运会场馆设施建设中,力求低碳环保节俭［EB/OL］. 人民网，2011 年 7 月 25 日，http://www.cztv.com/s/2011/dxsydh/news/2011/07/2011-07-251997773.htm.

［35］深圳市长:大运会场馆设施建设中,力求低碳环保节俭［EB/OL］. 人民网，2011 年 7 月 25 日，http://www.cztv.com/s/2011/dxsydh/news/2011/07/2011-07-251997773.htm.

［36］陆施亮，李玲玲 . 技术契合环境的当代体育建筑设计研究［A］// 李玲玲. 体育建筑创作新发展［M］. 北京：中国建筑工业出版社，2011：26~27.

［37］探秘：2010 伦敦奥运会的各个场馆［EB/OL］. 环球网，2010 年 05 月 24 日，http://www.chinadaily.com.cn/.

第六章 基于可持续性的体育建筑设计指引研究

□ 设计指引的应用意义

· 传统的建设与设计程序存在局限性
· 现行的绿色建筑评估体系缺乏针对性
· 决策与设计缺乏可操作的指引准则

□ 设计指引研究

· 体育建筑可持续设计影响因素矩阵
· 可持续设计指引及图则

本章在前面章节理论内容总结的基础上，从操作层面对基于可持续性的体育建筑设计策略进行提炼、总结和应用研究，是对体育建筑设计理论与方法的完善与补充，对现阶段我国国情下的体育建筑设计具有一定的指导作用。相对于绿色节能的研究，本设计指引更侧重于针对体育建筑这一特殊类型建筑的建设和使用特点，但不能取代已有的绿色建筑设计理论方法的作用。在具体设计工作中，应基于项目实际情况，结合一般性的绿色建筑设计策略和方法，综合应用体育建筑可持续设计指引，提高体育建筑的可持续性能。

6.1 设计指引的应用意义

6.1.1 传统的建设与设计程序存在局限性

我国现行的建筑设计体制构成一直沿用新中国成立之初的模式，建设项目建设活动主要由城市规划、建设立项、建筑设计、建筑施工、运营使用几个阶段组成。城市规划编制单位编制总体规划和控制性详细规划；业主单位或建设单位根据总体规划要求，展开项目立项工作；建筑设计单位根据业主的设计任务书进行方案设计、初步设计和施工图设计；施工单位根据图纸进行施工；竣工验收后交付使用（表 6–1）。

两种模式下的项目团队比较 **表 6–1**

	传统建设程序下的项目团队	可持续建设目标下的项目团队
特征	围绕“业主”为核心，业主收集建设方、使用方要求，确定建设目标组织设计施工的建设程序	以“业主、建筑师”为核心组成项目团队，建筑师成为参与决策的主要角色之一，统一价值观，形成统一的建设目标
优点	符合现行我国建设程序，具有较强的操作性	充分发挥了建筑师在项目团队中的关键作用，有利于克服决策科学性不足的缺点；有利于在各建设阶段“一以贯之”的实现可持续目标
缺点	由于“业主”对体育场馆缺乏建设经验和专业水平，很大程度上影响了决策的科学性；另一方面，各方缺乏统一价值观的支持，在各阶段形成不同的建设目标，不利于可持续目标的实现	在现行国情下，各建设阶段如何充分体现使用各方需求，体现公众参与；建筑师如何从原有的角色定位实现职能转换，需要制度、观念的转变以及建筑师自身职业素养和技能的不断提高

资料来源：笔者自绘

传统建设程序将建设活动分为几个目标指向性很强的阶段，并由带有不同目标诉求的主体付诸实施或审查。从积极意义而言，我国传统建筑程序具有可操作性强、执行效率高的特点。这一点在近几十年我国出现的大规模建设项目中可以得到印证。

然而，高效率建设的同时也暴露出传统建设程序的缺陷与不足。罗鹏在其博士论文中指出，我国传统设计程序与方法的缺陷主要体现在“单向性”、“片面性”、“跳跃性”和“静态性”几个方面，具体来说是指设计信息单项传递，缺乏交流和反馈；各设计阶段与设计角色以自我为中心，排斥或不注重多角色参与；设计整体过程不连续，环节缺失脱节；设计工作只是针对监护固定的某一功能目标或阶段的使用而进行，缺乏对建筑整个生命周期的考虑[1]。

对于体育建筑而言，传统设计程序的缺陷表现得十分明显。首先是环节脱节，传统建设程序将建设活动分为几个目标指向性很强但缺乏关联性的阶段。尤其对于公共投资的体育场馆，初始建设环节和运营使用环节的严重脱节。投资主体、使用方在传统设计程序下难以找到共同作用的平台，使用者的需求难以在项目设计前期得到充分反映；第二是关键环节缺失，传统的体系中缺乏设计前期针对项目科学定位的建筑策划和建筑建成使用过程中的评价反馈机制，使许多场馆设计缺乏设计前期项目定位的科学依据，建成后的实际使用效果难以反馈到设计中。

体育建筑可持续目标的实现，有赖于建设、设计、使用和施工各方将可持续目标作为共同目标诉求，一以贯之地贯彻于建设活动的各个阶段。但传统建设程序中的“单向”、“片段”和“静态”的特点，不利于体育建筑可持续目标的落实（图 6–1、图 6–2）。

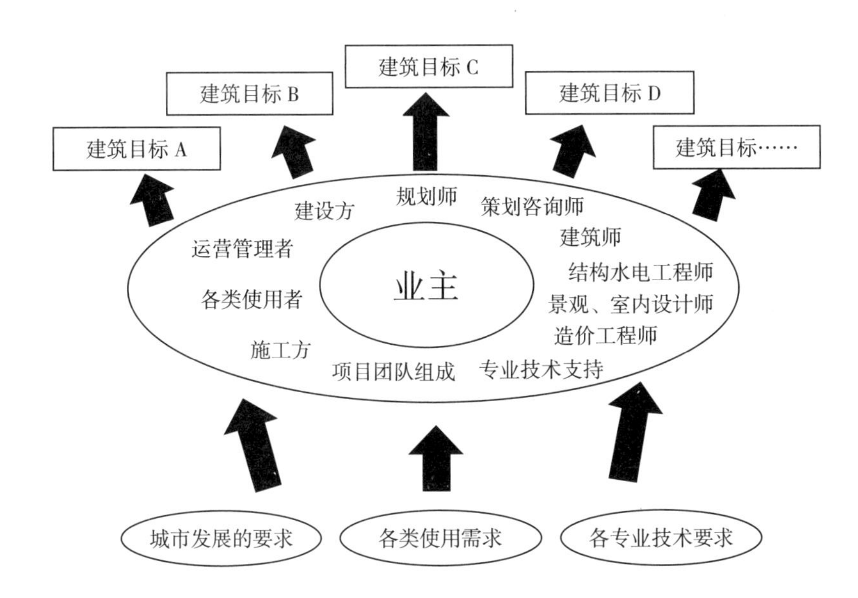

图 6–1　传统建设程序下的项目团队组成
资料来源：笔者自绘

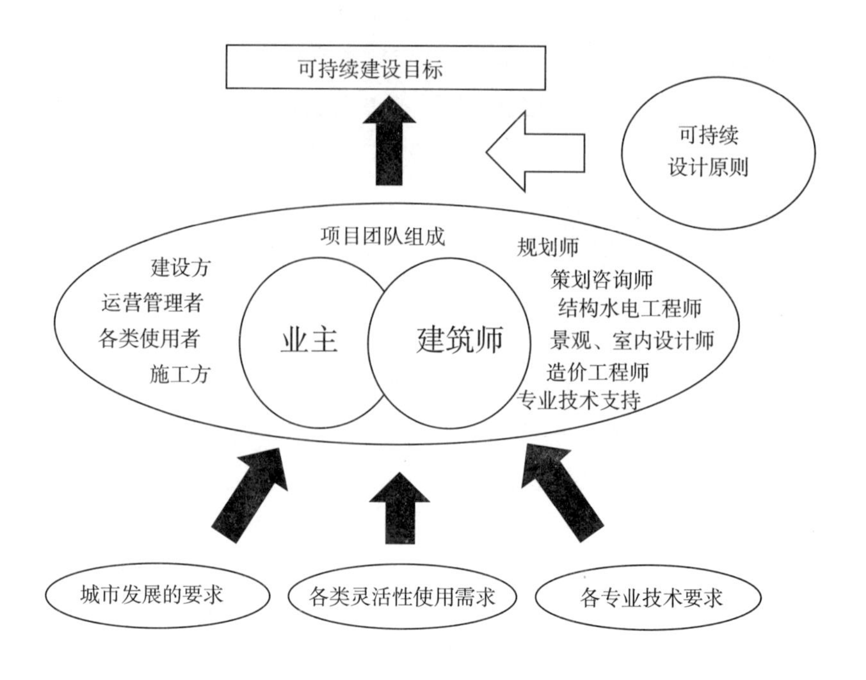

图 6–2 可持续建设目标下的项目团队架构
资料来源：笔者自绘

6.1.2 现行的绿色建筑评估体系缺乏针对性

近年，随着世界范围内绿色建筑的推广，不同国家不同部门都从各自角度出发，颁布或出版各类绿色建筑和节能环保相关的标准规范、设计指引指南或评估体系。世界各国相继发展各自的绿色建筑评估体系，包括英国的 BREEAM（建筑研究所环境评估法）、美国的 LEED（能源与环境设计领袖）、日本的 CASBEE（建筑物综合环境性能评估体系）等。我国为实现绿色环保要求，也在不遗余力地推广绿色建筑设计，2005 年颁布《公共建筑节能设计标准》，2006 年《绿色建筑评价标准》，2010 年颁布《民用建筑绿色设计规范》。2004 年发布的《绿色奥运建筑评估体系》是第一部针对体育建筑的绿色建筑评估体系。

国内外现行的绿色建筑评估体系最初都是从办公、住宅建筑评估发展起来的，国内外各项评估体系认证的项目也多为住宅和办公建筑。很多既有评估体系或设计指引虽然从绿色建筑原理的角度对建筑设计给予了较全面的设计指导建议和评价原则，但对于体育建筑的特点针对性不足，难以充分发挥针对体育建筑这一特殊类型建筑的指导作用。随着绿色建筑评估体系的发展，体育建筑也开始进入各国的评估体系范围，包括美国的 LEED、日本的 CASBEE 和我国的绿色奥运建筑评估体系。中国的绿色奥运建筑评估体系作为第一部针对体育建筑的绿色建筑指导准则，对指导北京奥运会的场馆建设、实现绿色奥运理念起到积极作用，并对指导我国其他城市的体育场馆建设具有重要的参考价值。但由于这一评估体系完成时北京奥运场馆的主要项目的方案已基本确定，因此这一评估体系没能在主要场馆招标和方案确定中发挥作用[2]。另外，该评估体系尚未涉及经济性方面内容。

与此同时，各国研究机构、设计公司也根据各自科研和实践情况，相继出版了众多与可持续设计相关的设计指南和手册，包括桑德拉·门德勒等著的《HOK 可持续设计指南》、中法合作项目《可持续发展设计指南——高环境质量的建筑》、英国皇家屋宇装备工程学会（CIBSE）发布《建筑可持续性设计指南》、中英学者姚润明、昆·斯蒂摩司等著的《可持续城市与建筑设计》、德国慕尼黑工业大学《高能效的建筑设计与施工》等。

然而，现有的可持续设计研究侧重于能源、材料、设备的策略，对于决策策划等建设初始环节的可持续策略问题则缺乏进一步的探索。规划策划、建筑设计是建筑全寿命周期中最重要的阶段之一，它主导了后续建筑活动对环境的影响和资源的消耗。设计策划是对建筑设计进行定义的阶段，是发现并提出问题的阶段；方案设计则是设计的首要环节，对后续初步设计、施工图设计具有主导作用，这一阶段需要结合策划提出的目标确定设计方案。因此，在规划策划以及方案设计阶段开始就应运用可持续原理和设计方法指导项目建设，否则在设计后期才考虑可持续设计问题，容易陷入简单的产品技术的堆砌，最终以高成本、低效益作为代价。

6.1.3 决策与设计缺乏可操作的指引准则

如何结合我国体育建筑发展现状，落实可持续发展原则，制定具有针对性的可持续设计策略指引，为体育建筑建设的决策和策划、规划和设计提供科学的依据，是当前需要进一步研究的问题。

本书采用“确定目标问题——采取应对策略”的方法步骤，针对不同项目的特点制定针对性可持续设计策略，适用于项目设计的操作和实施。

6.2 设计指引研究

本书以基于城市环境、灵活适应和集约适宜三个方面对体育场馆可持续性展开研究，第四章、第五章分别从设计前期和设计阶段对体育建筑的可持续策略进行了探讨。作为前两章的总结，本章结合目前项目设计程序，将前两章内容以设计指引图则的形式展现，以加强本文所倡导的可持续策略的实施性。体育建筑可持续设计指引与项目实施阶段的关系图如图 6–3 所示。

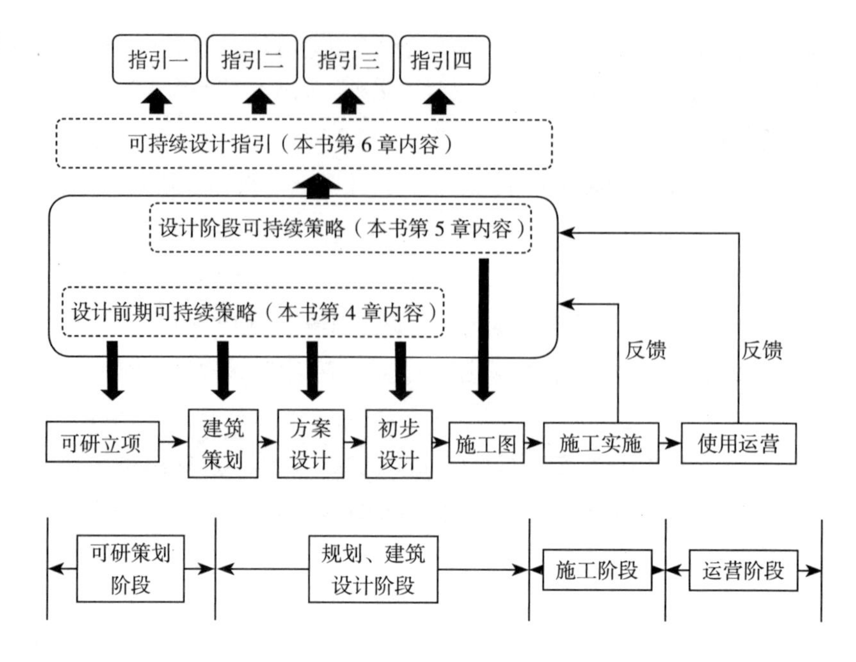

图 6–3 可持续设计指引与项目实施阶段的关系
资料来源：笔者自绘

6.2.1 体育建筑可持续设计影响因素矩阵

体育建筑可持续性影响因素分为三个方面：基于城市环境的可持续性；基于灵活适应的可持续性；基于集约适宜的可持续性。将这三方面的可持续性作为一级影响因素（3 项），根据本文对三方面可持续性的分析，可细化得出第二级影响因素（11 项）和第三级影响因素（33 项），结合项目设计程序和实施阶段（可研及策划阶段、规划与建筑设计阶段、方案优化和深化设计阶段），可以得出体育建筑可持续设计影响因素矩阵（表 6–2）。

可持续设计影响因素矩阵 **表 6–2**

体育建筑可持续影响因素			项目可研及策划阶段	规划与方案设计阶段	方案优化和深化设计阶段
一级因素	二级因素	三级因素			
基于城市环境的可持续因素	项目建设与城市发展的协调度	与既有体育设施的匹配度	○		
		选址区位合理性	○		
		建设时机选择	○		
	场地规划与外环境质量	与城市空间契合度		○	
		与城市功能契合度		○	
		与自然环境契合度		○	

续表

体育建筑可持续影响因素			项目可研及策划阶段	规划与方案设计阶段	方案优化和深化设计阶段
一级因素	二级因素	三级因素			
基于灵活适应的可持续因素	建设规模的合理性	场地规模选择	○	○	
		座席规模与构成	○	○	
		建筑规模与构成	○	○	
	功能定位与配置	等级定位的弹性	○	○	
		功能配置的多元性	○	○	
	空间布局与灵活设施利用	空间及设施的灵活性		○	○
		空间及设施的适应性		○	○
	结构选型与优化（一）	结构选型的灵活适应性			○
	设备系统设计与选型	设备系统及选型标准确定	○		
		设备系统的开放性			○
		设备系统的灵活性			○
		设备选型的可更新性			○
基于集约适宜的可持续因素	结构选型与优化（二）	结构选型与形式匹配度		○	○
		结构选型的适宜性		○	○
	节能降耗	容积控制		○	○
		自然通风		○	○
		自然采光		○	○
		其他能源利用技术	○		○
	节水节材	雨水收集与中水利用	○		○
		新材料利用及循环利用			○
	体育工艺与装修标准	体育场地工艺标准	○		○
		室内装修标准定位	○		○

资料来源：笔者自绘（注：○表示各阶段涉及可持续性的重点问题）

6.2.2 可持续设计指引及图则

指引一 启动工作阶段指引

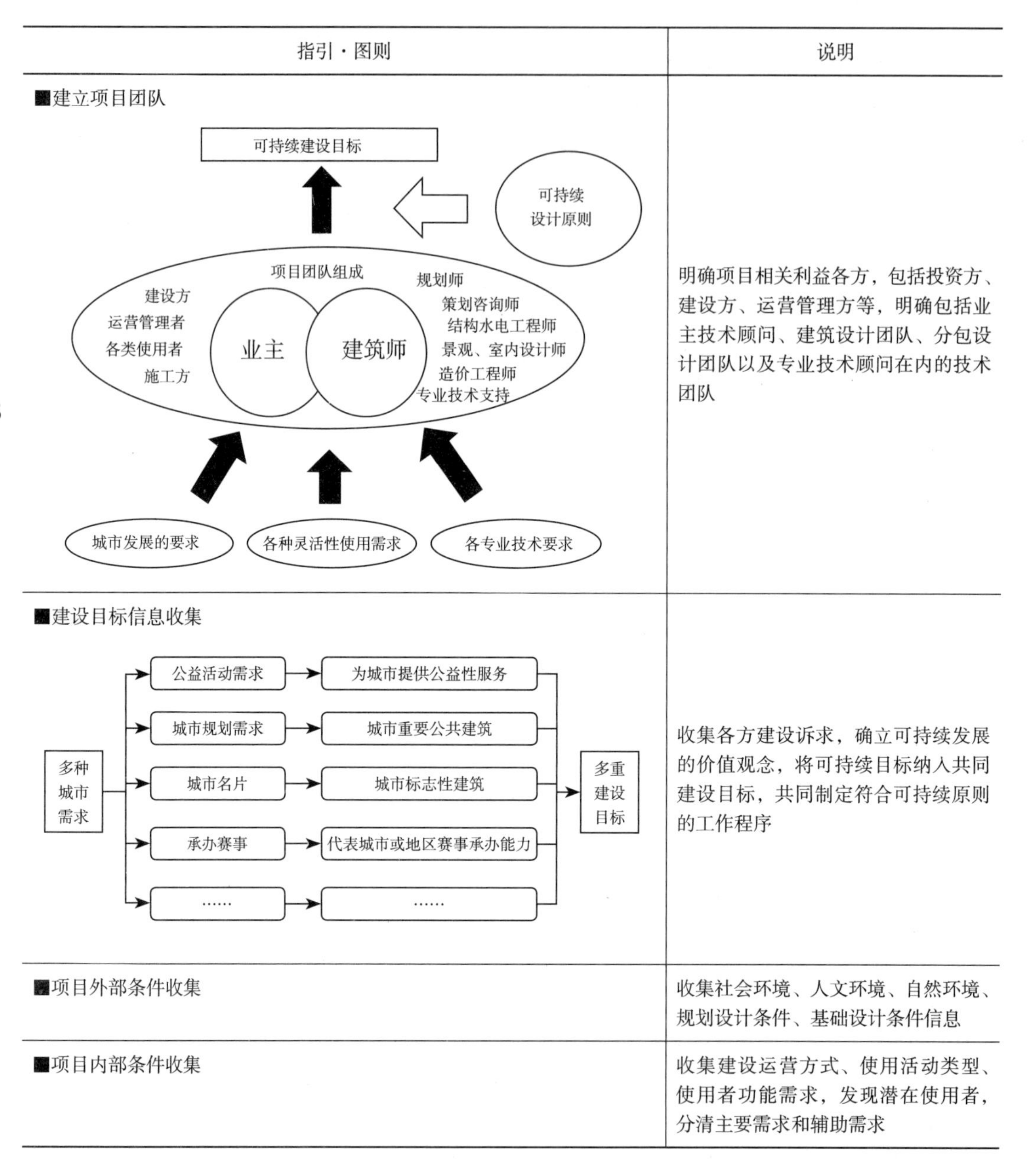

指引·图则	说明
■建立项目团队	明确项目相关利益各方，包括投资方、建设方、运营管理方等，明确包括业主技术顾问、建筑设计团队、分包设计团队以及专业技术顾问在内的技术团队
■建设目标信息收集	收集各方建设诉求，确立可持续发展的价值观念，将可持续目标纳入共同建设目标，共同制定符合可持续原则的工作程序
■项目外部条件收集	收集社会环境、人文环境、自然环境、规划设计条件、基础设计条件信息
■项目内部条件收集	收集建设运营方式、使用活动类型、使用者功能需求，发现潜在使用者，分清主要需求和辅助需求

指引二　项目可研及策划阶段指引

项目可研及策划阶段是项目建设的初始阶段，也是体育建筑实现可持续目标的关键环节。对于体育建筑而言，项目定位、建筑规模、建设标准等方面涉及可持续发展的关键问题需要在这个阶段进行科学论证、合理确定，作为后面几个阶段的设计依据和基础。

指引 2.1 项目总体定位指引

（涉及参与方：业主及咨询顾问、运营管理方、建筑设计团队）

指引・图则	说明
■检验与既有城市体育设施的匹配程度，避免重复建设 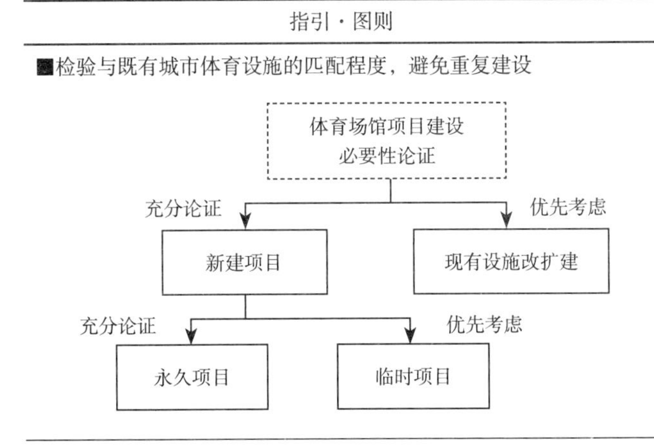	从城市体育设施综合规划的角度，考虑项目性质和选址的科学性，避免同一区域内类似场馆的重复建设，否则应重新审视建设项目的必要性。举办大型运动会而兴建的体育设施时，应优先选用城市已有的场馆设施；技术特点相近的比赛项目尽量共用场地设施；新建的场馆设施必须以赛后的实际需要为前提；对必须建设的场馆设施进行规模与标准论证
■确定选址方案及并从用地条件、交通市政条件等方面对其合理性进行评估 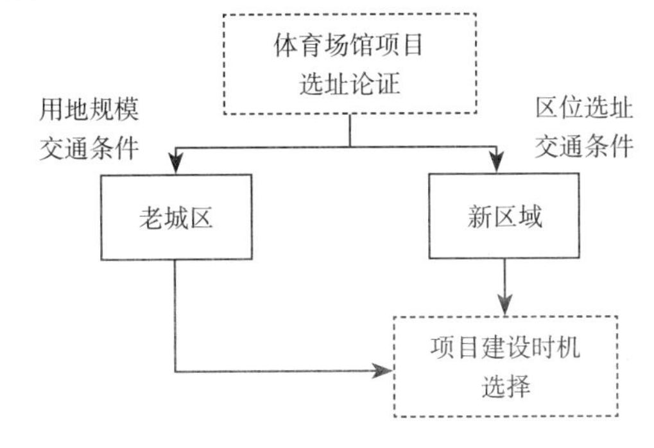	对于老城区内的场馆建设，应充分考虑用地规模、交通条件等方面的限制因素，科学选址；对于城市新区的体育中心及场馆建设，应避免选址过于偏远，导致场馆建设远离使用人群，脱离城市发展
■合理确定建设时机，科学安排建设周期 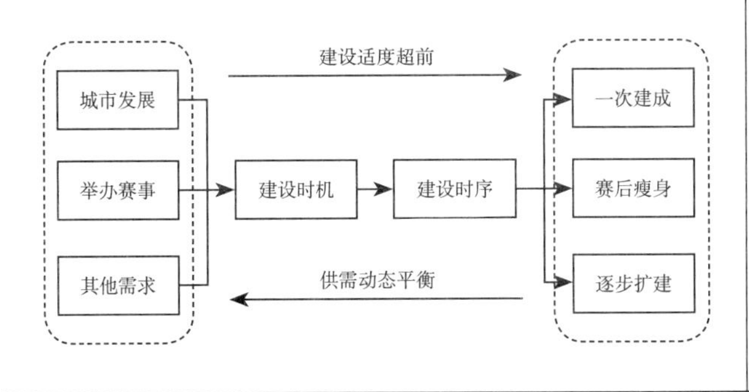	对于城市新区的体育中心及场馆建设，应制定与城市开发相匹配的建设策略，结合城市发展战略与场馆运营策划，合理确定建设时机，避免场馆建设过分超前于城市发展导致场馆长期虚位以待；对于为大型赛事举办而兴建的体育场馆，赛后应立足平时需求及时进行改造，减少运营维护成本

指引 2.2 等级·规模·功能定位指引

（涉及参与方：业主及咨询顾问、运营管理方、建筑设计团队）

指引·图则	说明
■体育建筑等级定位应立足城市需求，充分考虑弹性应变原则 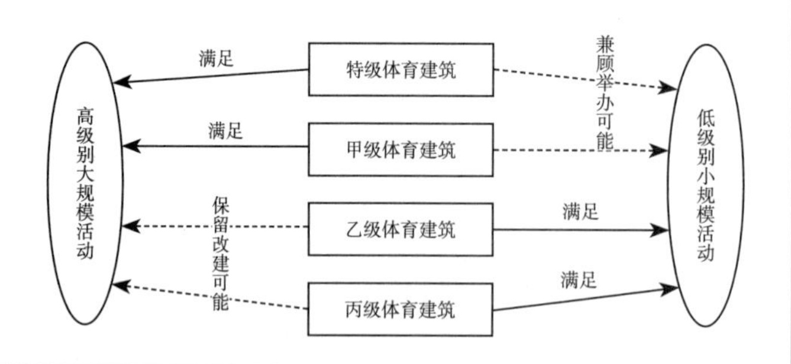	对于高等级体育建筑，应考虑其举办低级别、小规模体育赛事的需求可能，采用等级向下兼容策略，提高场馆利用率，降低场馆运营成本；对于低等级体育建筑，应在充分满足自身功能的前提下，适当考虑功能扩展性，根据实际情况可采用等级向上兼容策略，预留通过小代价改造达到高等级体育建筑性能的可能性
■合理选择场地规格标准，最大限度提高场地灵活性 **体育馆比赛场地尺寸分类** 体育Ⅰ型（篮球）：（21~24m）×（34~38m） 体育Ⅱ型（手球）：（24~26m）×（44~46m） 多功能Ⅰ型（足球）：（32~34m）×（44~46m） 多功能Ⅱ型（艺术体操）：（32~34m）×（50~54m） 标准模式（体操）：（40~48m）×70m 扩展模式（跑道）：48m×100m	场地规格标准的合理选择直接关系到场地的有效利用程度。根据已有的场地多功能研究，结合项目的性质和使用特点，兼顾体育工艺专业性和通用性的要求，合理选择场地规模，确定场地建设标准。避免场地过小，造成功能单一；同时应避免场地大而不当
■科学论证座席规模，结合使用需求确定座席构成比例 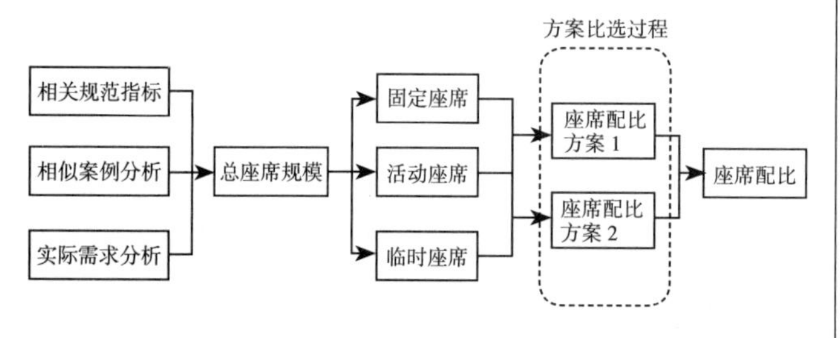	结合建设项目性质和级别，考虑平时使用需求与最大使用需求预测，综合论证座席规模，合理分配固座席和活动座席比例，可能情况下提高活动座席率，提升场馆使用灵活性。对于“事件型”体育场馆，应充分利用设置临时座席等手段，解决赛时赛后需求差距造成的建设规模矛盾
■立足场馆运营需求，兼顾赛时赛后要求，合理确定面积规模和构成比例 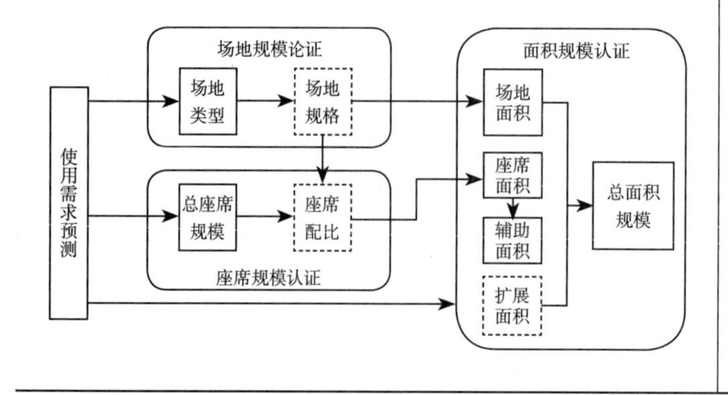	参照单座面积指标标准，结合项目具体运营设想，兼顾经济性和实用性原则，合理制定面积规模及其基本构成（基本功能面积、辅助功能面积以及扩展功能面积）

续表

指引・图则	说明
■功能策划在使用需求基础上立足实际，实现差异化定位 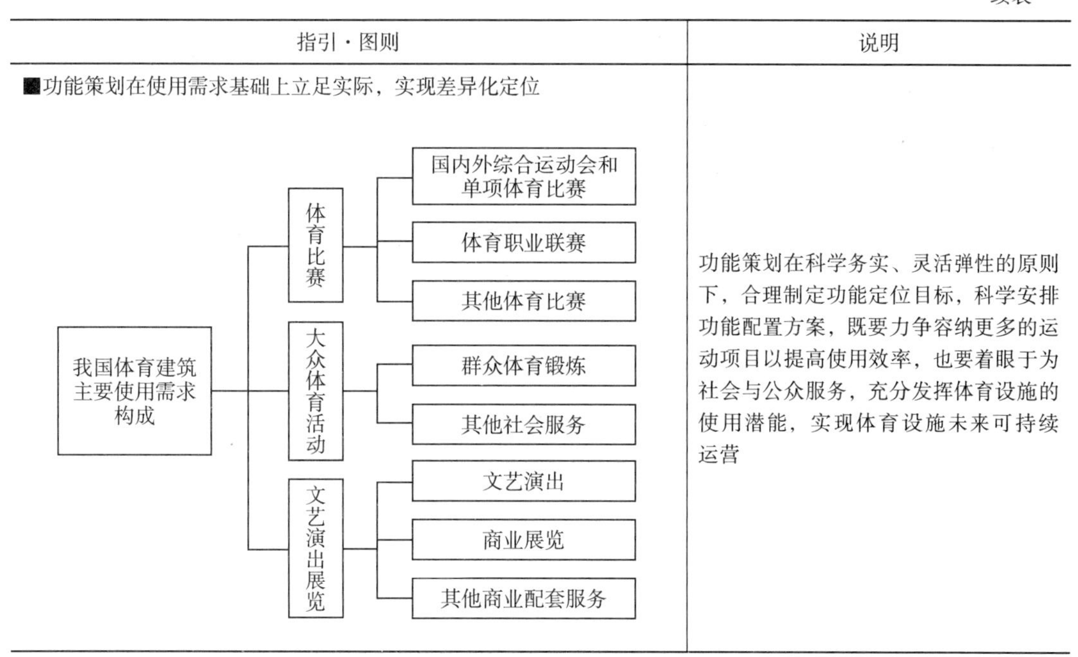 	功能策划在科学务实、灵活弹性的原则下，合理制定功能定位目标，科学安排功能配置方案，既要力争容纳更多的运动项目以提高使用效率，也要着眼于为社会与公众服务，充分发挥体育设施的使用潜能，实现体育设施未来可持续运营

指引 2.3 设备・工艺・装修定位指引

（涉及参与方：业主及咨询顾问、运营管理方、建筑设计团队）

指引・图则	说明
■设备系统及选型标准确定 （以电气及智能化系统必要性论证为例） 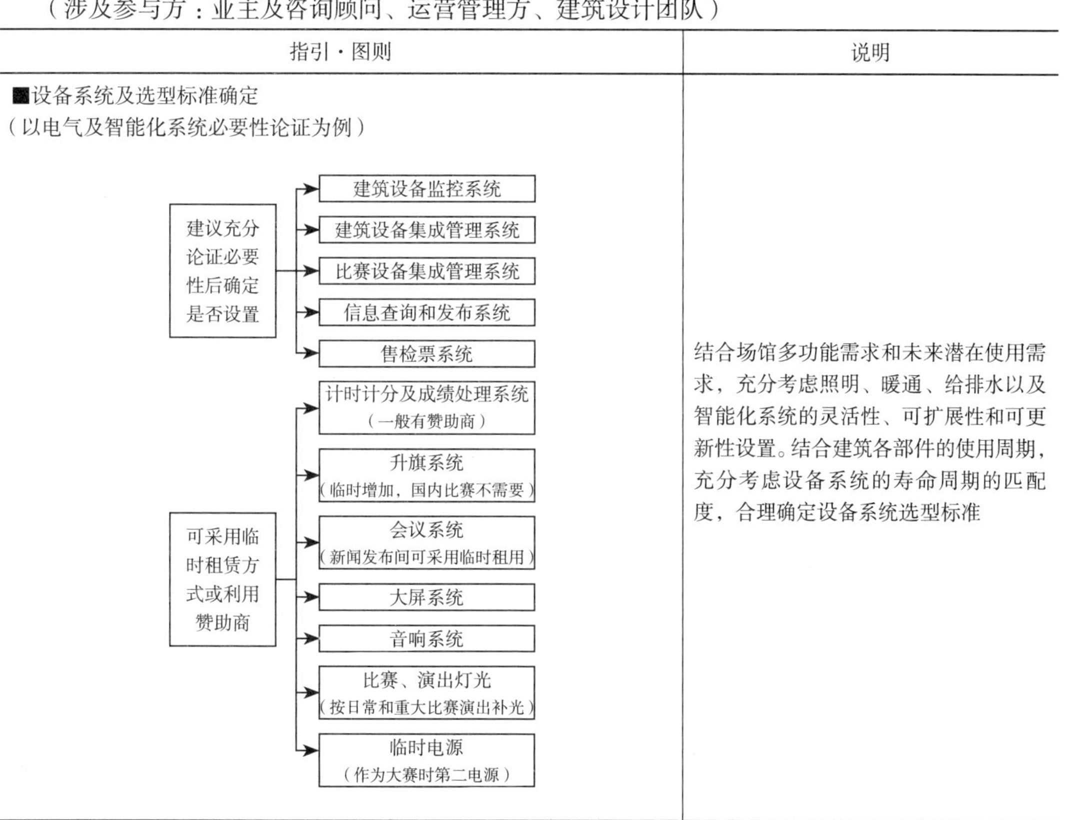 	结合场馆多功能需求和未来潜在使用需求，充分考虑照明、暖通、给排水以及智能化系统的灵活性、可扩展性和可更新性设置。结合建筑各部件的使用周期，充分考虑设备系统的寿命周期的匹配度，合理确定设备系统选型标准

续表

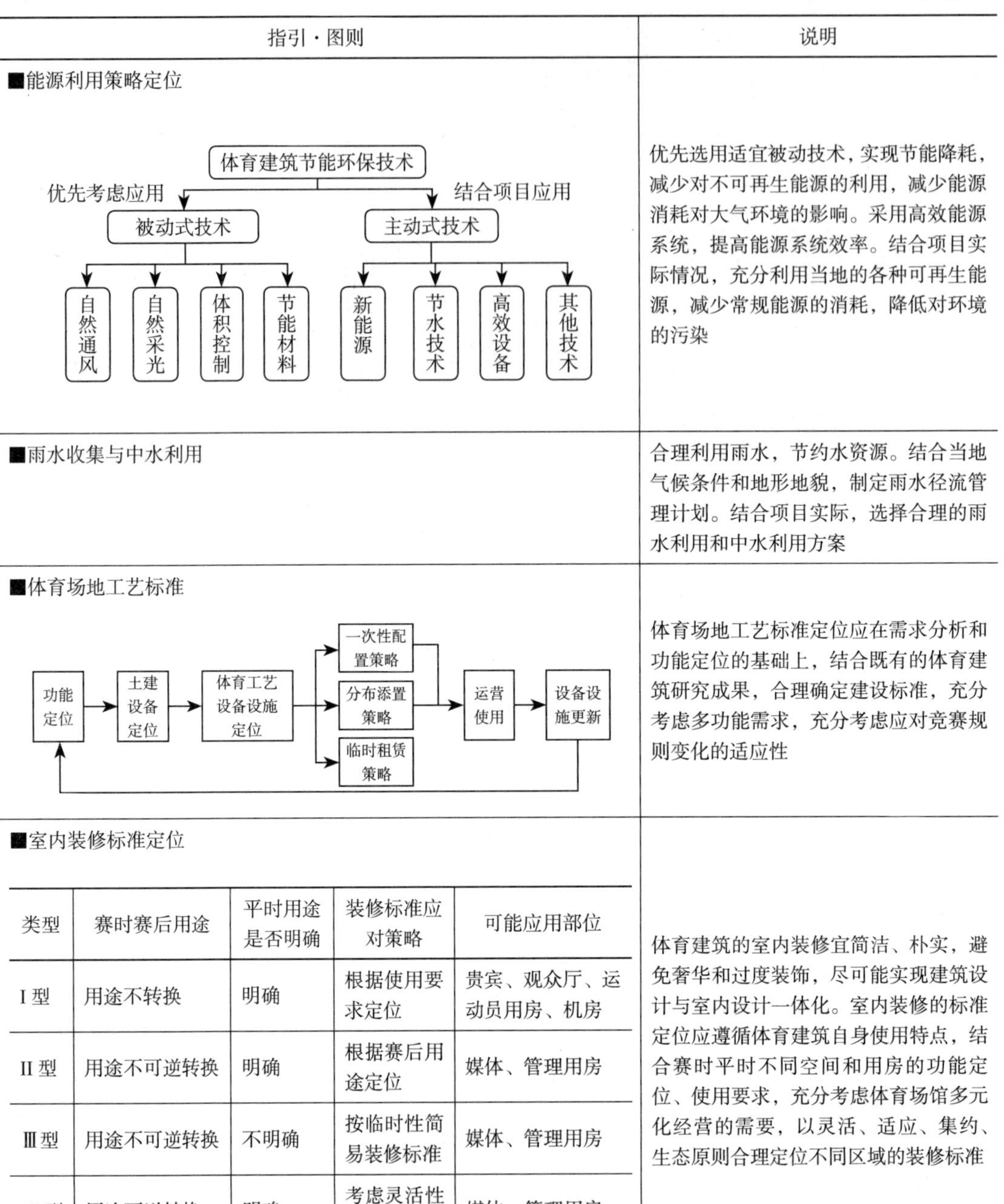

指引·图则	说明
■能源利用策略定位 体育建筑节能环保技术 优先考虑应用：被动式技术——自然通风、自然采光、体积控制、节能材料 结合项目应用：主动式技术——新能源、节水技术、高效设备、其他技术	优先选用适宜被动技术，实现节能降耗，减少对不可再生能源的利用，减少能源消耗对大气环境的影响。采用高效能源系统，提高能源系统效率。结合项目实际情况，充分利用当地的各种可再生能源，减少常规能源的消耗，降低对环境的污染
■雨水收集与中水利用	合理利用雨水，节约水资源。结合当地气候条件和地形地貌，制定雨水径流管理计划。结合项目实际，选择合理的雨水利用和中水利用方案
■体育场地工艺标准 功能定位 → 土建设备定位 → 体育工艺设备设施定位 → 一次性配置策略 / 分布添置策略 / 临时租赁策略 → 运营使用 → 设备设施更新 → 功能定位	体育场地工艺标准定位应在需求分析和功能定位的基础上，结合既有的体育建筑研究成果，合理确定建设标准，充分考虑多功能需求，充分考虑应对竞赛规则变化的适应性
■室内装修标准定位（见下表）	体育建筑的室内装修宜简洁、朴实，避免奢华和过度装饰，尽可能实现建筑设计与室内设计一体化。室内装修的标准定位应遵循体育建筑自身使用特点，结合赛时平时不同空间和用房的功能定位、使用要求，充分考虑体育场馆多元化经营的需要，以灵活、适应、集约、生态原则合理定位不同区域的装修标准

类型	赛时赛后用途	平时用途是否明确	装修标准应对策略	可能应用部位
Ⅰ型	用途不转换	明确	根据使用要求定位	贵宾、观众厅、运动员用房、机房
Ⅱ型	用途不可逆转换	明确	根据赛后用途定位	媒体、管理用房
Ⅲ型	用途不可逆转换	不明确	按临时性简易装修标准	媒体、管理用房
Ⅳ型	用途可逆转换	明确	考虑灵活性的装修定位	媒体、管理用房

指引三　规划与方案设计阶段指引

规划与方案设计阶段是在用地条件确定后正式进入设计的重要阶段，将可持续原理以及前期的策划结论落实到项目总平面规划以及建筑设计方案中，是该阶段的重要任务，另一方面，方案设计阶段工作的展开也对前期的可研策划的结论具有检验和反馈的作用。

指引 3.1　总体设计指引

（涉及参与方：业主、建筑师、规划师）

指引·图则	说明
■与城市空间契合度 （以北京奥运摔跤馆为例） 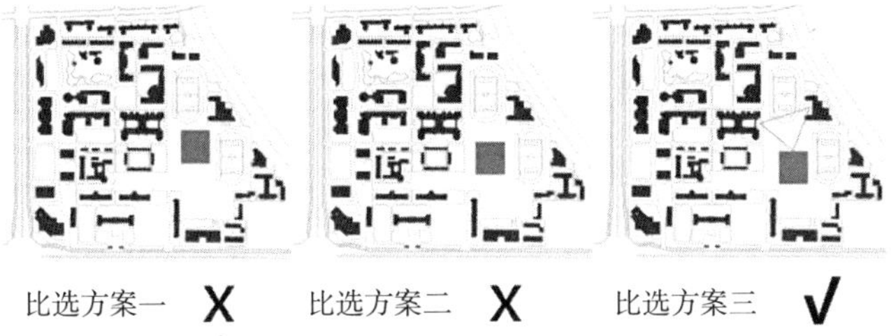 比选方案一 X　比选方案二 X　比选方案三 √ 总图布局设计方案比选	总体设计应避免场馆孤立于城市，应从更大范围城市空间角度，合理规划场馆布局；综合考虑街廓界面、外部空间的整体性以及人流活动的特点，营造融入城市公共空间体系的活力空间场所
■与城市功能契合度 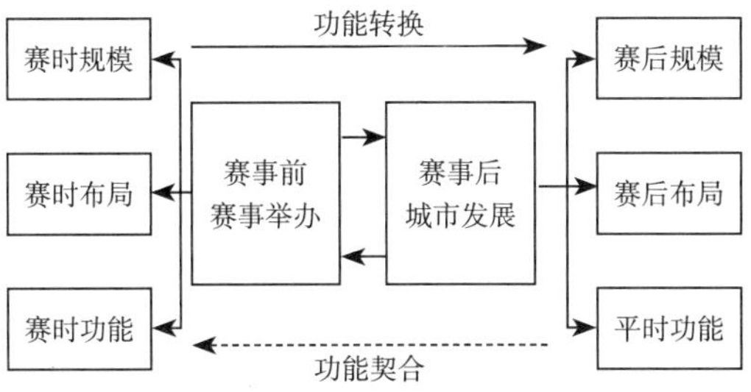 赛时规模　赛时布局　赛时功能 功能转换 赛事前 赛事举办 赛事后 城市发展 功能契合 赛后规模　赛后布局　平时功能	从提升完善城市区域功能服务质量的角度，合理规划场馆设施的功能定位和布局，对于“事件型”体育设施，应兼顾考虑赛时赛后的功能转换，立足城市更大范围和长期的功能需求，进行总体布局规划设计，最大限度提升场馆设施与城市功能的契合度
■与自然环境契合度 正确模式：结合地形 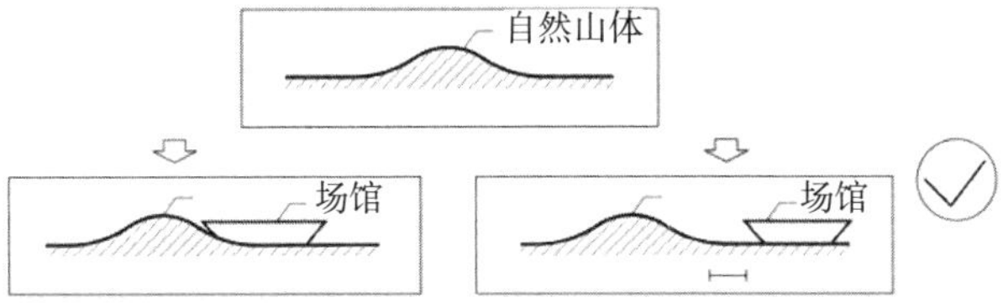 自然山体　场馆　场馆 不正确模式：铲平地形 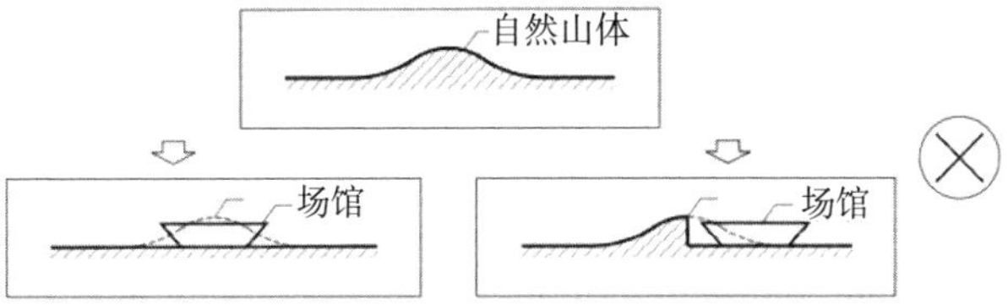 自然山体　场馆　场馆	场馆的总图布局应遵循因地制宜的原则，利用原有地形、地貌，谨慎处理好场馆体量和位置与山体、水体、植被的关系。当需要进行地形改造时，应采取合理的改良措施，平衡土方，避免过度破坏地形地貌特征，保护和提高土地的生态价值

指引 3.2 建筑设计指引

（涉及参与方：业主、建筑师）

指引·图则	说明
■等级定位的弹性	采用动态等级定位思路，以常态化和使用频率高的体育功能作为主要建筑设计依据，并考虑结合灵活性的设计手段达到使用功能的可扩展性和可转换性，使其能够兼顾上下等级的体育活动，从而实现体育建筑良好的适应性。不同等级体育建筑之间的采用等级向下兼容和等级向上兼容等策略，提升场馆设施的可持续性
■体育场地设计	规划方案设计阶段，体育场馆场地设计应根据项目策划阶段对场地规模的选择，结合方案本身情况，结合座席布置，确定场地尺寸规格和用材标准，提出场地多功能使用的平面布置方案，作为策划结论的再论证和进一步展开初步设计施工图设计的工作基础

■等级定位的弹性

	高等级场馆（特、甲）	低等级场馆（乙、丙）
等级兼容策略	向下	向上
兼顾使用需求	兼顾小规模赛事活动	兼顾高级别赛事活动
看台座席	考虑采用活动或临时看台，化解平时赛时需求矛盾	考虑采用搭建临时看台等办法提升赛事承办能力
场地规格、高度要求	可灵活分隔	充分预留尺寸
场地工艺构造	兼顾群体活动	保留改造升级可能
辅助用房功能	采用通用性框架，保留功能灵活转换可能	保留扩建可能或依靠临建达到办赛标准
设备系统	采用分区、分级灵活控制策略	预留扩展接口

■体育场地设计

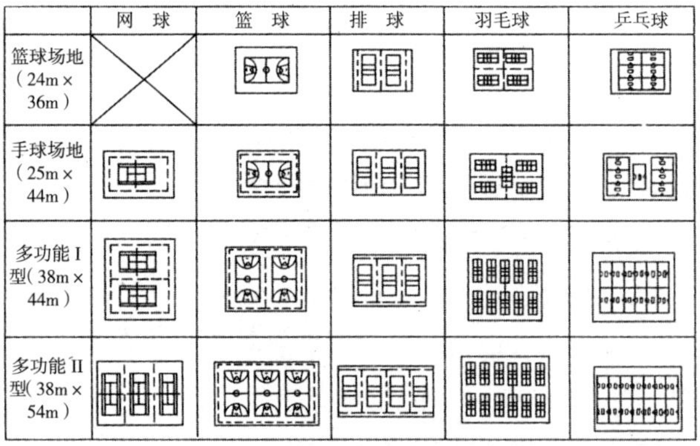

	网　球	篮　球	排　球	羽毛球	乒乓球
篮球场地（24m×36m）					
手球场地（25m×44m）					
多功能Ⅰ型（38m×44m）					
多功能Ⅱ型（38m×54m）					

球类运动场地的多功能分析[3]

续表

<table>
<tr><th colspan="2">指引·图则</th><th>说明</th></tr>
<tr><td colspan="2">■座席及看台设计</td><td rowspan="6">在策划结论的基础上，根据设计任务书提供的座席规模以及固定、临时和活动座席的构成要求，结合各种使用状态下的空间利用条件，合理规划看台座席，使其满足不同规模下的多功能活动要求</td></tr>
<tr><td>固定看台
活动看台</td><td>模式一：活动下，固定上</td></tr>
<tr><td>活动看台
固定看台</td><td>模式二：活动上，固定下</td></tr>
<tr><td>全部活动看台</td><td>模式三：全活动</td></tr>
<tr><td>活动看台
活动看台</td><td>模式四：全活动</td></tr>
<tr><td>临时看台
固定看台</td><td>模式五：固定前，临时后</td></tr>
<tr><td colspan="2">■功能布局与平面布置
（以梅县文体中心为例）
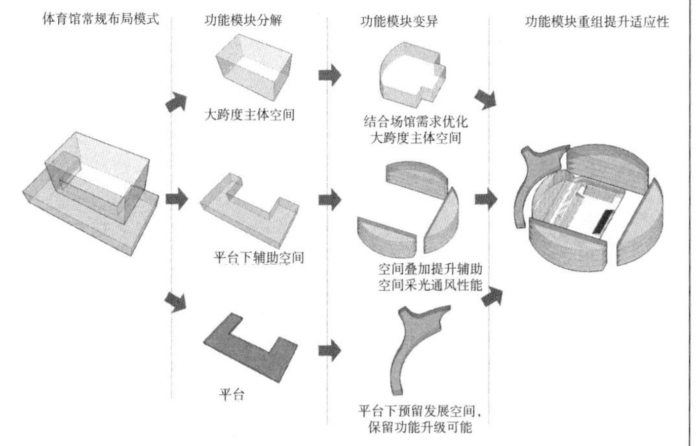

“基本功能＋辅助功能＋扩展功能”构成示意</td><td>根据功能配置多元化设想，根据策划可研阶段确定的基本功能面积、辅助功能面积以及扩展功能面积构成，合理进行功能平面布局，可根据方案实际情况进行优化调整，最大化实现场馆平面利用的灵活性</td></tr>
</table>

续表

指引・图则	说明
■空间利用的适应性 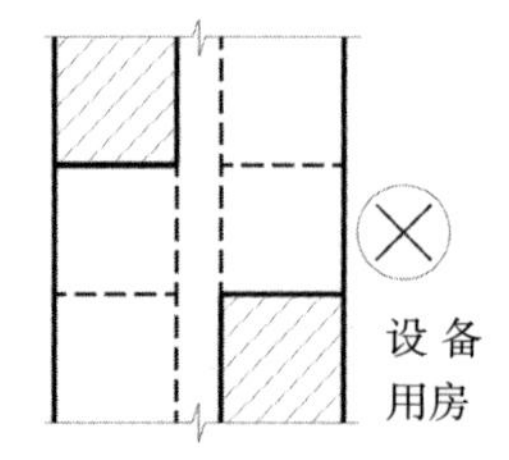 设备房分散布置模式 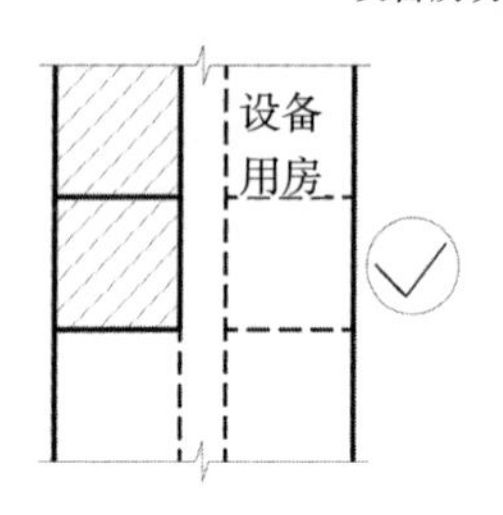  设备房集中布置模式	充分考虑空间利用的通用性和兼容性，比赛空间和训练空间应结合场地设计、看台设计，提高空间利用率；辅助空间应考虑将设备和配套服务空间相对集中布置，同时使功能用途未来可能改变的空间相对集中，布置成易于改造的通用性空间
■空间利用的灵活性 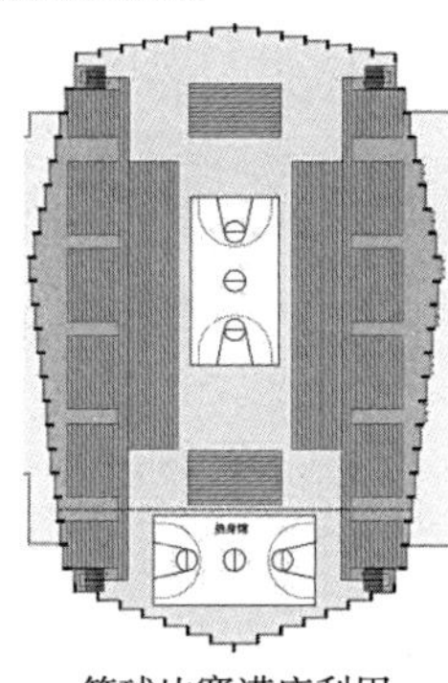 篮球比赛满座利用 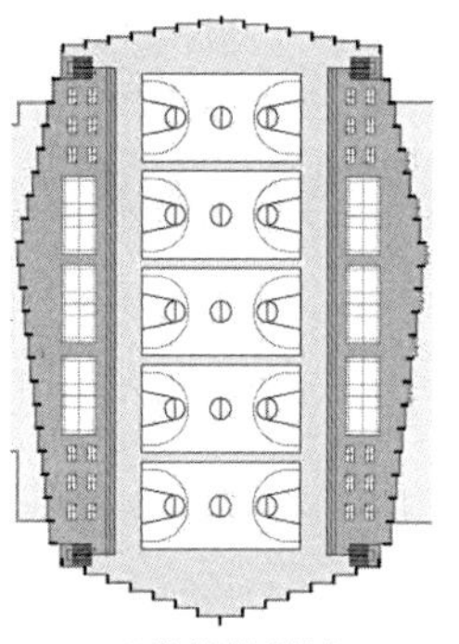 日常教学利用 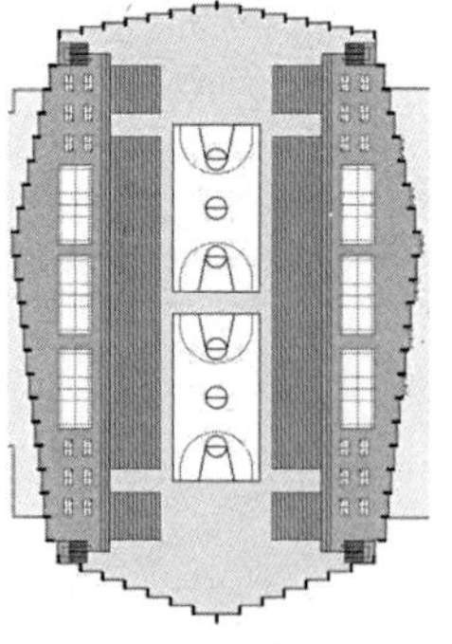 场地分区综合利用 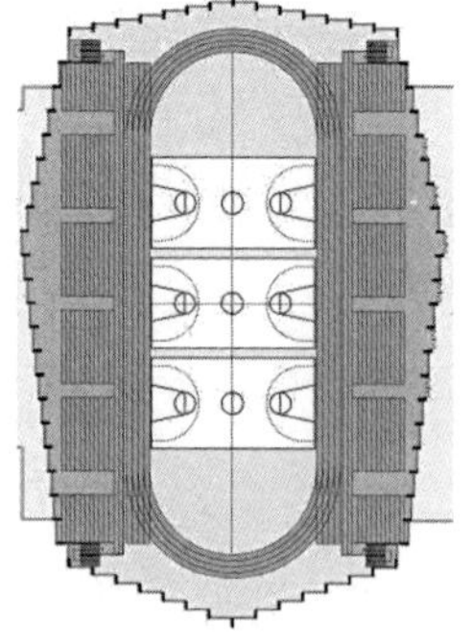 室内田径训练利用	充分考虑空间利用的灵活适应性，在合理场地选型，看台设计的基础上，充分利用灵活化设施，达到空间利用的多功能转换，实现体育场馆多功能利用的目的

续表

指引·图则	说明
■空间利用的集约性（容积控制） 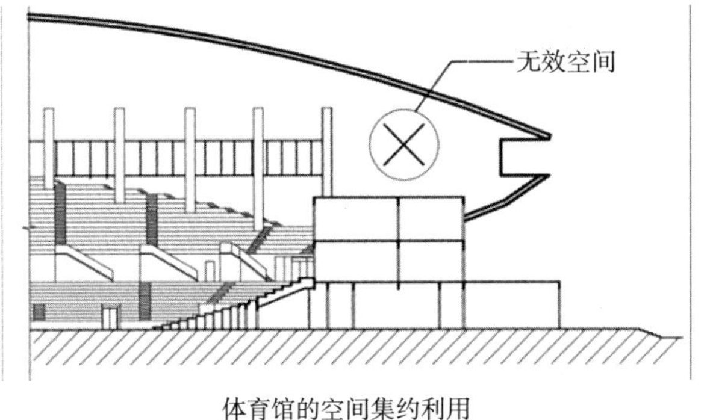 体育馆的空间集约利用 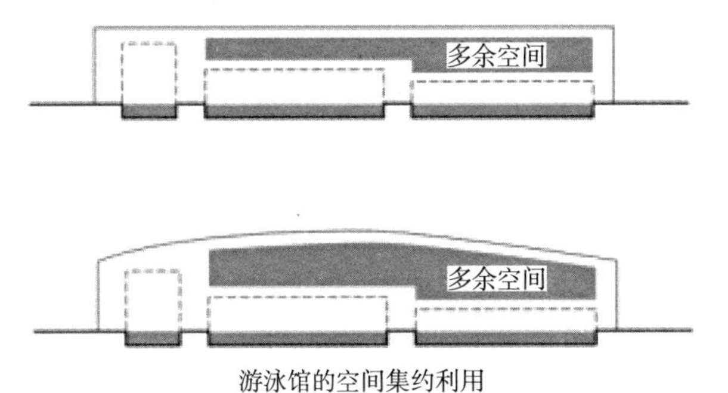 游泳馆的空间集约利用	造型与内部空间设计相结合，避免追求造型产生的无效空间，减少运营空调能耗以及声学处理费用，为功能形式的统一，奠定良好的方案基础
■自然通风 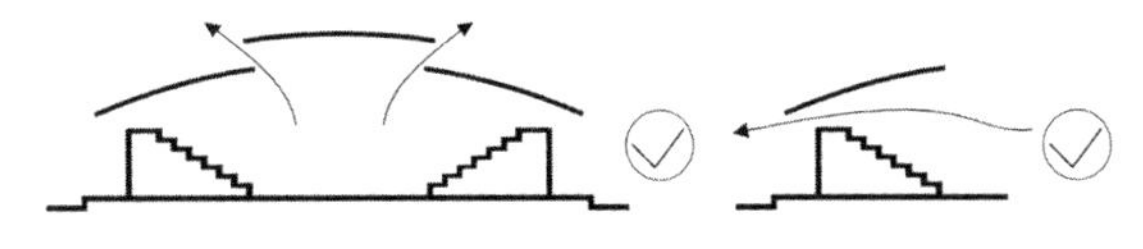 自然通风（进风口＋风道＋出风口）＋机械通风 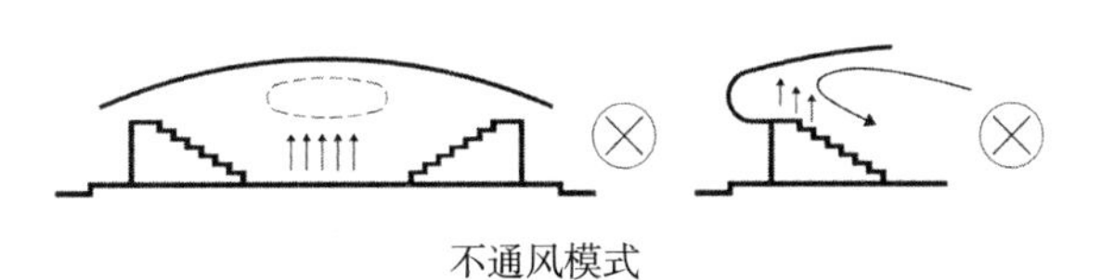 不通风模式	在方案设计阶段，应结合项目所在地区的气候特点，综合建筑造型设计，合理设置风道和可开启外窗，充分考虑体育场馆日常状态和过渡季节自然通风的可能性，最大限度降低建筑能耗，提高室内热环境的质量
■自然采光 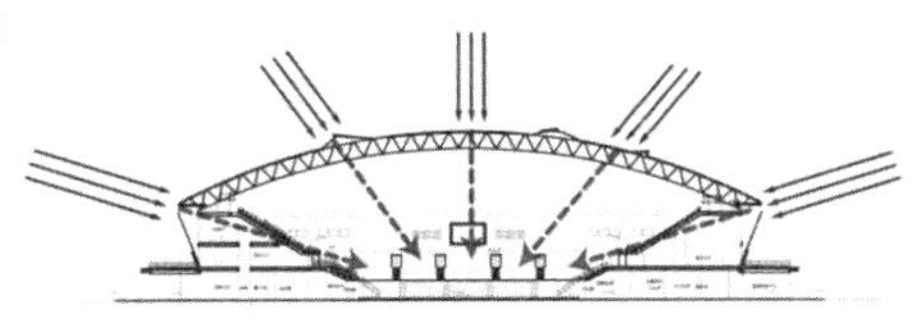 平时使用，利用天窗，侧窗测光 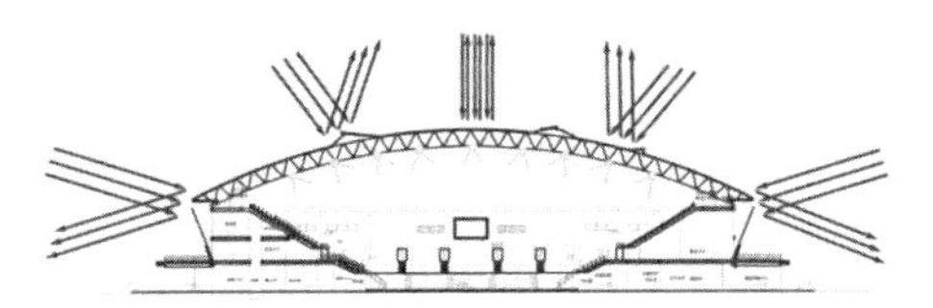 赛事使用，遮蔽天窗、侧窗，使用人工光源 采光需求	在方案设计阶段，应结合项目所在地区的气候特点，综合建筑造型设计和朝向因素，合理设置采光窗、采光带、采光井，充分考虑体育场馆主空间和辅助空间自然采光的可能性，同时合理选择遮阳方式以及采光口形式，避免眩光效应。最大限度降低建筑能耗，提高室内光环境的质量

续表

指引·图则	说明
1. 主体空间采光 侧窗采光：采光效果好，不容易形成眩光，但建筑进深较大时，采光不足 端部采光：对侧窗采光的补充，但易造成室内亮度分布不均匀，中部处较暗 平天窗采光：提供均匀的采光，但易造成眩光，且易造成漏水 顶侧窗采光：光线柔和，可避免眩光，且不易漏水 结合式采光：天窗采光、侧窗采光和端部采光相结合，提供均匀充分的采光 透明维护结构采光：维护结构采用透明材质，全方位采光，但易造成温室效应，浪费能源 采光方式	比赛厅、训练厅、热身厅等主体空间应适当的引入自然光，通过必要的遮光和滤光装置，根据体育场馆规模、空间进深以及功能要求，选择不同的自然采光方式和不同的采光构造（参照第五章的表 5–5）
2. 辅助及扩展空间采光 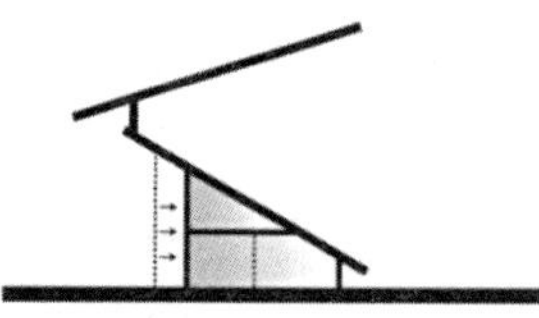 缩小辅助房间排放，使得辅助用房更好采光 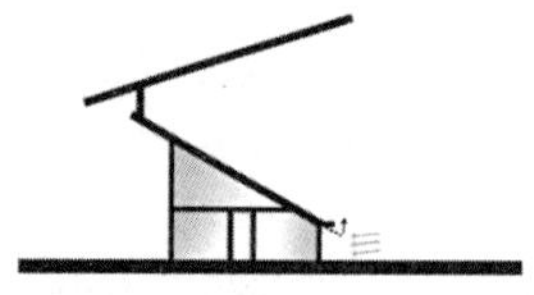 将体育场看台挑出提高，让靠近运动场一侧的辅助用房采光 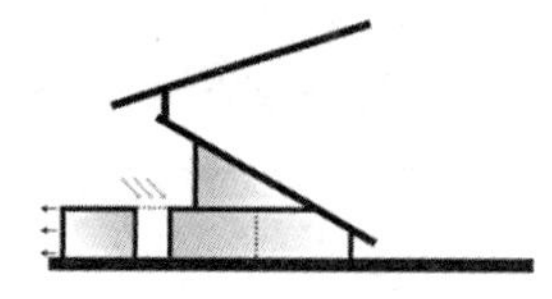 将一侧的辅助用房向另一侧移动，在房间多的一侧使用天井采光方式	辅助空间尤其是平台下的空间，可利用天井庭院、平台上的天窗、高侧窗等方式，实现自然采光效果

指引 3.3 结构与设备系统优化指引

（涉及参与方：业主、建筑师、结构工程师）

指引·图则	说明
■结构选型与形式匹配度 （以广州亚运游泳馆参数化设计为例） 参数化设计 Parametric Design	方案设计阶段应结合建筑形式，在符合结构和形式逻辑的原则上，提出基本合理的结构选型初步方案，避免为突出建筑形式的标志性而牺牲结构的合理性。必要时应利用计算机参数化技术，建立与建筑外观关联的参数化模型，即时保证与结构分析软件的对接。让结构设计和建筑设计时刻保持密切关联，提高专业间设计的协同度
■结构选型的适宜性	结合国情和项目具体实施条件，充分考虑结构实施的易建造性，权衡兼顾大跨度结构技术的适应性和先进性。对于一般性公共体育设施，鼓励选用成熟的适宜技术作为结构体系

指引四　深化设计阶段指引

深化设计阶段包括在方案设计基础上的优化设计、初步设计和施工图设计。在此阶段，建筑方案设计已基本确定，但对于平面布局、空间利用、建筑形式还需进一步落实可持续设计的原则。建筑师作为各方协调和传递方案理念的关键角色，在此阶段应发挥核心作用；结构、设备专业的介入使该阶段的工作更具复杂性和综合性，不同专业之间的技术要求可能出现矛盾，对项目设计管理要求提高；该阶段的概算是对方案经济性和投资合理性论证的关键一步；幕墙屋面系统、灵活化设施、机电工程等专业公司厂家提供的技术支持对实现可持续设计目标起到重要作用。因此，该阶段对各专业的要求从原则层面落实到技术措施层面。

指引 4.1 建筑设计指引

（涉及参与方：业主、建筑师、结构工程师、设备工程师、室内设计师、造价工程师）

指引・图则	说明
■空间利用的适应性 平面视线阻挡 剖面视线阻挡（顶部遮挡、看台遮挡） 疏散瓶颈	在方案设计基础上，完善空间利用的通用性和兼容性，根据功能用途，精细推敲比赛空间和训练空间的高度和尺寸规格；验证各种使用状态下看台视线设计以及最不利情况下的疏散设计
■空间利用的灵活性 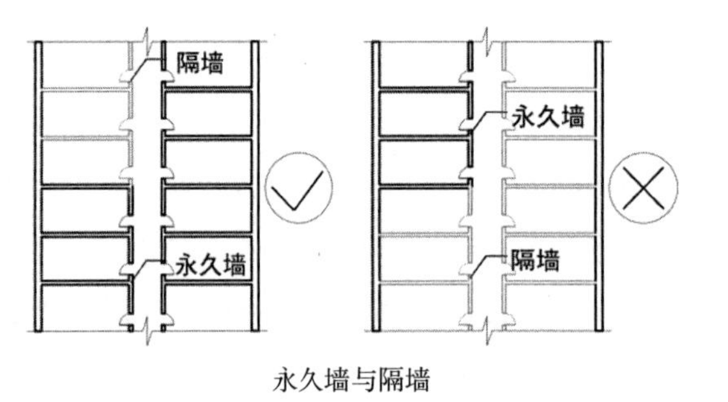 永久墙与隔墙	在方案设计基础上，进一步完善空间利用的灵活性，结合结构设备专业要求完善场地选型、看台、灵活化设施的设计；将方案阶段确定的多功能使用要求作为设计条件提交结构设备专业，确保充分实现体育场馆多功能利用目标

续表

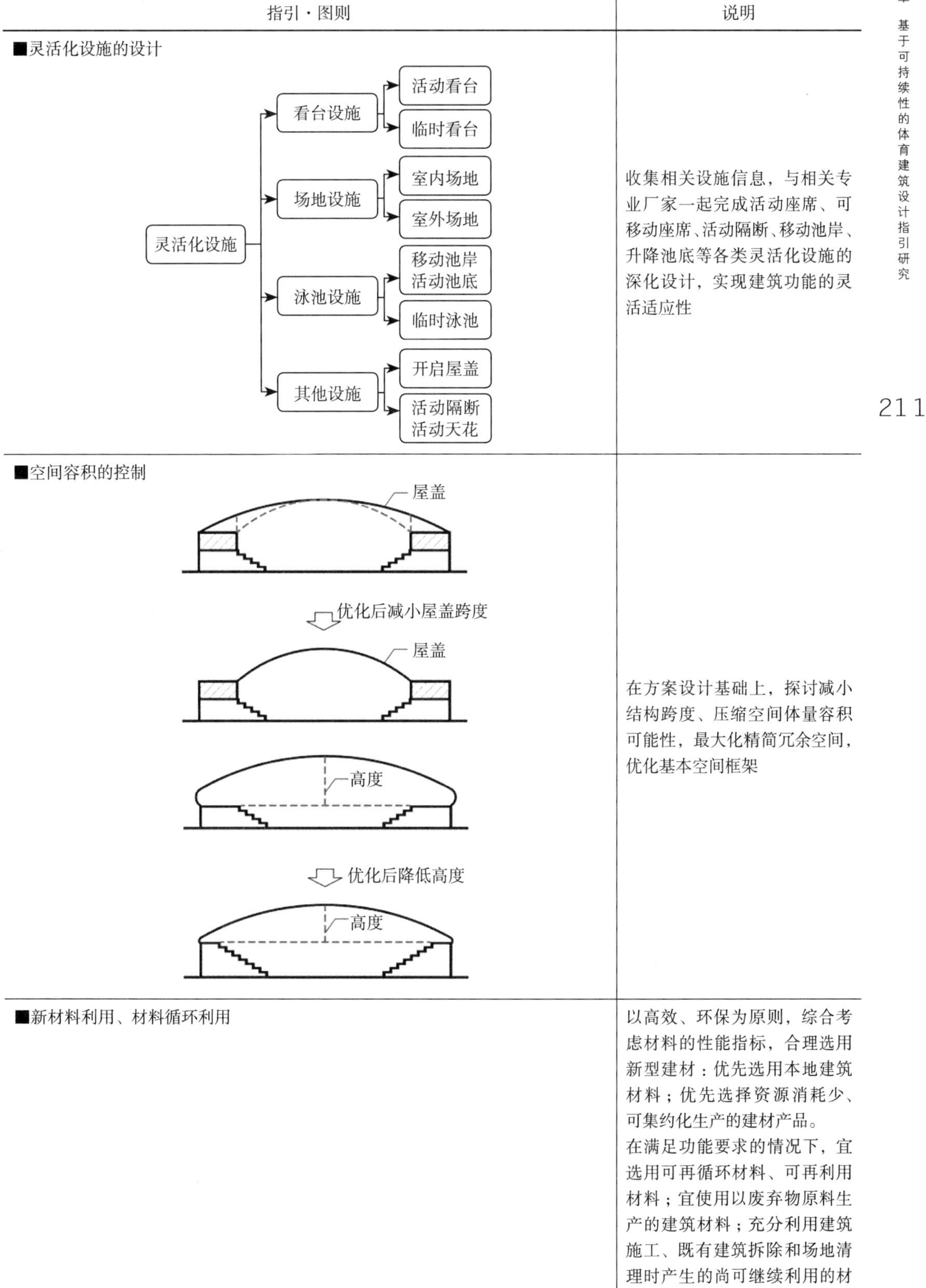

指引·图则	说明
■灵活化设施的设计	收集相关设施信息，与相关专业厂家一起完成活动座席、可移动座席、活动隔断、移动池岸、升降池底等各类灵活化设施的深化设计，实现建筑功能的灵活适应性
■空间容积的控制	在方案设计基础上，探讨减小结构跨度、压缩空间体量容积可能性，最大化精简冗余空间，优化基本空间框架
■新材料利用、材料循环利用	以高效、环保为原则，综合考虑材料的性能指标，合理选用新型建材：优先选用本地建筑材料；优先选择资源消耗少、可集约化生产的建材产品。 在满足功能要求的情况下，宜选用可再循环材料、可再利用材料；宜使用以废弃物原料生产的建筑材料；充分利用建筑施工、既有建筑拆除和场地清理时产生的尚可继续利用的材料

续表

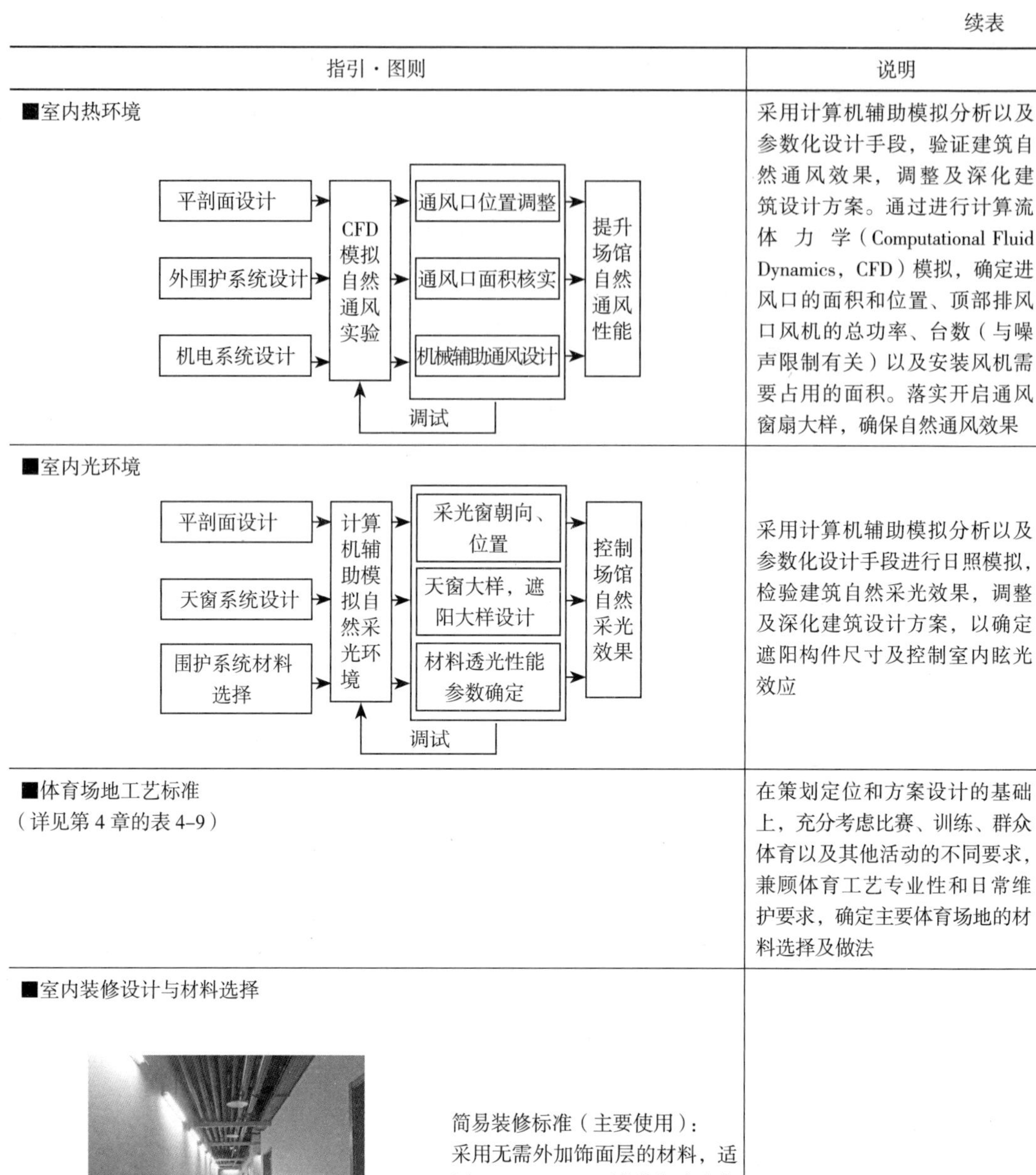

指引·图则	说明
■室内热环境 平剖面设计 → 外围护系统设计 → 机电系统设计 → CFD模拟自然通风实验 → 通风口位置调整 / 通风口面积核实 / 机械辅助通风设计 → 提升场馆自然通风性能（调试）	采用计算机辅助模拟分析以及参数化设计手段，验证建筑自然通风效果，调整及深化建筑设计方案。通过进行计算流体力学（Computational Fluid Dynamics，CFD）模拟，确定进风口的面积和位置、顶部排风口风机的总功率、台数（与噪声限制有关）以及安装风机需要占用的面积。落实开启通风窗扇大样，确保自然通风效果
■室内光环境 平剖面设计 / 天窗系统设计 / 围护系统材料选择 → 计算机辅助模拟自然采光环境 → 采光窗朝向、位置 / 天窗大样，遮阳大样设计 / 材料透光性能参数确定 → 控制场馆自然采光效果（调试）	采用计算机辅助模拟分析以及参数化设计手段进行日照模拟，检验建筑自然采光效果，调整及深化建筑设计方案，以确定遮阳构件尺寸及控制室内眩光效应
■体育场地工艺标准 （详见第4章的表4-9）	在策划定位和方案设计的基础上，充分考虑比赛、训练、群众体育以及其他活动的不同要求，兼顾体育工艺专业性和日常维护要求，确定主要体育场地的材料选择及做法
■室内装修设计与材料选择  简易装修标准（主要使用）： 采用无需外加饰面层的材料，适用于II、III、IV型装修标准定位（见指引2.3） 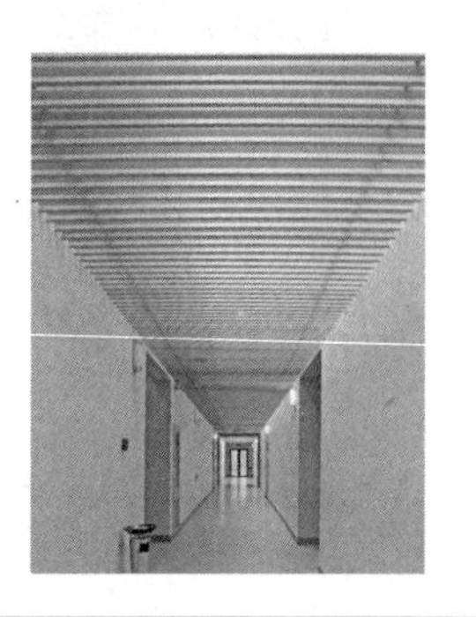 中档装修标准（主要使用）： 采用中低档的装修材料，适用于I、II、IV型装修标准定位（见指引2.3）	建筑、结构、设备与室内装修应进行一体化设计，减少二次设计、施工造成的资源浪费；尽可能采用无需外加饰面层的材料；应采用简约、功能化、轻量化装修

续表

指引·图则	说明
 精装修标准（重点部位选用）：采用中高档的装修材料，适用于I型装修标准定位（见指引2.3）	建筑、结构、设备与室内装修应进行一体化设计，减少二次设计、施工造成的资源浪费；尽可能采用无需外加饰面层的材料；应采用简约、功能化、轻量化装修

指引4.2 结构与设备优化指引

（涉及参与方：业主、建筑师、结构工程师、设备工程师、造价工程师、室内设计师、专业技术顾问）

指引·图则	说明
■结构选型与形式匹配度 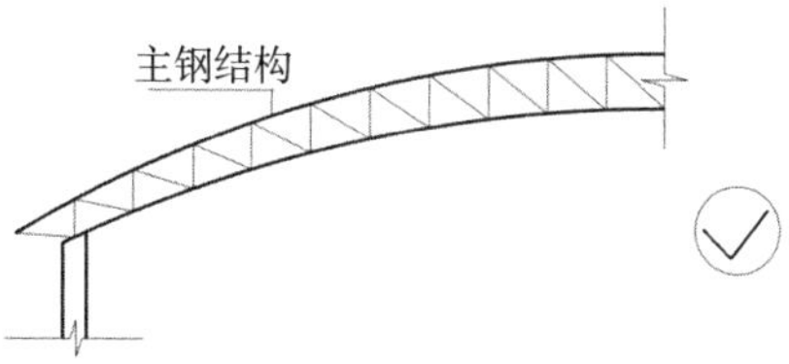 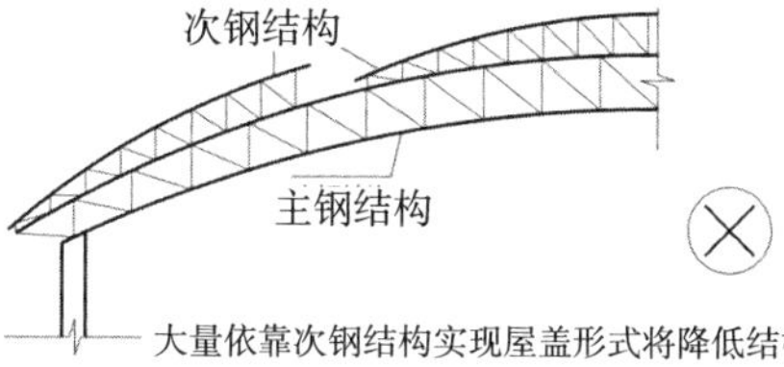 主钢结构 次钢结构 主钢结构 大量依靠次钢结构实现屋盖形式将降低结构体系与形式匹配度	在方案设计基础上，综合考虑建筑形式、技术适宜性以及先进性等因素，确定形式与结构一致、并且根据受力特点用材最少的结构选型方案。另一方面，在确定结构合理前提下，应根据结构反馈要求适当优化建筑形式，使其更具合理性。利用计算机参数化技术，提高建筑与结构专业间设计的协同度，共同完善建筑形式与结构方案合理性
■结构选型的灵活、适应性 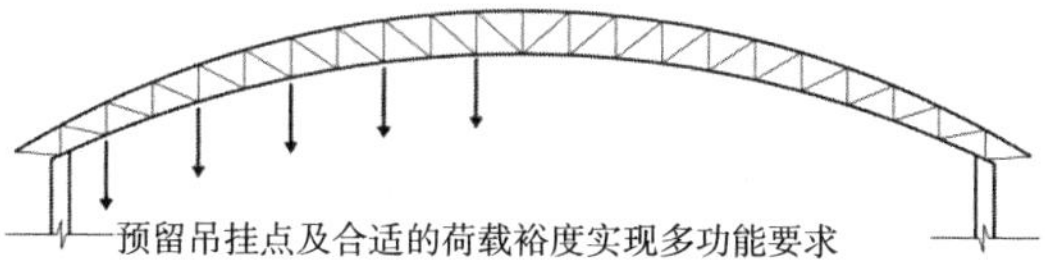 预留吊挂点及合适的荷载裕度实现多功能要求 吊挂点的选择性，荷载裕度	根据设计前期和方案确定的多功能要求，进行符合体育场馆多功能使用要求的结构设计，合理确定计算荷载的余量和裕度
■结构选型的适宜性 推荐1：成熟技术，用钢量中，造价低 推荐2：先进技术，用钢量小，造价高 不推荐：用钢量大，造价高	宜采用节材节能一体化、绿色性能较好的新型建筑结构体系；大跨度结构合理采用钢结构、钢与混凝土混合结构及组合构件
■设备系统的开放性 （见指引2.2相关内容）	根据频率高的使用状态确定各设备系统负荷容量，设备系统设计应具备开放性和可扩展性。可考虑非常态状态下（如大型比赛、演出集会），采用租赁设备方式（如租赁临时电源、电子显示屏）达到使用要求

续表

指引·图则	说明
■设备系统的灵活性 （以空调系统为例） 体育馆空调系统 中央空调：比赛厅 1 区、比赛厅 2 区、……、副馆 分体空调或 VRV：其他小空间、部分设备间 分级、分区设置控制	设备系统设计应根据各种使用状态，考虑不同规模、不同要求的情况下，对照明、空调、给水排水等设备系统的用电能耗进行分区、分级使用和计量。宜采用系统分区配置和控制的设计
■设备选型的可更新性	结合场馆多功能需求和未来潜在使用需求，充分考虑设备系统的可更新性，确保各设备系统的寿命周期的匹配度
■能源利用策略	方案及初步设计阶段根据项目的功能要求以及所在地区的气候条件，遵循被动措施优先、主动措施优化的原则，合理确定暖通空调系统形式。通过计算机辅助技术，分析能耗与技术经济性，选择合理的冷热源和暖通空调系统形式，可能情况下选用可再生能源。 方案及初步设计阶段应制定合理的供配电系统、智能化系统方案，合理采用节能技术和设备；太阳能资源、风能资源丰富的地区，当技术经济合理时，宜采用太阳能发电、风力发电作为补充电力能源
■鼓励非传统水资源综合利用 （以北京奥运会为例） 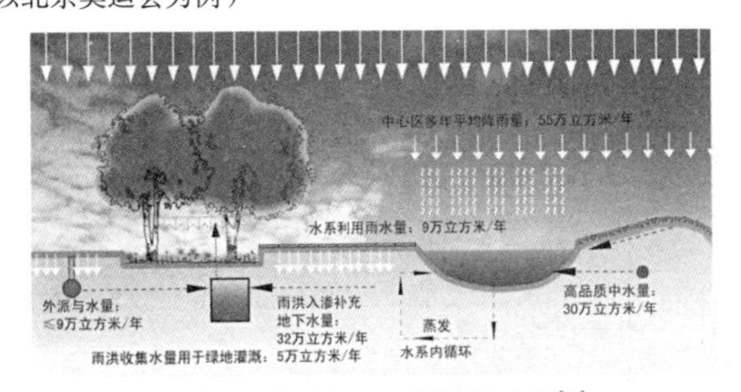 奥林匹克公园中心区雨洪利用流程[4] 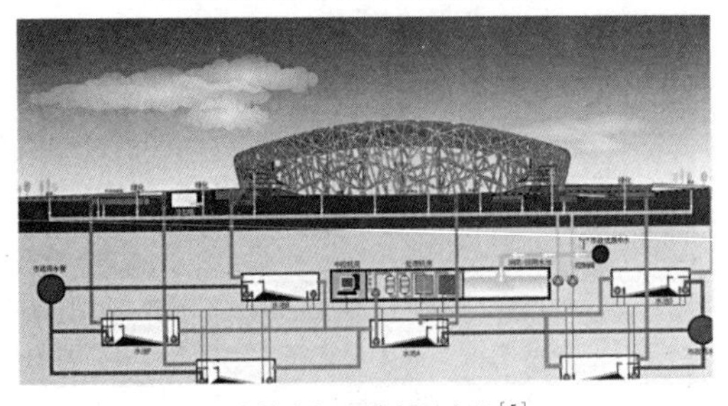 国家体育场雨洪利用流程[5]	方案及深化阶段应制定包括中水、雨水等非传统水资源综合利用的水系统规划方案，统筹、综合利用各种水资源。通过技术经济比较，合理确定雨水积蓄、处理及利用方案；绿化、景观用水宜采用市政再生水、雨水、建筑中水等非传统水源；按用途设置用水计量水表

注：指引及图则内的所有图片，除标注参考文献外，其他均源于作者自绘、作者主持或参与的项目图纸文本。

本章小结

本章的可持续性指引是对第四章和第五章研究成果的浓缩和提炼，结合我国体育场馆建设和设计程序，从提升场馆可持续性的角度，以图则和说明的形式提出设计指引。

在前文研究基础上，以体育建筑可持续性影响因素为纵轴，以项目实施阶段为横轴构建体育建筑可持续设计影响因素矩阵。纵轴分为三个方面：基于城市环境的可持续性、基于灵活适应的可持续性、基于集约适宜的可持续性，细化后可分为三级因子层次，包括一级因素 3 项、二级因素 11 项、三级因素 33 项。需指出的是本矩阵是个开放性的架构，尤其对于二级因素和三级因素，还有待结合更多的实施项目进行研究探索和优化完善。横轴将本书所研究的设计前期和设计阶段进行细分，包括：可研及策划阶段、规划与建筑设计阶段、方案优化和深化设计阶段。矩阵标明各阶段涉及可持续性的重点环节，体现了本书关于体育建筑可持续性核心问题的解读。

设计指引围绕体育建筑可持续设计影响因素矩阵，通过图则和说明的形式，按设计阶段分别提出：启动工作阶段指引、项目可研及策划阶段指引、规划与方案设计阶段指引、深化设计阶段指引，建立了开放性的实施框架，对基于可持续性的设计策略的实施性进行了探索。

参考文献

[1] 罗鹏. 大型体育场馆动态适应性设计研究［D］. 哈尔滨：哈尔滨工业大学博士学位论文，2006.

[2] 江亿. 北京奥运建设与绿色奥运评估体系［J］. 建筑科学，2006（5）：1~15.

[3] 中华人民共和国建设部. JGJ 31—2003　体育建筑设计规范［S］. 北京：中国建筑工业出版社，2003：115.

[4] 北京市规划委员会. 2008 奥运城市［M］. 北京：中国建筑工业出版社，2008：219.

[5] 北京市规划委员会. 2008 奥运城市［M］. 北京：中国建筑工业出版社，2008：219.

第七章 结论

人类发展的历史是一部人类适应自然、改造自然的历史。从生产力低下的原始社会到技术发达的现代社会，人类改造自然的能力不断增强，直到人们发现这种能力已经威胁到自身的生存环境，人们才意识到与自然相处的关系中自我约束的重要性。可持续发展问题正是在这样的背景下被提出的。

体育建筑发展的历史正如人类社会发展的一个缩影。从现代体育诞生开始，在技术手段相对有限的初期，早期的体育建筑受制于经济、技术等因素，因而形式趋于朴实简单，功能更贴近城市和民众，技术理性、追求功能和形式逻辑的一致性一直是主导体育建筑设计的基本原则。20 世纪在世界范围内，以奥运会为代表的大型运动会规模日趋庞大，大中型体育场馆赛后闲置给举办国带来巨大负担，成为体育建筑建设的国际性难题，引发了人们对体育场馆可持续发展问题的普遍关注。近几届奥运会举办方通过采用大量绿色建筑技术体现“绿色奥运”理念，但仍未找到有效解决场馆设施赛后综合利用问题的良策。

近年来我国经济快速发展、城市化加速，技术水平也逐步得到提高，通过举办一系列的大型赛事，各地城市陆续兴建了高规格、高标准的现代化体育设施。技术经济的发展为体育建筑的设计创作提供了更大的空间，但在行政意识、形象工程等因素的影响下，违背理性逻辑的怪异建筑屡屡出现。一方面场馆建设投入不断加大，造价屡屡攀升；另一方面场馆在灵活适应、运营能耗等方面的可持续性能却未见显著提高，规模不当、标准过高、场馆空置、能耗过大等问题仍然严重，暴露出建设过程中决策科学性不足、价值观偏差以及设计方法缺失等问题。

国内绿色建筑的相关规范与标准已颁布多年，但其对体育建筑设计的针对性仍然不足，难以对场馆建筑设计进行有效的指导。在技术应用方面，一些“绿色建筑”技术在各种利益团体的推动下被盲目引进和应用，充当“技术噱头”的绿色标签，在缺乏实际需求分析和科学系统定位的前提下，难以充分发挥其节能降耗的作用。

本书创新点主要体现在三个方面，具体如下：

1. 从国情出发、针对体育建筑的特点、强调从初始环节入手，研究体育建筑的可持续发展问题。

应用领域的可持续发展研究离不开对国情和社会发展阶段。本书相关的设计策略研究正是在现有国情的基础上，从国内外体育建筑历史发展、我国体育建筑现状问题及其原因等方面展开，并通过对笔者及所在团队近年参与的一批体育场馆工程实践进行研究、评价及反馈，体现了本书的现实性。

不同于其他类型的建筑，体育建筑在投资建设、功能结构、能耗运营、经营管理等多方面具有自身的特殊性。针对体育建筑的特点，研究可持续发展问题，体现了本书的针对性。

本书认为城市建设过程中的策划可研、规划决策和设计策略工作是建设行为的初始环节，对体育建筑为代表的大型公共建筑而言尤其至关重要。从某种意义而言，可持续建筑目标的达成，其根本出路在于初始环节的科学性。本书对体育建筑可持续发展的研究从初始环节入手，抓住主要问题进行分析研究，体现了本书的科学性。

2. 结合整体协调、灵活适应和集约适宜的可持续三原则，提出体育建筑设计前期可持续策略和设计阶段可持续策略。

通过对国内外体育场馆使用现状和发展趋势的分析，针对当前我国体育建筑可持续发展面临的问题，提出整体协调、灵活适应和集约适宜的可持续三原则。本书认为可持续原则应该从建设之初就贯穿于设计前期和设计阶段。

针对体育建筑的决策策划提出设计前期可持续策略。设计前期的可持续策略偏重于宏观层面的建设指导，涉及可研立项、规划决策以及建筑策划等多个层面的工作。结合可持续原则，本书提出了基于城市的总体定位、动态等级定位、立足常态需求的规模定位、弹性应变的功能定位、科学理性的标准定位等方法策略。

针对体育建筑的规划和建筑设计提出了设计阶段可持续策略。设计阶段的可持续策略则偏重于微观层面的设计操作，涉及方案设计、技术设计等工作。结合可持续原则，本书提出了基于城市环境、基于灵活适应、基于集约适宜的设计策略。

3. 结合现行建设设计程序，提出体育建筑可持续设计指引。

从操作层面对基于可持续性的体育建筑设计策略进行提炼、总结和应用研究，从实施角度提出体育建筑可持续设计指引。相对于已有的绿色节能研究，本书的设计指引更侧重于针对体育建筑这一特殊类型建筑的建设和使用特点，将各阶段的设计策略用图则和说明这样较为直观的方式表达，对现阶段我国国情下体育建筑的建设决策与设计具有一定的指导作用。

随着社会的发展，体育建筑的可持续发展是一个值得持续关注和研究的问题。在不同的发展阶段、不同的地域乃至不同的具体案例中，建筑的可持续性表现出不同的侧重点。因此，一方面，基于可持续性的体育建筑设计理论需要不断完善，尤其是体现可持续性的影响因素矩阵有待进一步补充和量化，另一方面，对已建成的体育场馆，需要通过系统的使用后评价方法对其使用运营状况进行持续的跟踪研究，不断从运营反馈中发现问题和总结经验，才有可能使设计研究更贴近国情、体现地域性，真正实现可持续目标。

主要参考文献

一、国内文献类

1. 韩英 . 可持续发展的理论与测度方法 [M]. 北京 : 中国建筑工业出版社，2007.
2. 梅季魁 . 现代体育馆建筑设计 [M]. 黑龙江 : 黑龙江科学技术出版社，1999.
3. 李玲玲 . 体育建筑创作新发展 [M]. 北京 : 中国建筑工业出版社，2011.
4. 钱锋，任磊，陈晓恬 . 百年奥运建筑 [M]. 北京 : 中国建筑工业出版社，2011.
5. TopEnergy 绿色建筑论坛 . 绿色建筑评估 [M]. 北京 : 中国建筑工业出版社，2007.
6. 北京市规划委员会 . 2008 奥运城市 [M]. 北京 : 中国建筑工业出版社，2008.
7. 建筑创作杂志社 . 建筑师看奥林匹克 [M]. 北京 : 机械工业出版社，2004.
8. 张国强，尚守平，徐峰 . 可持续建筑技术 [M]. 北京 : 中国建筑工业出版社，2009.
9. 华南理工大学建筑设计研究院 . 何镜堂建筑创作 [M]. 广州 : 华南理工大学出版社，2010.
10. 绿色奥运建筑研究课题组 . 绿色奥运建筑评估体系 [M]. 北京 : 中国建筑工业出版社，2003.
11. 北京宪章 . 面向二十一世纪的建筑学 [M]. 北京 : 第 20 届 UIA 大会会议资料.
12. 鲍晓明 . 体育市场——新的投资热点 [M]. 北京 : 人民体育出版社 . 2004.

二、外文及译著类

1. N.J Todd & J. Todd. From Eco-Cities to Living Machines: Principles of Ecological Design [M]，Berkeley: North Atlantic Books. 1994.
2. J・Lovelock. Gaia: A New Look at Life on Earth [M]. London: Oxford University Press，2000.
3. [英] Brenda・Vale & Robert・Vale. Green Architecture: Design for a Sustainable Future [M]. Thames & Hudson，1996.
4. Sports Council. Handbook of Sports & Recreational Building Design: Vol 1[M]. Architectural Press，1993.
5. [英] Brian Edwards. Rough Guide to Sustainability: 2nd Edition [M]. London:

RIBA Enterprises，2005.

6. [美] Sim Van Der Ryn，Stuart Cowan. 生态设计 [M]. 徐文慧译 . 台北 : 地景企业股份有限公司，2002.
7. [英] Brian Edwards. 可持续性建筑 [M]. 周玉鹏，宋晔皓译 . 北京 : 中国建筑工业出版社，2003.
8. [英] Brian Edwards. 绿色建筑 [M]. 朱玲，郑志宇译 . 沈阳 : 辽宁科学技术出版社，2005.
9. [美] 桑德拉·门德勒，威廉·奥德尔 . HOK 可持续设计指南 [M]. 董军，周丰富，林宁译 . 北京 : 中国水利水电出版社，知识产权出版社，2006.
10. V · Olgyay. 设计结合气候 : 建筑地方主义的生物气候研究 [M]，1963.
11. [美] I · L · 麦克哈格 . 芮经纬译 . 设计结合自然 [M]. 北京 : 中国建筑工业出版社，1992.

三、博士、硕士论文类

1. 罗鹏 . 大型体育场馆动态适应性设计研究 [D]. 哈尔滨 : 哈尔滨工业大学博士论文，2006.
2. 樊可 . 多元视角下的体育建筑设计研究 [D]. 上海 : 同济大学博士学位论文，2007.
3. 林昆 . 公共体育建筑策划研究 [D]. 广州 : 华南理工大学博士学位论文，2010.
4. 宗轩 . 中国高校体育建筑发展趋势与设计研究 [D]. 上海 : 同济大学博士学位论文，2008.
5. 汤国华 . 岭南传统建筑适应湿热气候的经验和理论 [D]. 广州 : 华南理工大学博士学位论文，2002.
6. 梅彤 . 体育馆功能可持续发展问题研究 [D]. 哈尔滨 : 哈尔滨工业大学硕士论文，1999.
7. 蔡礼帮 . 足球专用体育场的发展设计研究 [D]. 广州 : 华南理工大学硕士学位论文，2007.
8. 池钧 . NBA 球馆研究 [D]. 广州 : 华南理工大学硕士学位论文，2007.
9. 张荣富 . 体育馆室内自然光环境研究 [D]. 广州 : 华南理工大学硕士学位论文，2008.

四、期刊类

1. 马国馨 . 第三代体育场的开发和建设 [J]. 建筑学报，1995（5）.

2. 江亿等 . 北京奥运建设与绿色奥运评估体系 [J]. 建筑科学，2006，vol22.
3. 汪奋强，孙一民 . 基于城市的体育建筑设计 [J]. 建筑学报，1999（6）.
4. 孙一民，郭湘闽 . 从城市的角度看体育建筑构思——谈新疆体育中心方案设计 [J]. 建筑学报，2002（9）.
5. 孙一民，江泓 . 城市空间与体育建筑的契合——北京奥运会羽毛球馆建筑创作 [J]. 城市建筑，2004（9）.
6. 马国馨 . 持续发展观与体育建筑 [J]. 建筑学报，1998（10）.
7. 马国馨. 体育建筑一甲子 [J]. 城市建筑，2010（11）.
8. 庄惟敏，苏实 . 策划体育建筑："后奥运时代"的体育建筑设计策划 [J]. 新建筑，2010（4）.
9. 林显鹏 . 现代奥运会体育场馆建设及赛后利用研究 [J]. 北京体育大学学报 . 2005（11）.
10. 袁广锋 . 北京奥运会场馆功能可持续发展研究——基于我国大型公共体育场馆运营现状的反思 [J]. 首都体育学院学报，第 18 卷.
11. 梅季魁 . 体育场馆建设刍议 [J]. 城市建筑，2007（11）.
12. 孙一民 . 体育建筑 60 年，科学理性新起点 [J]. 城市建筑，2010（11）.
13. 梅季魁 . 体育场馆建设的可持续发展问题 [J]. 城市建筑，2009（10）.
14. 钱峰 . 从视线分析看大型体育场的规模控制 [J]. 建筑学报 . 1997（9）.
15. 林昆 . 体育娱乐区与城市中心再发展——以萨克拉门托国王队新球馆与"铁路广场"项目为例 [J]. 城市规划，2010（10）.
16. 孙一民 . 体育场馆适应性研究——北京工业大学体育馆 [J]. 建筑学报，2008（1）.
17. 王鹏，谭刚 . 生态建筑中的自然通风 [J]. 世界建筑，2000（4）.

五、规范类

1. JGJ 31—2003　体育建筑设计规范 [S]. 北京：中国建筑工业出版社，2003.
2. GB/T 50378—2006　绿色建筑评价标准 [S]. 北京：中国建筑工业出版社，2006: 16.
3. 国家体育总局游泳运动管理中心 & 中国游泳运动协会 & 中国游泳运动协会装备委员会，国际游泳联合会：游泳、跳水、水球、花样游泳设备设施规范 [S]. 2004: 28.

注：网络、报刊类资料略。

攻读博士学位期间取得的研究成果

一、已发表（包括已接受待发表）的论文，以及已投稿、已成文打算投稿或拟成文投稿的论文情况

序号	作者（全体作者，按顺序排列）	题目	发表或投稿刊物名称、级别	发表的卷期、年月、页码	相当于学位论文的哪一部分（章、节）	被索引收录情况
1	孙一民、汪奋强	体育建筑设计的理性原则	体育建筑创作新发展、论文集 ISBN 978-7-112-13308-6	2011. 10：8-13	第三章 第四章 第五章	
2	汪奋强、王璐	Land Resource Arrangement for Great Sports Event and Urban Sustainable Development	2011 International Conference on Electronics，Communications and Control、ISBN 978-1-4577-0318-8	2011（9）：4367-4370.	第五章 第六章	EI 收录
3	王璐、汪奋强	重大节事选址与城市形态演进	城市规划、核心期刊	2010（11）：93-96	第二章 第三章 第五章	
4	孙一民、叶伟康、汪奋强、陶亮、谢冠一	海天一色——广州亚运武术馆设计	建筑学报、核心期刊	2010(10):73-74	第五章	
5	叶伟康、汪奋强、陶亮	2010 年广州亚运武术比赛馆：南沙体育馆	建筑创作、一般期刊	2010（11）：132-145	第五章	
6	汪奋强、王璐	基于可持续原则的游泳跳水馆设计策略探讨	华中建筑、统计源期刊	2009（08）：89	第四章 第五章 第六章	
7	孙一民、汪奋强、叶伟康	公共体育场馆的建设标准刍议	南方建筑、一般期刊	2009(06):4-5	第四章	
8	王璐、汪奋强	对当前我国节事建设若干问题的思考	华中建筑、统计源期刊	2008（05）：129	第二章 第三章 第五章	
9	何镜堂、孙一民、汪奋强、叶伟康、姜文艺	简洁内敛的理性探索：2008 年北京奥运会摔跤比赛馆	建筑创作、一般期刊	2007（07）：119	第五章	
10	王璐、汪奋强	重大节事与城市的可持续发展	华中建筑、统计源期刊	2006（09）：102	第三章 第五章	
11	孙一民、汪奋强	基于可持续性的体育建筑设计方法研究及应用	建筑创作、一般期刊	2012（07）:24	全部章节	
12	王璐、汪奋强	可持续发展视角下的重大节事与广州城市发展	南方建筑、一般期刊	2012（04）:25	第四章第五章	
13	王璐、汪奋强	Mega-events and Gangzhou Sustainable Development	Applied Mechanics and Materials	2013(05):40-44	第四章 第五章	EI 收录

二、与学位论文相关的其他成果：

2.1 本人参与的与论文相关的工程实践

1. 2004-2008 北京奥运会摔跤馆（建成） （主要设计人之一）
2. 2007-2010 广州亚运武术馆（建成） （主要设计人之一）
3. 2008-2011 深圳大运中心场馆（建成） （设计咨询人员）
4. 2009-2013 东莞长安镇体育馆（建设中） （项目负责人）
5. 2009-2010 广州亚运会开幕式场馆设施（已建成） （设计咨询人员）
6. 2009-2010 太原大学体育馆（方案） （专业负责人）
7. 2010-2012 广东梅县文体中心（已建成） （项目负责人）
8. 2011-2013 山西交通学院新校区体育馆（建设中） （项目负责人）
9. 2012-2013 江门市滨江体育中心（建设中） （项目策划、项目负责人）
10. 2011-2013 淮安体育场体育馆游泳馆（建设中） （设计参与）
11. 2011-2013 芜湖游泳馆（建设中） （设计参与）
12. 2011-2013 佛山世纪莲体育中心（方案） （设计参与）

2.2 相关参与课题与项目所获的奖项

1. “基于可持续性的体育建筑设计及其技术应用”获广东省省科技进步二等奖（本人排名第 2）

2. “北京奥运摔跤馆和羽毛球馆可持续设计策略与技术应用”获华夏科技进步二等奖（本人排名第 2）

3. 南沙体育馆设计获得第六届中国建筑学会建筑创作奖佳作奖（本人排名第 3）

4. 北京奥运摔跤馆（中国农业大学体育馆）获中国建筑学会建筑创作大奖

5. 广东梅县文体中心获广东省优秀勘察设计二等奖（本人排名第 2）

后记

在职攻读博士是一项艰辛的攻关。接近9年的时间里，一再申请毕业延期，临近最后通牒才完成博士论文，实在不是一件光彩的事情。因此首先要感谢学校方面给予的理解与宽容。

衷心感谢导师孙一民教授从选题到答辩给予的大力指导。论文成果本身凝聚了导师及团队多年的心血。感谢孙老师的信任，把如此重要的题目交给我来完成。导师在设计和研究中所倡导的科学精神和理性原则，将成为自己今后工作和研究的指路明灯，我想这一点的意义远远超越完成一篇博士学位论文本身。

衷心感谢何镜堂院士、吴硕贤院士、吴庆洲教授在论文开题所给予的宝贵意见，他们严谨的治学态度一直是我在论文过程里心目中的标尺。

衷心感谢周剑云教授、肖毅强教授、郭谦教授、袁奇峰教授、马向明总规划师、朱雪梅教授在预答辩和答辩过程中给予的启发和指导，使论文质量能得以不断地完善，并对未来的拓展研究给出了中肯的建议。

感谢苏平老师、王成芳老师在论文最艰难的时刻给予的勉励和帮助，与我一同度过那段煎熬的岁月。

感谢同门师兄弟以及工作三室成员，陶亮、叶伟康、徐莹、申永刚、邓芳、夏晟、冷天翔、彭帆、梁艳艳、谢东彪、林耀阳、蔡傅懿、邹林、朱晓静、黄印金、潘望、杨定等，论文中的大量案例来源于大家共同的工作成果，为能与他们共同工作而骄傲。

感谢张颖老师、侯叶、邬尚霖、章艺昕、周超然，怀念那年一同去各地体育场馆调研的日子。感谢唐辰、唐超龙在论文最后阶段绘制论文插图的配合工作。

感谢为研究提供过帮助的业主单位，感谢他们提供的设计实践机会以及为案例数据资料收集所付出的努力，为论文论据奠定了坚实研究基础。

特别感谢父母和岳父岳母默默的支持，这成为完成论文的强大动力。特别感谢我的夫人王璐女士，感谢论文期间尤其是儿子出生后她为家庭所承担的一切，没有这样的支持我绝无可能在如此艰难的情况下独力完成论文。感谢上天的恩赐，在论文撰写期间赐予我为人父的喜悦，希望论文9年完成的经历能成为儿子家康一生的财富：一件值得去做的事情一旦开始，无论多艰难，都要坚持到底。